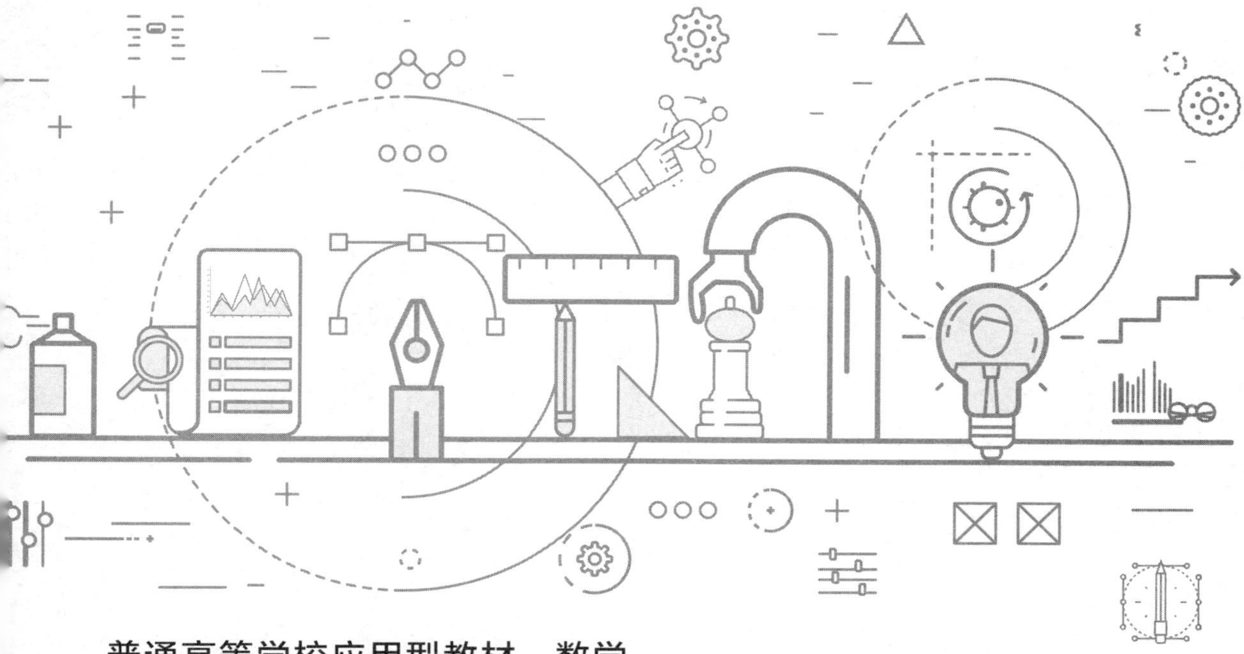

普通高等学校应用型教材 · 数学

线性代数
学习指导

杨　亮　谭友军　徐友才　主编

中国人民大学出版社
· 北京 ·

前言

针对教材《线性代数》(谭友军、杨亮、徐友才编, 中国人民大学出版社 2019 年 4 月出版) 我们编写了这本学习辅导书. 本书可以单独作为非数学类各专业复习线性代数时的参考书.

本书的前五章对应于《线性代数》的前五章, 在第 6 章里我们给出了六套自测题及其参考解答. 在第 1 章到第 5 章的每一章里, 我们首先给出知识点小结, 然后给出大量的例题讲解, 最后给出《线性代数》中习题的详细解答. 在知识点小结部分, 我们简要叙述基本概念、基本结论和基本计算, 并以脚注的形式给出进一步解释. 在例题讲解部分, 我们给出的例子具有很好的代表性. 与教材《线性代数》中的例题不同的是, 这部分例题具有明显的综合性, 即大多数例题并不局限于教材《线性代数》各章节的顺序, 而是需要读者熟悉某一章的全部内容. 在教材《线性代数》的习题解答部分, 我们也采用了大量脚注, 以帮助读者进一步理解相关概念, 提升分析问题和解决问题的能力. 第 6 章的六套自测题可在总复习时进行自我检测.

对于书中的不妥之处, 敬请读者批评指正.

本书由徐友才 (执笔第 1 章)、谭友军 (执笔第 2 章)、杨亮 (执笔第 3、4、5、6 章) 共同编写. 我们感谢四川大学数学学院和中国人民大学出版社编辑的大力支持, 感谢家人对我们工作的支持.

编者

目录

第 1 章　线性方程组 · · · · · · · · · · **1**

1.1　知识点小结 · · · · · · · · · · 1

1.2　例题讲解 · · · · · · · · · · 4

1.3　教材习题解答 · · · · · · · · · · 6

第 2 章　向量 · · · · · · · · · · **10**

2.1　知识点小结 · · · · · · · · · · 10

2.2　例题讲解 · · · · · · · · · · 17

2.3　教材习题解答 · · · · · · · · · · 32

第 3 章　矩阵与行列式 · · · · · · · · · · **44**

3.1　知识点小结 · · · · · · · · · · 44

3.2　例题讲解 · · · · · · · · · · 50

3.3　教材习题解答 · · · · · · · · · · 82

第 4 章　矩阵的相似 · · · · · · · · · · **92**

4.1　知识点小结 · · · · · · · · · · 92

4.2　例题讲解 · · · · · · · · · · 97

4.3　教材习题解答 · · · · · · · · · · 117

第 5 章 二次型与正定阵 · · · · · · · · · · 129

5.1 知识点小结 · · · · · · · · · · 129

5.2 例题讲解 · · · · · · · · · · 132

5.3 教材习题解答 · · · · · · · · · · 145

第 6 章 自测题 · · · · · · · · · · 152

6.1 自测题 · · · · · · · · · · 152

6.2 自测题参考解答 · · · · · · · · · · 161

第 1 章　线性方程组

1.1　知识点小结

1.1.1　基本概念、阶梯形方程组

• 基本概念: 线性方程组及其标准型式:

$$\begin{cases} a_{11}x_1 + a_{12}x_2 + \cdots + a_{1n}x_n &= b_1 \\ a_{21}x_1 + a_{22}x_2 + \cdots + a_{2n}x_n &= b_2 \\ \cdots\cdots \\ a_{m1}x_1 + a_{m2}x_2 + \cdots + a_{mn}x_n &= b_m \end{cases}; \tag{1.1}$$

系数, 常数项; 线性方程组的解和解集; 齐次线性方程组与非齐次线性方程组的定义.

定义 1.1　如果方程组 (1.1) 的常数项全为零, 则称方程组 (1.1) 是一个齐次线性方程组; 否则, 称之为一个非齐次线性方程组.①

即齐次线性方程组的标准型式为:

$$\begin{cases} a_{11}x_1 + a_{12}x_2 + \cdots + a_{1n}x_n &= 0 \\ a_{21}x_1 + a_{22}x_2 + \cdots + a_{2n}x_n &= 0 \\ \cdots\cdots \\ a_{m1}x_1 + a_{m2}x_2 + \cdots + a_{mn}x_n &= 0 \end{cases}. \tag{1.2}$$

阶梯形方程组及其主元、约束变量和自由变量, 行简化阶梯形方程组.

• 基本结论:

---

① 线性方程组可以分为两类: 齐次的和非齐次的.

(1) 齐次线性方程组的解集具有线性性质, 即齐次线性方程组总有零解; 齐次线性方程组的解的线性组合仍然是解.

命题 1.1[1] ① $\begin{cases} x_1 = 0 \\ x_2 = 0 \\ \cdots\cdots \\ x_n = 0 \end{cases}$ 是齐次线性方程组 (1.2) 的解, 称为零解[2];

② 设 $\begin{cases} x_1 = c_1 \\ x_2 = c_2 \\ \cdots\cdots \\ x_n = c_n \end{cases}$ 和 $\begin{cases} x_1 = d_1 \\ x_2 = d_2 \\ \cdots\cdots \\ x_n = d_n \end{cases}$ 都是齐次线性方程组 (1.2) 的解, 则 $\begin{cases} x_1 = c_1 + d_1 \\ x_2 = c_2 + d_2 \\ \cdots\cdots \\ x_n = c_n + d_n \end{cases}$ 也是齐次线性方程组 (1.2) 的解;

③ 设 $\begin{cases} x_1 = c_1 \\ x_2 = c_2 \\ \cdots\cdots \\ x_n = c_n \end{cases}$ 是齐次线性方程组 (1.2) 的解, 则对任意数 t, $\begin{cases} x_1 = tc_1 \\ x_2 = tc_2 \\ \cdots\cdots \\ x_n = tc_n \end{cases}$ 也是齐次线性方程组 (1.2) 的解.

(2) 齐次线性方程组的解集只有两种可能.

推论 1.1 任意齐次线性方程组 (1.2) 只能是以下两种情形之一:

(i) 只有零解;

(ii) 有非零解. 此时, 有无穷多个解.

推论 1.2 未知数的个数大于方程的个数的齐次线性方程组一定有非零解 (即有无穷多个解).

(3) 任意行简化阶梯形方程组的解集只有三种可能.

推论 1.3 任意 n 元行简化阶梯形方程组, 设它的主元的个数是 r. 则该方程组

(i) 无解 $\Leftrightarrow$ 它含有矛盾方程;

(ii) 有唯一解 $\Leftrightarrow$ 它没有矛盾方程, 且 $r = n$;

(iii) 有无穷多个解 $\Leftrightarrow$ 它没有矛盾方程, 且 $r < n$ (即有 $n - r$ 个自由变量).

1.1.2 高斯消元法

• 基本概念: 线性方程组的初等变换 (1° 型、2° 型、3°); 高斯消元法.

定义 1.2 以下三种类型的操作称为线性方程组的初等变换:

1° 交换两个方程的位置, 其余方程不变.

2° 把某个方程的若干倍加到另一个方程上, 其余方程不变.

---

① 这个命题说的是齐次线性方程组的解集具有线性性质.

② 如果齐次方程组还有除零解以外的其他解, 则称其他解为非零解.

3° 用非零数乘以某个方程的两边, 其余方程不变.

定义 1.3 用初等变换把线性方程组化为阶梯形方程组或行简化阶梯形方程组的过程称为高斯消元法.

• 基本结论:

(1) 线性方程组的初等变换不改变解集.

(2) 任意线性方程组都可以用方程组的初等变换变为阶梯形方程组或行简化阶梯形方程组. 因此, 可以利用高斯消元法判断线性方程组解的存在性, 即任意线性方程组只有三种可能.

定理 1.1 1° 任意线性方程组都等价于某个阶梯形方程组或某个行简化阶梯形方程组.

2° 设 n 元线性方程组经过高斯消元法得到的阶梯形方程组有 r 个主元, 则原方程组

(i) 无解 $\Leftrightarrow$ 该阶梯形方程组含有矛盾方程;

(ii) 有唯一解 $\Leftrightarrow$ 该阶梯形方程组不含矛盾方程, 且 $r=n$;

(iii) 有无穷多个解 $\Leftrightarrow$ 该阶梯形方程组不含矛盾方程, 且 $r<n$.

特别地, 任意齐次线性方程组只有两种可能.

推论 1.4① 设 n 元齐次线性方程组经过高斯消元法得到的阶梯形方程组有 r 个主元. 则原方程组

(i) 有唯一解 (即只有零解) $\Leftrightarrow r=n$;

(ii) 有无穷多个解 (即有非零解) $\Leftrightarrow r<n$.

(3) 未知数个数大于方程个数的齐次线性方程组必然有无穷多个解.②

1.1.3 矩阵及其初等变换

• 基本概念: 矩阵的定义 (行数、列数、$m\times n$ 型、(i,j)- 元、零矩阵 $\mathbf{0}$、矩阵相等的含义); 线性方程组的增广矩阵和系数矩阵; 阶梯形矩阵; 行简化阶梯形矩阵 (也叫作行最简阶梯形矩阵); 标准型矩阵; 矩阵的初等行变换和初等列变换; 矩阵的初等变换.

定义 1.4 以下三种类型的操作称为矩阵的初等行变换③:

1° 交换两行的位置, 其余的行不变.

2° 把某行的若干倍加到另一行上, 其余的行不变.

3° 用非零数乘以某行, 其余的行不变.

---

① 比推论 1.1 更为准确.
② 反之不对.
③ 2° 型和 3° 型初等行变换与向量的运算有关.

定义 1.5 以下三种类型的操作称为矩阵的初等列变换[①]:

1° 交换两列的位置, 其余的列不变.

2° 把某列的若干倍加到另一列上, 其余的列不变.

3° 用非零数乘以某列, 其余的列不变.

• 基本结论:

(1) 任意矩阵都可以只用 1° 型和 2° 型初等行变换化为一个阶梯形矩阵.

(2) 任意矩阵都可以只用初等行变换化为行简化阶梯形矩阵.

(3) 任意矩阵都可以用初等变换化为标准型矩阵.[②]

(4) 矩阵的初等变换具有"可逆性".

命题 1.2[③] 设矩阵 $\boldsymbol{A}$ 经过若干步初等行 (列) 变换化为 $\boldsymbol{B}$. 则 $\boldsymbol{B}$ 可以经过若干步初等行 (列) 变换化为 $\boldsymbol{A}$.

• 基本计算:

(1) 用初等行变换把矩阵化为阶梯形矩阵.[④]

(2) 用初等行变换把矩阵化为行简化阶梯形矩阵.[⑤]

(3) 用矩阵的初等变换把矩阵化为标准型矩阵.

1.2 例题讲解

例 1.1 以下陈述错误的是 ( ).

(A) $\boldsymbol{Ax}=\boldsymbol{b}$ 是齐次线性方程组当且仅当它有零解.

(B) 对线性方程组进行初等行变换的时候, 一定把齐次线性方程组变为齐次线性方程组, 也一定把非齐次线性方程组变为非齐次线性方程组.

(C) 齐次线性方程组有非零解时, 一定有无穷多个解.

(D) 非齐次线性方程组有自由变量时, 一定有无穷多个解.

解: (A)、(B)、(C) 均正确.

比如 $\begin{cases} x_1+x_2=1 \\ x_1+x_2=2 \end{cases}$, 用高斯消元法把增广矩阵化为阶梯形矩阵会发现 x_2 是自由变量, 但是该线性方程组无解. 因此 (D) 错误.

---

① 2° 型和 3° 型初等列变换与向量的运算有关.
② 可能要用初等列变换.
③ 这里的结论表明初等行 (列) 变换具有"可逆性".
④ 注意"左上角".
⑤ 从最后一个主元开始.

综上所述, (D) 错误, 故选 (D). □

例 1.2 设[①] $\boldsymbol{A}=\begin{pmatrix}2&-1&-4&-4\\2&0&-2&3\\-3&0&3&-4\end{pmatrix}$. 用初等行变换把 $\boldsymbol{A}$ 变为一个阶梯形矩阵.

解: 方法一: $\boldsymbol{A}\xrightarrow[r_3+\frac{3}{2}r_1]{r_2-r_1}\begin{pmatrix}2&-1&-4&-4\\0&1&2&7\\0&-3/2&-3&-10\end{pmatrix}\xrightarrow{r_3+\frac{3}{2}r_2}\begin{pmatrix}2&-1&-4&-4\\0&1&2&7\\0&0&0&1/2\end{pmatrix}$.

方法二[②]: $\boldsymbol{A}\xrightarrow[r_1\leftrightarrow r_3]{r_3+r_2}\begin{pmatrix}-1&0&1&-1\\2&0&-2&3\\2&-1&-4&-4\end{pmatrix}\xrightarrow[r_3+2r_1]{r_2+2r_1}\begin{pmatrix}-1&0&1&-1\\0&0&0&1\\0&-1&-2&-6\end{pmatrix}$

$$\xrightarrow{r_2\leftrightarrow r_3}\begin{pmatrix}-1&0&1&-1\\0&-1&-2&-6\\0&0&0&1\end{pmatrix}.$$ □

例 1.3 设 $\boldsymbol{A}=\begin{pmatrix}2&-1&-4&-4\\2&0&-2&3\\-3&0&3&-4\end{pmatrix}$. 用初等行变换把 $\boldsymbol{A}$ 变为行简化阶梯形矩阵.

解: 方法一: 在上一题的基础上继续进行初等行变换, 可得

$$\boldsymbol{A}\to\begin{pmatrix}1&-1/2&-2&-2\\0&1&2&7\\0&0&0&1\end{pmatrix}\to\begin{pmatrix}1&0&-1&0\\0&1&2&0\\0&0&0&1\end{pmatrix}.$$

方法二: 在上一题的基础上继续进行初等行变换, 可得[③]

$$\boldsymbol{A}\to\begin{pmatrix}1&0&-1&0\\0&1&2&0\\0&0&0&1\end{pmatrix}.$$ □

例 1.4 设 $\boldsymbol{A}=\begin{pmatrix}1&0&2&-1\\2&0&3&1\\3&0&4&3\end{pmatrix}$, 用初等行变换求 $\boldsymbol{A}$ 的行最简形矩阵.

---

① 矩阵的初等变换, 特别是初等行变换, 是解线性代数题目的重要方法.
② 阶梯形矩阵的答案不唯一.
③ 如果只用初等行变换, 则得到的行简化阶梯形矩阵是唯一的.

解: 利用高斯消元法.

$$\boldsymbol{A}\xrightarrow[r_3-3r_1]{r_2-2r_1}\begin{pmatrix}1&0&2&-1\\0&0&-1&3\\0&0&-2&6\end{pmatrix}\xrightarrow{r_3-2r_2}\begin{pmatrix}1&0&2&-1\\0&0&-1&3\\0&0&0&0\end{pmatrix}$$

$$\xrightarrow{r_2\times(-1)}\begin{pmatrix}1&0&2&-1\\0&0&1&-3\\0&0&0&0\end{pmatrix}\xrightarrow{r_1-2r_2}\begin{pmatrix}1&0&0&5\\0&0&1&-3\\0&0&0&0\end{pmatrix}.$$ □

例 1.5 若线性方程组 $\begin{cases}x_1+x_2=-a_1\\x_2+x_3=a_2\\x_3+x_4=-a_3\\x_4+x_1=a_4\end{cases}$ 有解, a_1,a_2,a_3,a_4 应满足的条件是 ______.

解: 记该线性方程组的增广矩阵为 $\widetilde{\boldsymbol{A}}=\begin{pmatrix}1&1&0&0&-a_1\\0&1&1&0&a_2\\0&0&1&1&-a_3\\1&0&0&1&a_4\end{pmatrix}$, 利用高斯消元法化为阶梯形矩阵, 得

$$\widetilde{\boldsymbol{A}}\to\begin{pmatrix}1&1&0&0&-a_1\\0&1&1&0&a_2\\0&0&1&1&-a_3\\0&-1&0&1&a_1+a_4\end{pmatrix}\to\begin{pmatrix}1&1&0&0&-a_1\\0&1&1&0&a_2\\0&0&1&1&-a_3\\0&0&1&1&a_1+a_2+a_4\end{pmatrix}$$

$$\to\begin{pmatrix}1&1&0&0&-a_1\\0&1&1&0&a_2\\0&0&1&1&-a_3\\0&0&0&0&a_1+a_2+a_3+a_4\end{pmatrix}.$$

从而当且仅当 $a_1+a_2+a_3+a_4=0$ 时方程组有解. □

1.3 教材习题解答

习题 1.1 解答 (基本概念、阶梯形方程组)

1. 解: 例如 $\begin{cases}x_1+x_2=0\\x_2=0\end{cases}$ 只有零解; 而 $\begin{cases}x_1+x_2=0\\2x_1+2x_2=0\end{cases}$ 有非零解 $\begin{cases}x_1=1\\x_2=-1\end{cases}$. □

2. 证明: 设线性方程组 (1.1) 有零解, 则代入第 i 个方程得 $0=a_{i1}0+a_{i2}0+\cdots+a_{in}0=b_i$, 因此 $b_i=0, i=1,2,\cdots,m$, 所以结论成立. □

3. 证明: 只需验证: $\begin{cases} x_1 = c_1 - d_1 \\ x_2 = c_2 - d_2 \\ \cdots\cdots \\ x_n = c_n - d_n \end{cases}$ 是方程组 (1.2) 的每个方程的解即可.

由题设, 对每个 $1 \leqslant i \leqslant m$ 有:

$$a_{i1}c_1 + a_{i2}c_2 + \cdots + a_{in}c_n = b_i;$$

$$a_{i1}d_1 + a_{i2}d_2 + \cdots + a_{in}d_n = b_i.$$

两式相减即得: $a_{i1}(c_1 - d_1) + \cdots + a_{in}(c_n - d_n) = b_i - b_i = 0$, 所以, 结论成立. □

4. 证明: 任意取定 $1 \leqslant i \leqslant m$. 由题设有:

$$a_{i1}c_1 + a_{i2}c_2 + \cdots + a_{in}c_n = b_i;$$

$$a_{i1}d_1 + a_{i2}d_2 + \cdots + a_{in}d_n = 0.$$

两式相加即得: $a_{i1}(c_1 + d_1) + \cdots + a_{in}(c_n + d_n) = b_i + 0 = b_i$, 所以结论成立. □

5. 解: (1) 不是阶梯形方程组 (因此更不是行简化阶梯形方程组), 因为第一个系数为 0 的未知数的下标不是严格递增的.

(2) 是阶梯形方程组, 但不是行简化阶梯形方程组, 因为第二个主元不为 1, 且第二个主元和第三个主元上方的系数不为 0.

(3) 是行简化阶梯形方程组 (从而也是阶梯形方程组). □

习题 1.2 解答 (高斯消元法)

1. 解: 不能. 因为如果用 0 乘以某个不是 $0 = 0$ 型的方程的两边, 可能会改变方程组的解集. 例如, 如果在 $\begin{cases} x_1 + x_2 = 0 \\ x_2 = 0 \end{cases}$ 的第二个方程两边同时乘以 0, 则原方程组变为 $\begin{cases} x_1 + x_2 = 0 \\ 0 = 0 \end{cases}$, 显然, 这个方程组与原方程组不同解. □

2. 解: 因为任意线性方程组只可能是三种情形之一[①]: 无解, 有唯一解和有无穷多个解, 所以不存在恰好有两个解的线性方程组. □

3. 解: (1) 错误. 例如 $\begin{cases} x_1 + x_2 + x_3 = 1 \\ 2x_1 + 2x_2 + 2x_3 = 5 \end{cases}$ 就没有解.

(2) 错误. 此时, 把该方程组用初等变换变为阶梯形方程组后, 其主元个数 r 一定小于未知数个数 n, 从而必然有无穷多个解.

(3) 错误. 当 $m = n$ 时该方程组可能没有解, 例如 $\begin{cases} x_1 + x_2 = 1 \\ 2x_1 + 2x_2 = 5 \end{cases}$.

① 参见推论 1.3.

(4) 错误. 当 $m>n$ 时该方程组仍然可能有解, 例如 $\begin{cases}x_1+x_2=1\\2x_1+2x_2=2\\3x_1+3x_2=3\end{cases}$.

(5) 正确. 例如, $\begin{cases}x_1+x_2=1\\x_1+2x_2=1\\x_2=0\end{cases}$ 有且仅有一个解.

(6) 正确. 例如, 例如 $\begin{cases}x_1+x_2=1\\2x_1+2x_2=2\\3x_1+3x_2=3\end{cases}$ 有无穷多个解 $\begin{pmatrix}1-t\\t\end{pmatrix}$, 其中 t 是任意数. □

4. 解: (1) 正确. 见推论 1.2.

(2) 错误. 例如, $\begin{cases}x_1+x_2=0\\2x_1+2x_2=0\end{cases}$ 的解为 $\begin{cases}x_1=-t\\x_2=t\end{cases}$, 其中 t 是任意数.

(3) 错误. 齐次线性方程组总是有解.

(4) 正确. 例如, $\begin{cases}x_1+x_2=0\\x_1+2x_2=0\\x_2=0\end{cases}$ 只有零解.

(5) 正确[①]. 例如, $\begin{cases}x_1+x_2=0\\2x_1+2x_2=0\\3x_1+3x_2=0\end{cases}$ 的解为 $\begin{cases}x_1=-t\\x_2=t\end{cases}$, 其中 t 是任意数. 当 $t=1$ 时我们就得到了一个非零解. □

5. 证明[②]: 初等变换不改变解集, 所以, 线性方程组是否有零解这个事实在初等变换下不变; 而一个线性方程组为齐次的等价于它有零解, 所以结论成立. □

习题 1.3 解答 (矩阵及其初等变换)

1. 解: 由矩阵相等的定义得: $a+b=7$, $c-2=3a-2b$, $a-b=0$. 由此即得 $a=b=\dfrac{7}{2}$, $c=\dfrac{11}{2}$. □

2. 解: 不正确. 增广矩阵为 $\widetilde{\boldsymbol{A}}=\begin{pmatrix}0&1&-2&0&-1\\1&2&0&-1&1\\2&0&-1&0&0\end{pmatrix}$, 系数矩阵

$$\boldsymbol{A}=\begin{pmatrix}0&1&-2&0\\1&2&0&-1\\2&0&-1&0\end{pmatrix}.$$ □

3. 解: (1) 错误. 交换第 1, 2 行不正确.

① 对于齐次线性方程组而言, 有非零解等价于有无穷多个解.

② 也可以对 1° 型、2° 型和 3° 型初等变换分别验证.

(2) 错误. 把第 2 行的 1 倍加到第 1 行时不正确.

(3) 错误. 用 2 乘以第 2 行时不正确.

(4) 错误. 不能用 0 乘以第 2 行. □

4. 解: 作初等行变换得 ①: $\boldsymbol{A} \to \begin{pmatrix} 2 & 2 & 1 & 5 \\ 0 & -1 & 3 & 2 \\ 0 & 0 & 0 & -1/2 \\ 0 & 0 & 0 & 0 \end{pmatrix}$. □

5. 解: 作初等行变换得 ②: $\boldsymbol{A} \to \begin{pmatrix} 1 & 0 & 0 & 0 \\ 0 & 1 & 0 & 0 \\ 0 & 0 & 1 & 0 \\ 0 & 0 & 0 & 1 \end{pmatrix}$. □

6. 解: 作初等变换得 ③: $\boldsymbol{A} \to \begin{pmatrix} 1 & 0 & 0 & 0 \\ 0 & 1 & 0 & 0 \\ 0 & 0 & 1 & 0 \\ 0 & 0 & 0 & 0 \end{pmatrix}$. □

① 答案不唯一.
② 答案唯一.
③ 答案唯一.

第 2 章 向量

2.1 知识点小结

2.1.1 向量与线性组合

• 基本概念: 向量的定义 (列向量、行向量、维数、分量、向量相等的含义、向量组); 矩阵的列向量和行向量; 矩阵的列向量形式和行向量形式; 向量的加法、数乘; 向量组的线性组合; 线性表出; 线性方程组的向量形式.

• 基本结论:

(1) 向量的加法、数乘满足的运算律.

注: 直接验证可得: $\mathbf{0}+\boldsymbol{\alpha}=\boldsymbol{\alpha}+\mathbf{0}=\boldsymbol{\alpha}$, 且

– 满足交换律: $\boldsymbol{\alpha}+\boldsymbol{\beta}=\boldsymbol{\beta}+\boldsymbol{\alpha}$;

– 满足结合律: $(\boldsymbol{\alpha}+\boldsymbol{\beta})+\boldsymbol{\gamma}=\boldsymbol{\alpha}+(\boldsymbol{\beta}+\boldsymbol{\gamma})$;

– 满足分配律: $(k+l)\boldsymbol{\alpha}=k\boldsymbol{\alpha}+l\boldsymbol{\alpha}$, $k(\boldsymbol{\alpha}+\boldsymbol{\beta})=k\boldsymbol{\alpha}+k\boldsymbol{\beta}$. □

(2) 线性表出与线性方程组解的存在性是等价的, 因此, 线性表出只有三种可能.

推论 2.1 对于任意 m 维向量 $\boldsymbol{\beta}$ 和由 m 维向量 $\boldsymbol{\alpha}_1, \cdots, \boldsymbol{\alpha}_n$ 所组成的向量组, 有且仅有以下三种可能:

(i) $\boldsymbol{\beta}$ 不能由向量组 $\boldsymbol{\alpha}_1, \cdots, \boldsymbol{\alpha}_n$ 线性表出;

(ii) $\boldsymbol{\beta}$ 可以由向量组 $\boldsymbol{\alpha}_1, \cdots, \boldsymbol{\alpha}_n$ 线性表出, 且表出方式唯一;

(iii) $\boldsymbol{\beta}$ 可以由向量组 $\boldsymbol{\alpha}_1, \cdots, \boldsymbol{\alpha}_n$ 线性表出, 且表出方式有无穷多.

• 基本计算: 用线性表出的定义判断 $\boldsymbol{\beta}$ 能否由 $\boldsymbol{\alpha}_1, \cdots, \boldsymbol{\alpha}_n$ 线性表出.

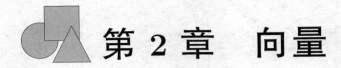

2.1.2 线性相关与线性无关

• 基本概念: 线性相关与线性无关的定义; 向量组的伸长组; 向量组的子组; 向量组之间的线性表出和等价; 极大无关组; 向量组的秩.

定义 2.1 对于两个由 m 维向量组成的向量组

$$(\mathrm{I}):\boldsymbol{\alpha}_1,\cdots,\boldsymbol{\alpha}_r \text{ 和 } (\mathrm{II}):\boldsymbol{\beta}_1,\cdots,\boldsymbol{\beta}_s,$$

如果每个 $\boldsymbol{\alpha}_i$ 都可以由 (II) 线性表出, 则称向量组 (I) 可以由向量组 (II) 线性表出. 如果两个向量组能够互相线性表出, 则称这两个向量组是等价的.

• 基本结论:

(1) 一个向量组线性相关当且仅当至少有一个向量可以由其余向量线性表出.

(2) 线性无关的向量组的任意伸长组线性无关.

(3) 如果一个向量组含有线性相关的子组, 则该向量组必然线性相关.

(4) 如果向量组 (I) 可以由向量组 (II) 线性表出, 且 (I) 所包含的向量个数大于 (II) 所包含的向量个数, 则 (I) 必然线性相关.

(5) 向量组线性相关 $\Leftrightarrow$ 它的秩小于所包含的向量个数.

(6) 如果向量组 (I) 可以由 (II) 线性表出, 则 (I) 的秩不超过 (II) 的秩.

(7) 如果两个向量组等价, 则秩相等; 反之, 如果向量组 (I) 和 (II) 的秩相等, 且 (I) 可以由 (II) 线性表出, 则 (II) 也可以由 (I) 线性表出. 进一步, 如果 (I) 是 (II) 的子组, 则 (I) 与 (II) 等价 $\Leftrightarrow$ (I) 与 (II) 的秩相等.

(8) 线性方程组解的存在性可以用向量组的秩的语言来表达.

定理 2.1 n 元线性方程组 $x_1\boldsymbol{\alpha}_1+\cdots+x_n\boldsymbol{\alpha}_n=\boldsymbol{\beta}$

(i) 有解 $\Leftrightarrow r(\boldsymbol{\alpha}_1,\cdots,\boldsymbol{\alpha}_n)=r(\boldsymbol{\alpha}_1,\cdots,\boldsymbol{\alpha}_n,\boldsymbol{\beta})$;

(ii) 有唯一解 $\Leftrightarrow r(\boldsymbol{\alpha}_1,\cdots,\boldsymbol{\alpha}_n)=r(\boldsymbol{\alpha}_1,\cdots,\boldsymbol{\alpha}_n,\boldsymbol{\beta})=n$;

(iii) 有无穷多个解 $\Leftrightarrow r(\boldsymbol{\alpha}_1,\cdots,\boldsymbol{\alpha}_n)=r(\boldsymbol{\alpha}_1,\cdots,\boldsymbol{\alpha}_n,\boldsymbol{\beta})<n$.

推论 2.2 齐次线性方程组 $x_1\boldsymbol{\alpha}_1+\cdots+x_n\boldsymbol{\alpha}_n=\mathbf{0}$

(i) 只有零解 $\Leftrightarrow r(\boldsymbol{\alpha}_1,\cdots,\boldsymbol{\alpha}_n)=n$;

(ii) 有非零解 (即有无穷多个解) $\Leftrightarrow r(\boldsymbol{\alpha}_1,\cdots,\boldsymbol{\alpha}_n)<n$.

(9) 如果齐次线性方程组 $x_1\boldsymbol{\alpha}_1+\cdots+x_n\boldsymbol{\alpha}_n=\mathbf{0}$ 与 $x_1\boldsymbol{\beta}_1+\cdots+x_n\boldsymbol{\beta}_n=\mathbf{0}$ 同解, 则 $\boldsymbol{\alpha}_1,\cdots,\boldsymbol{\alpha}_n$ 的极大无关组与 $\boldsymbol{\beta}_1,\cdots,\boldsymbol{\beta}_n$ 的极大无关组之间有一一对应关系.

命题 2.1① 设齐次线性方程组 $x_1\boldsymbol{\alpha}_1+\cdots+x_n\boldsymbol{\alpha}_n=\mathbf{0}$ 和 $x_1\boldsymbol{\gamma}_1+\cdots+x_n\boldsymbol{\gamma}_n=\mathbf{0}$ 的解集相同. 设 $\boldsymbol{\alpha}_{i_1},\cdots,\boldsymbol{\alpha}_{i_r}$ 是 $\boldsymbol{\alpha}_1,\cdots,\boldsymbol{\alpha}_n$ 的一个极大无关组. 则 $\boldsymbol{\gamma}_{i_1},\cdots,\boldsymbol{\gamma}_{i_r}$ 是 $\boldsymbol{\gamma}_1,\cdots,\boldsymbol{\gamma}_n$ 的一个极大无关组.

---

① 即在同解条件下, 两个向量组的极大无关组之间有对应关系.

(10) 关于线性无关、线性相关、线性表出以及向量组等价的其他结论.

命题 2.2① 如果 $\boldsymbol{\alpha}_1,\cdots,\boldsymbol{\alpha}_n$ 线性无关, 则它的任意伸长组 $\widetilde{\boldsymbol{\alpha}}_1,\cdots,\widetilde{\boldsymbol{\alpha}}_n$ 也线性无关.

命题 2.3② 如果一个向量组所包含的向量个数大于向量的维数, 则该向量组必然线性相关. 等价地, m 维的线性无关的向量个数至多是 m.

命题 2.4 $\boldsymbol{\alpha}_1,\cdots,\boldsymbol{\alpha}_n$ $(n\geqslant 2)$ 线性相关 $\Leftrightarrow$ 至少有一个 $\boldsymbol{\alpha}_i$ 可以由其余向量线性表出. 等价地, $\boldsymbol{\alpha}_1,\cdots,\boldsymbol{\alpha}_n$ $(n\geqslant 2)$ 线性无关 $\Leftrightarrow$ 每个 $\boldsymbol{\alpha}_i$ 都不能由其余向量线性表出.

命题 2.5③ 设 m 维向量 $\boldsymbol{\alpha}_1,\cdots,\boldsymbol{\alpha}_n$ 线性无关, 而 m 维向量 $\boldsymbol{\beta}$ 不能由 $\boldsymbol{\alpha}_1,\cdots,\boldsymbol{\alpha}_n$ 线性表出. 则 $\boldsymbol{\alpha}_1,\cdots,\boldsymbol{\alpha}_n,\boldsymbol{\beta}$ 必然线性无关.

命题 2.6④ 如果一个向量组有一个线性相关的子组, 则该向量组必然线性相关. 等价地, 如果一个向量组线性无关, 则它的任意子组都是线性无关的.

命题 2.7⑤ 设向量组 (I): $\boldsymbol{\alpha}_1,\cdots,\boldsymbol{\alpha}_r$ 可以由向量组 (II): $\boldsymbol{\beta}_1,\cdots,\boldsymbol{\beta}_s$ 线性表出. 如果 $r>s$, 则 (I) 必然线性相关.

命题 2.8 设向量组 (I): $\boldsymbol{\alpha}_1,\cdots,\boldsymbol{\alpha}_r$ 可以由向量组 (II): $\boldsymbol{\beta}_1,\cdots,\boldsymbol{\beta}_s$ 线性表出. 如果 (I) 线性无关, 则 $r\leqslant s$.

推论 2.3 (1) 如果两个线性无关的向量组等价, 则它们所包含的向量个数一定相等.

(2) 向量组的任意极大无关组所包含的向量个数相等.

命题 2.9 设 $\boldsymbol{\alpha}_1,\cdots,\boldsymbol{\alpha}_n$ 是 m 维向量. 则

(1) $0\leqslant r(\boldsymbol{\alpha}_1,\cdots,\boldsymbol{\alpha}_n)\leqslant \min(m,n)$.

(2) $r(\boldsymbol{\alpha}_1,\cdots,\boldsymbol{\alpha}_n)=0\Leftrightarrow \boldsymbol{\alpha}_1=\cdots=\boldsymbol{\alpha}_n=\mathbf{0}$.

(3) $\boldsymbol{\alpha}_1,\cdots,\boldsymbol{\alpha}_n$ 线性无关 $\Leftrightarrow r(\boldsymbol{\alpha}_1,\cdots,\boldsymbol{\alpha}_n)=n$. 等价地, $\boldsymbol{\alpha}_1,\cdots,\boldsymbol{\alpha}_n$ 线性相关 $\Leftrightarrow r(\boldsymbol{\alpha}_1,\cdots,\boldsymbol{\alpha}_n)<n$.

命题 2.10 设 $r(\boldsymbol{\alpha}_1,\cdots,\boldsymbol{\alpha}_n)=r>0$. 则 $\boldsymbol{\alpha}_1,\cdots,\boldsymbol{\alpha}_n$ 的任意 r 个线性无关的向量都构成一个极大无关组; $\boldsymbol{\alpha}_1,\cdots,\boldsymbol{\alpha}_n$ 的任意 s $(s>r)$ 个向量都线性相关.

命题 2.11 如果向量组 (I) 可由向量组 (II) 线性表出, 则 (I) 的秩 $\leqslant$ (II) 的秩; 如果两个向量组等价, 则它们的秩相等.

---

① 如果一个向量组的伸长组线性相关, 则原向量组必然线性相关.

② 向量的个数: 如果有相同的向量, 要重复计数.

③ 等价地, 如果 $\boldsymbol{\alpha}_1,\cdots,\boldsymbol{\alpha}_n$ 线性无关, 而 $\boldsymbol{\alpha}_1,\cdots,\boldsymbol{\alpha}_n,\boldsymbol{\beta}$ 线性相关, 则 $\boldsymbol{\beta}$ 可以由 $\boldsymbol{\alpha}_1,\cdots,\boldsymbol{\alpha}_n$ 线性表出.

④ 部分相关则整体相关; 整体无关则部分无关.

⑤ 这里, r,s 是向量组所包含的向量的个数.

2.1.3 矩阵的秩、判别定理

• 基本概念: 矩阵的行秩和列秩; 矩阵的秩; 矩阵的标准型.

• 基本结论:

(1) 对任意 $m \times n$ 型矩阵 $\boldsymbol{A}$ 有: $\boldsymbol{A}$ 的行秩 $=\boldsymbol{A}$ 的列秩.

(2) 对任意 $m \times n$ 型矩阵 $\boldsymbol{A}$ 有:

命题 2.12 设 $\boldsymbol{A}$ 是任意的 $m \times n$ 型矩阵. 则

(i) $0 \leqslant r(\boldsymbol{A}) \leqslant \min(m, n)$.

(ii) $r(\boldsymbol{A}) = 0 \Leftrightarrow \boldsymbol{A} = \boldsymbol{0}$ 是零矩阵.

(iii) $r(\boldsymbol{A}) = m \Leftrightarrow \boldsymbol{A}$ 的行向量线性无关.

(iv) $r(\boldsymbol{A}) = n \Leftrightarrow \boldsymbol{A}$ 的列向量线性无关.

(3) 设 $\boldsymbol{A}$ 经过初等行变换变为 $\boldsymbol{B}$. 则 $\boldsymbol{A}$ 与 $\boldsymbol{B}$ 的列向量组的极大无关组之间有一一对应关系.

推论 2.4 设矩阵 $\boldsymbol{A}$ 经过初等行变换化为矩阵 $\boldsymbol{B}$. 则 $\boldsymbol{A}$ 的第 $i_1, \cdots, i_r$ 个列向量构成 $\boldsymbol{A}$ 的列向量组的一个极大无关组 $\Leftrightarrow$ $\boldsymbol{B}$ 的第 $i_1, \cdots, i_r$ 个列向量构成 $\boldsymbol{B}$ 的列向量组的一个极大无关组.

(4) 矩阵的初等变换不改变矩阵的秩.

(5) 阶梯形矩阵的秩等于其主元的个数, 也就是其非零行的个数; 主元所在的列向量构成列向量组的一个极大无关组.

(6) 由线性无关的向量组和矩阵所给出的向量组的秩和极大无关组的有关命题.

命题 2.13 设 $\boldsymbol{\alpha}_1, \cdots, \boldsymbol{\alpha}_s$ 是任意的线性无关的向量组, $\boldsymbol{A} = (a_{ij})$ 是任意的 $s \times t$ 型矩阵. 设

$$
\begin{aligned}
\boldsymbol{\beta}_1 &= a_{11}\boldsymbol{\alpha}_1 + a_{21}\boldsymbol{\alpha}_2 + \cdots + a_{s1}\boldsymbol{\alpha}_s, \\
\boldsymbol{\beta}_2 &= a_{12}\boldsymbol{\alpha}_1 + a_{22}\boldsymbol{\alpha}_2 + \cdots + a_{s2}\boldsymbol{\alpha}_s, \\
&\cdots\cdots \\
\boldsymbol{\beta}_t &= a_{1t}\boldsymbol{\alpha}_1 + a_{2t}\boldsymbol{\alpha}_2 + \cdots + a_{st}\boldsymbol{\alpha}_s.
\end{aligned}
$$

如果 $\boldsymbol{A}$ 的第 $j_1, \cdots, j_r$ 列是 $\boldsymbol{A}$ 的列向量组的一个极大无关组, 则 $\boldsymbol{\beta}_{j_1}, \cdots, \boldsymbol{\beta}_{j_r}$ 是 $\boldsymbol{\beta}_1, \cdots, \boldsymbol{\beta}_t$ 的一个极大无关组. 特别地, $r(\boldsymbol{\beta}_1, \cdots, \boldsymbol{\beta}_t) = r(\boldsymbol{A})$.

(7) 线性方程组解的存在性判别定理.

定理 2.2 (线性方程组解的存在性判别定理.)

对于任意 n 元线性方程组 (1.1), 设其系数矩阵为 $\boldsymbol{A}$, 增广矩阵为 $\widetilde{\boldsymbol{A}}$. 则

方程组 (1.1) 有解 $\Leftrightarrow r(\boldsymbol{A})=r(\widetilde{\boldsymbol{A}})$;

方程组 (1.1) 有唯一解 $\Leftrightarrow r(\boldsymbol{A})=r(\widetilde{\boldsymbol{A}})=n$;

方程组 (1.1) 有无穷多个解 $\Leftrightarrow r(\boldsymbol{A})=r(\widetilde{\boldsymbol{A}})<n$.

特别地, 对于 n 元齐次线性方程组 (1.2), 设其系数矩阵为 $\boldsymbol{A}$. 则

方程组 (1.2) 只有零解 $\Leftrightarrow r(\boldsymbol{A})=n$;

方程组 (1.2) 有非零解 (即有无穷多个解) $\Leftrightarrow r(\boldsymbol{A})<n$.

• 基本计算:

(1) 用初等变换或只用初等行变换求矩阵的秩.

算法 2.1 (用初等变换求矩阵的秩)

$$\boldsymbol{A}\xrightarrow{\text{初等变换}}\text{阶梯形矩阵 }\boldsymbol{J},$$

或者,

$$\boldsymbol{A}\xrightarrow{\text{只用初等行变换}}\text{阶梯形矩阵 }\boldsymbol{J},$$

则 $\boldsymbol{J}$ 的主元的个数就是 $r(\boldsymbol{A})$.

(2) 用矩阵的初等行变换求向量组的秩和极大无关组.

算法 2.2 (用初等变换求向量组的秩和极大无关组.)

任意给定 n 个 m 维列向量 $\boldsymbol{\alpha}_1,\cdots,\boldsymbol{\alpha}_n$, 把它们拼成一个 $m\times n$ 型矩阵 $\boldsymbol{A}=(\boldsymbol{\alpha}_1\ \cdots\ \boldsymbol{\alpha}_n)$. 设

$$\boldsymbol{A}\xrightarrow{\text{只用初等行变换}}\text{阶梯形矩阵 }\boldsymbol{J}.$$

设 $\boldsymbol{J}$ 有 r 个主元, 且主元所在的列为第 $i_1,\cdots,i_r$ 列, 则 $r(\boldsymbol{\alpha}_1,\cdots,\boldsymbol{\alpha}_n)=r$ 且 $\boldsymbol{\alpha}_{i_1},\cdots,\boldsymbol{\alpha}_{i_r}$ 是 $\boldsymbol{\alpha}_1,\cdots,\boldsymbol{\alpha}_n$ 的一个极大无关组.

如果给定的是 m 个 n 维行向量 $\boldsymbol{\beta}_1,\cdots,\boldsymbol{\beta}_m$, 则把每个行向量写成列向量, 拼成一个 $n\times m$ 型矩阵 $\boldsymbol{B}$, 然后对 $\boldsymbol{B}$ 作初等行变换, 把 $\boldsymbol{B}$ 变为阶梯形矩阵.

(3) 用高斯消元法判断非齐次线性方程组解的存在性.

算法 2.3 (用高斯消元法判断非齐次线性方程组解的存在性) 任意给定 n 元非齐次线性方程组.

① 写出增广矩阵 $\widetilde{\boldsymbol{A}}$ (其前 n 列构成系数矩阵 $\boldsymbol{A}$).

② 用初等行变换把 $\widetilde{\boldsymbol{A}}$ 变为阶梯形矩阵 $\widetilde{\boldsymbol{J}}$. 由 $\widetilde{\boldsymbol{J}}$ 的主元个数得到 $r(\widetilde{\boldsymbol{A}})$; 由 $\widetilde{\boldsymbol{J}}$ 的位于前 n 列的主元个数得到 $r(\boldsymbol{A})$.

③ 判断: 如果 $r(\boldsymbol{A})\neq r(\widetilde{\boldsymbol{A}})$, 则原方程组没有解; 如果 $r(\boldsymbol{A})=r(\widetilde{\boldsymbol{A}})=n$, 则原方程组有唯一解; 如果 $r(\boldsymbol{A})=r(\widetilde{\boldsymbol{A}})<n$, 则原方程组有无穷多个解.

(4) 用高斯消元法判断齐次线性方程组解的存在性 (不需要考虑增广矩阵).

算法 2.4 (用高斯消元法判断齐次线性方程组解的存在性.) 任意给定 n 元齐次线性方程组.

① 写出这个齐次线性方程组的系数矩阵 $\boldsymbol{A}$.

② 用初等行变换把 $\boldsymbol{A}$ 化为阶梯形矩阵 $\boldsymbol{J}$, 则 $\boldsymbol{J}$ 的主元个数等于 $r(\boldsymbol{A})$.

③ 判断: 如果 $r(\boldsymbol{A})=n$, 则原方程组只有零解; 如果 $r(\boldsymbol{A})<n$, 则原方程组有无穷多个解.

2.1.4 基础解系、解线性方程组

• 基本概念: 非齐次线性方程组的导出组; 齐次线性方程组的基础解系; 线性方程组的通解.

定义 2.2 设一个齐次线性方程组有非零解 (即有无穷多个解). 如果它的解 $\boldsymbol{\xi}_1,\cdots,\boldsymbol{\xi}_s$ 满足如下两个条件:

① $\boldsymbol{\xi}_1,\cdots,\boldsymbol{\xi}_s$ 线性无关,

② 该齐次方程组的任意解都可以由 $\boldsymbol{\xi}_1,\cdots,\boldsymbol{\xi}_s$ 线性表出,

则称 $\boldsymbol{\xi}_1,\cdots,\boldsymbol{\xi}_s$ 是该齐次线性方程组的一个基础解系.

• 基本结论:

(1) 非线性齐次线性方程组的解集与它的导出组的解集之间的关系.

引理 2.1 设一个非齐次线性方程组有无穷多个解. 任意取定它的一个解 $\boldsymbol{\gamma}_0$, 则该方程组的全部解为 $\boldsymbol{\gamma}_0+\boldsymbol{\gamma}$, 其中, $\boldsymbol{\gamma}$ 为它的导出组的任意一个解.

(2) 齐次线性方程组的基础解系的存在性定理.

定理 2.3 (齐次线性方程组的基础解系的存在性定理) 设 n 元齐次线性方程组的系数矩阵 $\boldsymbol{A}$ 的秩 $r(\boldsymbol{A})<n$. 则该齐次方程组存在由 $n-r(\boldsymbol{A})$ 个解向量所构成的基础解系.

(3) 齐次线性方程组的基础解系的性质.

命题 2.14 任意给定一个 n 元齐次线性方程组, 设它的系数矩阵 $\boldsymbol{A}$ 满足 $r(\boldsymbol{A})<n$. 则

① 任意 $n-r(\boldsymbol{A})$ 个线性无关的解向量都构成一个基础解系.

② 任意基础解系所包含的解向量的个数都是 $n-r(\boldsymbol{A})$.

③ 由该方程组的解向量所构成的任意向量组的秩都不超过 $n-r(\boldsymbol{A})$.

(4) 齐次线性方程组的解集的结构定理.

定理 2.4 (齐次线性方程组的解集的结构定理.) 任意给定一个 n 元齐次线性方程组, 设它的系数矩阵 $\boldsymbol{A}$ 满足 $r(\boldsymbol{A})<n$. 任取它的 $n-r(\boldsymbol{A})$ 个线性无关的解 $\boldsymbol{\xi}_1,\cdots,\boldsymbol{\xi}_{n-r(\boldsymbol{A})}$. 则它的全部解为:

$$t_1\boldsymbol{\xi}_1+\cdots+t_{n-r(\boldsymbol{A})}\boldsymbol{\xi}_{n-r(\boldsymbol{A})},\ \text{其中 } t_i \text{ 是任意数}.$$

(5) 非齐次线性方程组的解集的结构定理.

定理 2.5 (非齐次线性方程组的解集的结构定理) 设非齐次的 n 元线性方程组的系数矩阵 $\boldsymbol{A}$ 和增广矩阵 $\widetilde{\boldsymbol{A}}$ 满足: $r(\boldsymbol{A})=r(\widetilde{\boldsymbol{A}})<n$. 任取该非齐次方程组的一个解 γ_0, 任取其导出组的 $n-r(\boldsymbol{A})$ 个线性无关的解 (即导出组的一个基础解系) $\boldsymbol{\xi}_1,\cdots,\boldsymbol{\xi}_{n-r(\boldsymbol{A})}$, 则该非齐次线性方程组的通解 (全部解) 为:

$$\gamma_0+t_1\boldsymbol{\xi}_1+\cdots+t_{n-r(\boldsymbol{A})}\boldsymbol{\xi}_{n-r(\boldsymbol{A})},\tag{2.3}$$

其中, $t_i(i=1,\cdots,n-r(\boldsymbol{A}))$ 是任意数.

- 基本计算:

(1) 用高斯消元法求齐次线性方程组的基础解系.

算法 2.5 (用高斯消元法求齐次线性方程组的基础解系)

任意给定 n 元齐次线性方程组 (I). 写出其系数矩阵 $\boldsymbol{A}$.

① 用算法 2.4 判断 (I) 是否有非零解. 如果只有零解, 算法结束; 否则, 转入下一步.

② 继续对 ① 中得到的阶梯形矩阵作初等行变换, 使之变为行简化阶梯形矩阵, 进而用自由变量把约束变量表示出来, 得到与 (I) 同解的方程组 (II).

③ 在 (II) 中分别取自由变量的值为 (每次让一个自由变量取 1, 其余的自由变量取 0, 一共进行 $n-r(\boldsymbol{A})$ 次):

$$1,0,\cdots,0,0;\ \ 0,1,\cdots,0,0;\ \ \cdots;\ \ 0,0,\cdots,0,1.$$

代入 (II) 中, 分别得到 (I) 的 $n-r(\boldsymbol{A})$ 个解:

$$\boldsymbol{\xi}_1,\boldsymbol{\xi}_2,\cdots,\boldsymbol{\xi}_{n-r(\boldsymbol{A})},$$

这个向量组是 $n-r(\boldsymbol{A})$ 维基本向量的伸长组, 从而由命题 2.2 可知, 它是 (I) 的一个基础解系.

(2) 用高斯消元法解齐次线性方程组 (判断是否有非零解, 并求通解表达式).

算法 2.6 (用高斯消元法解齐次线性方程组)

任意给定 n 元齐次线性方程组, 其系数矩阵为 $\boldsymbol{A}$.

① 和 ② 与算法 2.5 相同.

③ 在由 ② 得到的方程组 (II) 中分别令自由变量为任意数, 即得原方程组的通解的一个表达式.

(3) 用高斯消元法解非齐次线性方程组 (判断解的存在性, 并求通解表达式).

算法 2.7 (用高斯消元法解非齐次线性方程组)

任意给定非齐次 n 元线性方程组 (I). 写出增广矩阵 $\widetilde{\boldsymbol{A}}$ (其前 n 列构成系数矩阵 $\boldsymbol{A}$).

① 用算法 2.3 判断 (I) 是否有解. 如果无解, 算法结束; 如果有解, 转入下一步.

② 继续用初等行变换把 (1) 中得到的阶梯形矩阵 $\widetilde{\boldsymbol{J}}$ 变为行简化阶梯形矩阵 $\widetilde{\boldsymbol{J}}_1$. 如果 $r(\boldsymbol{A})=r(\widetilde{\boldsymbol{A}})=n$, 则直接由 $\widetilde{\boldsymbol{J}}_1$ 得到 (I) 的唯一解 (就是 $\widetilde{\boldsymbol{J}}_1$ 的最后一列中前 n 个数构成的向量); 否则, $r(\boldsymbol{A})=r(\widetilde{\boldsymbol{A}})<n$, 转入下一步.

③ 利用 $\widetilde{\boldsymbol{J}}_1$, 把约束变量用自由变量表示出来, 得到与 (I) 同解的非齐次线性方程组 (II). 在 (II) 中令自由变量为任意数, 即得 (I) 的通解的一个表达式.

2.2 例题讲解

例 2.1 若 $\boldsymbol{\alpha}_1=(1,1,1)^{\mathrm{T}}$, $\boldsymbol{\alpha}_2=(1,2,3)^{\mathrm{T}}$, $\boldsymbol{\alpha}_3=(1,3,1)^{\mathrm{T}}$, 判断该向量组的线性相关性, 并给出相应的理由.

解: 方法一: 记[①] $\boldsymbol{A}=(\boldsymbol{\alpha}_1,\boldsymbol{\alpha}_2,\boldsymbol{\alpha}_3)=\begin{pmatrix}1&1&1\\1&2&3\\1&3&1\end{pmatrix}$, 则

$$\boldsymbol{A}\xrightarrow[r_3-r_1]{r_2-r_1}\begin{pmatrix}1&1&1\\0&1&2\\0&2&0\end{pmatrix}\xrightarrow{r_3-2r_2}\begin{pmatrix}1&1&1\\0&1&2\\0&0&-4\end{pmatrix}$$

因此 $r(\boldsymbol{\alpha}_1,\boldsymbol{\alpha}_2,\boldsymbol{\alpha}_3)=3$, 故 $\boldsymbol{\alpha}_1,\boldsymbol{\alpha}_2,\boldsymbol{\alpha}_3$ 线性无关.

方法二: 因记 $\boldsymbol{A}=(\boldsymbol{\alpha}_1,\boldsymbol{\alpha}_2,\boldsymbol{\alpha}_3)=\begin{pmatrix}1&1&1\\1&2&3\\1&3&1\end{pmatrix}$, 因 $|\boldsymbol{A}|=-4\neq 0$, 从而 $r(\boldsymbol{A})=3$[②], 故 $\boldsymbol{\alpha}_1,\boldsymbol{\alpha}_2,\boldsymbol{\alpha}_3$ 线性无关. □

① 本来应该写为 $\boldsymbol{A}=(\boldsymbol{\alpha}_1\ \boldsymbol{\alpha}_2\ \boldsymbol{\alpha}_3)$, 但是可能导致中间的空格不明显, 产生误解, 因此中间加逗号隔开.

② 此处用到行列式的结论, 在教材第 3 章提到, n 阶方阵 $\boldsymbol{A}$ 的行列式非零当且仅当 $r(\boldsymbol{A})=n$.

例 2.2 (1992)[①] 设 $\boldsymbol{\alpha}_1,\boldsymbol{\alpha}_2,\boldsymbol{\alpha}_3$ 线性相关, $\boldsymbol{\alpha}_2,\boldsymbol{\alpha}_3,\boldsymbol{\alpha}_4$ 线性无关. 问:

(1) $\boldsymbol{\alpha}_1$ 能否由 $\boldsymbol{\alpha}_2,\boldsymbol{\alpha}_3$ 线性表出? 证明你的结论;

(2) $\boldsymbol{\alpha}_4$ 能否由 $\boldsymbol{\alpha}_1,\boldsymbol{\alpha}_2,\boldsymbol{\alpha}_3$ 线性表出? 证明你的结论.

证明: (1) 因为 $\boldsymbol{\alpha}_2,\boldsymbol{\alpha}_3,\boldsymbol{\alpha}_4$ 线性无关, 从而[②] $\boldsymbol{\alpha}_2,\boldsymbol{\alpha}_3$ 线性无关, 又因为 $\boldsymbol{\alpha}_1,\boldsymbol{\alpha}_2,\boldsymbol{\alpha}_3$ 线性相关, 从而 $\boldsymbol{\alpha}_1$ 一定可以由 $\boldsymbol{\alpha}_2,\boldsymbol{\alpha}_3$ 线性表出, 并且表示方式唯一.

(2) 由 (1), $\boldsymbol{\alpha}_1,\boldsymbol{\alpha}_2,\boldsymbol{\alpha}_3$ 与 $\boldsymbol{\alpha}_2,\boldsymbol{\alpha}_3$ 等价; 而 $\boldsymbol{\alpha}_4$ 不能由 $\boldsymbol{\alpha}_2,\boldsymbol{\alpha}_3$ 线性表出, 即 $\boldsymbol{\alpha}_4$ 不能由 $\boldsymbol{\alpha}_1,\boldsymbol{\alpha}_2,\boldsymbol{\alpha}_3$ 线性表出. □

例 2.3 设 $\boldsymbol{\alpha}_1,\boldsymbol{\alpha}_2,\boldsymbol{\alpha}_3$ 为线性无关的向量组, 向量 $\boldsymbol{\beta}$ 可由 $\boldsymbol{\alpha}_1,\boldsymbol{\alpha}_2,\boldsymbol{\alpha}_3$ 线性表示, 向量 $\boldsymbol{\gamma}$ 不能由 $\boldsymbol{\alpha}_1,\boldsymbol{\alpha}_2,\boldsymbol{\alpha}_3$ 线性表示, 证明向量组 $\boldsymbol{\alpha}_1,\boldsymbol{\alpha}_2,\boldsymbol{\alpha}_3,\boldsymbol{\beta}+\boldsymbol{\gamma}$ 线性无关.

证明: 方法一: 不妨设 $\boldsymbol{\alpha}_1,\boldsymbol{\alpha}_2,\boldsymbol{\alpha}_3,\boldsymbol{\beta}+\boldsymbol{\gamma}$ 线性相关, 因 $\boldsymbol{\alpha}_1,\boldsymbol{\alpha}_2,\boldsymbol{\alpha}_3$ 线性无关, 从而 $\boldsymbol{\beta}+\boldsymbol{\gamma}$ 可由 $\boldsymbol{\alpha}_1,\boldsymbol{\alpha}_2,\boldsymbol{\alpha}_3$ 线性表示. 又因向量 $\boldsymbol{\beta}$ 可由 $\boldsymbol{\alpha}_1,\boldsymbol{\alpha}_2,\boldsymbol{\alpha}_3$ 线性表示. 因此向量 $\boldsymbol{\gamma}$ 可由 $\boldsymbol{\alpha}_1,\boldsymbol{\alpha}_2,\boldsymbol{\alpha}_3$ 线性表示. 从而矛盾. 因此向量组 $\boldsymbol{\alpha}_1,\boldsymbol{\alpha}_2,\boldsymbol{\alpha}_3,\boldsymbol{\beta}+\boldsymbol{\gamma}$ 线性无关.

方法二: 因向量 $\boldsymbol{\beta}$ 可由 $\boldsymbol{\alpha}_1,\boldsymbol{\alpha}_2,\boldsymbol{\alpha}_3$ 线性表示, 不妨设 $\boldsymbol{\beta}=k_1\boldsymbol{\alpha}_1+k_2\boldsymbol{\alpha}_2+k_3\boldsymbol{\alpha}_3$, 则

$$(\boldsymbol{\alpha}_1,\boldsymbol{\alpha}_2,\boldsymbol{\alpha}_3,\boldsymbol{\beta}+\boldsymbol{\gamma})\xrightarrow[]{\substack{c_4-k_1c_1\\c_4-k_2c_2\\c_4-k_3c_3}}(\boldsymbol{\alpha}_1,\boldsymbol{\alpha}_2,\boldsymbol{\alpha}_3,\boldsymbol{\gamma})$$

因初等变换不改变矩阵的秩, 从而

$$r(\boldsymbol{\alpha}_1,\boldsymbol{\alpha}_2,\boldsymbol{\alpha}_3,\boldsymbol{\beta}+\boldsymbol{\gamma})=r(\boldsymbol{\alpha}_1,\boldsymbol{\alpha}_2,\boldsymbol{\alpha}_3,\boldsymbol{\gamma})=4.$$

因此向量组 $\boldsymbol{\alpha}_1,\boldsymbol{\alpha}_2,\boldsymbol{\alpha}_3,\boldsymbol{\beta}+\boldsymbol{\gamma}$ 线性无关. □

例 2.4 (1998) 已知 $\boldsymbol{\alpha}_1=(1,4,0,2)^{\mathrm{T}}$, $\boldsymbol{\alpha}_2=(2,7,1,3)^{\mathrm{T}}$, $\boldsymbol{\alpha}_3=(0,1,-1,a)^{\mathrm{T}}$ 及 $\boldsymbol{\beta}=(3,10,b,4)^{\mathrm{T}}$.[③]

(1) a,b 为何值时, $\boldsymbol{\beta}$ 不能表示成 $\boldsymbol{\alpha}_1,\boldsymbol{\alpha}_2,\boldsymbol{\alpha}_3$ 的线性组合?

(2) a,b 为何值时, $\boldsymbol{\beta}$ 可由 $\boldsymbol{\alpha}_1,\boldsymbol{\alpha}_2,\boldsymbol{\alpha}_3$ 线性表示? 并写出该表示式.

解: 该问题等价于判定非齐次线性方程组[④] $x_1\boldsymbol{\alpha}_1+x_2\boldsymbol{\alpha}_2+x_3\boldsymbol{\alpha}_3=\boldsymbol{\beta}$ 的解的存在性. 对增广矩阵作初等行变换, 得

$$\widetilde{\boldsymbol{A}}=\begin{pmatrix}1&2&0&3\\4&7&1&10\\0&1&-1&b\\2&3&a&4\end{pmatrix}\to\begin{pmatrix}1&2&0&3\\0&-1&1&-2\\0&0&a-1&0\\0&0&0&b-2\end{pmatrix}. \qquad (\star)$$

① 年份表示例题是该年的考研题. 细节可能有修改.

② 参见命题 2.6.

③ T 表示转置. 也常用 $\boldsymbol{E}$ 表示单位阵.

④ 注意, 系数矩阵不是方阵, 所以不能用克莱姆法则. 比较例 3.43.

当 $a \neq 1$ 且 $b \neq 2$ 时, 式 $(\star)$ 右边的矩阵是阶梯形矩阵, 所以 $r(\boldsymbol{A}) = 3 < r(\widetilde{\boldsymbol{A}}) = 4$, 从而原方程组无解, 即此时 $\boldsymbol{\beta}$ 不能表示成 $\boldsymbol{\alpha}_1, \boldsymbol{\alpha}_2, \boldsymbol{\alpha}_3$ 的线性组合.

当 $a = 1$ 且 $b \neq 2$ 时, 交换式 $(\star)$ 右边的矩阵的第 3, 4 行, 得: $r(\boldsymbol{A}) = 2$, $r(\widetilde{\boldsymbol{A}}) = 3$, 所以, 此时, $\boldsymbol{\beta}$ 不能表示成 $\boldsymbol{\alpha}_1, \boldsymbol{\alpha}_2, \boldsymbol{\alpha}_3$ 的线性组合.

当 $b = 2$ 且 $a = 1$ 时, 式 $(\star)$ 右边的矩阵是阶梯形矩阵, 且此时 $r(\boldsymbol{A}) = r(\widetilde{\boldsymbol{A}}) = 2$, 所以, 此时, $\boldsymbol{\beta}$ 可由 $\boldsymbol{\alpha}_1, \boldsymbol{\alpha}_2, \boldsymbol{\alpha}_3$ 线性表出. 此时, 进一步用初等行变换把增广矩阵化为行简化阶梯形矩阵得: $\widetilde{\boldsymbol{A}} \rightarrow \begin{pmatrix} 1 & 0 & 2 & -1 \\ 0 & 1 & -1 & 2 \\ 0 & 0 & 0 & 0 \\ 0 & 0 & 0 & 0 \end{pmatrix}$. 从而, 原方程组的通解为 $(-1-2t, 2+t, t)^{\mathrm{T}}$, t 为任意数, 即,

$$\boldsymbol{\beta} = (-1-2t)\boldsymbol{\alpha}_1 + (2+t)\boldsymbol{\alpha}_2 + t\boldsymbol{\alpha}_3, \text{ 其中 } t \text{ 是任意数.}$$

当 $b = 2$ 且 $a \neq 1$ 时, 式 $(\star)$ 右边的矩阵是阶梯形矩阵, 从而 $r(\boldsymbol{A}) = r(\widetilde{\boldsymbol{A}}) = 3$, 因此原方程组有唯一解. 进一步用初等行变换把增广矩阵化为行简化阶梯形矩阵, 得 $(\boldsymbol{A}, \boldsymbol{\beta}) \rightarrow \begin{pmatrix} 1 & 0 & 0 & -1 \\ 0 & 1 & 0 & 2 \\ 0 & 0 & 1 & 0 \\ 0 & 0 & 0 & 0 \end{pmatrix}$. 从而原方程组的解为: $(-1, 2, 0)^{\mathrm{T}}$, 即$\boldsymbol{\beta} = -\boldsymbol{\alpha}_1 + 2\boldsymbol{\alpha}_2$.

综上所述, 当 $b \neq 2$ 时, $\boldsymbol{\beta}$ 不能表示成 $\boldsymbol{\alpha}_1, \boldsymbol{\alpha}_2, \boldsymbol{\alpha}_3$ 的线性组合; 当 $b = 2$ 且 $a = 1$ 时, $\boldsymbol{\beta}$ 能表示成 $\boldsymbol{\alpha}_1, \boldsymbol{\alpha}_2, \boldsymbol{\alpha}_3$ 的线性组合, 且表出方式有无穷多; 当 $b = 2$ 且 $a \neq 1$ 时, $\boldsymbol{\beta}$ 能表示成 $\boldsymbol{\alpha}_1, \boldsymbol{\alpha}_2, \boldsymbol{\alpha}_3$ 的线性组合, 且表出方式唯一. □

例 2.5 设向量组 $\boldsymbol{\alpha}_1 = (1, 4, 0, 2)^{\mathrm{T}}$, $\boldsymbol{\alpha}_2 = (2, 7, 1, 3)^{\mathrm{T}}$, $\boldsymbol{\alpha}_3 = (0, 1, -1, a)^{\mathrm{T}}$, $\boldsymbol{\alpha}_4 = (3, 10, b, 4)^{\mathrm{T}}$. 已知 $\boldsymbol{\alpha}_1$, $\boldsymbol{\alpha}_2$, $\boldsymbol{\alpha}_3$ 是该向量组的一个极大无关组. 求 a, b 的值, 并把 $\boldsymbol{\alpha}_4$ 用 $\boldsymbol{\alpha}_1, \boldsymbol{\alpha}_2, \boldsymbol{\alpha}_3$ 线性表出.

解: 设 $\boldsymbol{A} = (\boldsymbol{\alpha}_1, \boldsymbol{\alpha}_2, \boldsymbol{\alpha}_3, \boldsymbol{\alpha}_4)$. 对 $\boldsymbol{A}$ 作初等行变换, 得

$$\boldsymbol{A} = \begin{pmatrix} 1 & 2 & 0 & 3 \\ 4 & 7 & 1 & 10 \\ 0 & 1 & -1 & b \\ 2 & 3 & a & 4 \end{pmatrix} \rightarrow \begin{pmatrix} 1 & 2 & 0 & 3 \\ 0 & -1 & 1 & -2 \\ 0 & 0 & a-1 & 0 \\ 0 & 0 & 0 & b-2 \end{pmatrix}.$$

由题设得: $a \neq 1, b = 2$. 进一步用初等行变换化为行简化阶梯形矩阵, 得: $\boldsymbol{A} \rightarrow \begin{pmatrix} 1 & 0 & 0 & -1 \\ 0 & 1 & 0 & 2 \\ 0 & 0 & 1 & 0 \\ 0 & 0 & 0 & 0 \end{pmatrix}$, 由此即得 $\boldsymbol{\alpha}_4 = -\boldsymbol{\alpha}_1 + 2\boldsymbol{\alpha}_2$. □

例 2.6 (2000) 已知向量组 $\boldsymbol{\beta}_1=(0,1,-1)^{\mathrm{T}}$, $\boldsymbol{\beta}_2=(a,2,1)^{\mathrm{T}}$, $\boldsymbol{\beta}_3=(b,1,0)^{\mathrm{T}}$ 与 $\boldsymbol{\alpha}_1=(1,2,-3)^{\mathrm{T}}$, $\boldsymbol{\alpha}_2=(3,0,1)^{\mathrm{T}}$, $\boldsymbol{\alpha}_3=(9,6,-7)^{\mathrm{T}}$ 具有相同的秩, 且 $\boldsymbol{\beta}_3$ 可由 $\boldsymbol{\alpha}_1,\boldsymbol{\alpha}_2,\boldsymbol{\alpha}_3$ 线性表出, 求 a,b 的取值.

解: 由题设, 向量组 $\boldsymbol{\alpha}_1,\boldsymbol{\alpha}_2,\boldsymbol{\alpha}_3$ 与 $\boldsymbol{\alpha}_1,\boldsymbol{\alpha}_2,\boldsymbol{\alpha}_3,\boldsymbol{\beta}_3$ 等价, 所以它们的秩相等. 把 $(\boldsymbol{\alpha}_1,\boldsymbol{\alpha}_2,\boldsymbol{\alpha}_3,\boldsymbol{\beta}_3)$ 用初等行变换化为阶梯形矩阵, 得

$$\begin{pmatrix}1&3&9&b\\2&0&6&1\\-3&1&-7&0\end{pmatrix}\to\begin{pmatrix}1&3&9&b\\0&-6&-12&1-2b\\0&0&0&\dfrac{5-b}{3}\end{pmatrix}.$$

从而由 $r(\boldsymbol{\alpha}_1,\boldsymbol{\alpha}_2,\boldsymbol{\alpha}_3,\boldsymbol{\beta}_3)=r(\boldsymbol{\alpha}_1,\boldsymbol{\alpha}_2,\boldsymbol{\alpha}_3)=2$, 得 $b=5$.

把 $(\boldsymbol{\beta}_1,\boldsymbol{\beta}_2,\boldsymbol{\beta}_3)$ 用初等行变换化为阶梯形矩阵, 得

$$\begin{pmatrix}0&a&5\\1&2&1\\-1&1&0\end{pmatrix}\to\begin{pmatrix}-1&1&0\\0&3&1\\0&0&5-\dfrac{a}{3}\end{pmatrix}.$$

从而由 $r(\boldsymbol{\beta}_1,\boldsymbol{\beta}_2,\boldsymbol{\beta}_3)=r(\boldsymbol{\alpha}_1,\boldsymbol{\alpha}_2,\boldsymbol{\alpha}_3)=2$, 得 $a=15$. □

例 2.7 设向量组 $\boldsymbol{\alpha}_1=(1,1,-2)^{\mathrm{T}},\boldsymbol{\alpha}_2=(1,0,-1)^{\mathrm{T}},\boldsymbol{\alpha}_3=(0,1,0)^{\mathrm{T}}$, 不能由向量组 $\boldsymbol{\beta}_1=(1,1,1)^{\mathrm{T}},\boldsymbol{\beta}_2=(1,2,3)^{\mathrm{T}},\boldsymbol{\beta}_3=(3,4,a)^{\mathrm{T}}$ 线性表示. (1) 求 a 的值, (2) 将 $\boldsymbol{\beta}_1,\boldsymbol{\beta}_2,\boldsymbol{\beta}_3$ 用 $\boldsymbol{\alpha}_1,\boldsymbol{\alpha}_2,\boldsymbol{\alpha}_3$ 线性表示.

解: 显然 $|\boldsymbol{\alpha}_1,\boldsymbol{\alpha}_2,\boldsymbol{\alpha}_3|=-1$, 因此 $r(\boldsymbol{\alpha}_1,\boldsymbol{\alpha}_2,\boldsymbol{\alpha}_3)=3$. 因 $\boldsymbol{\alpha}_1,\boldsymbol{\alpha}_2,\boldsymbol{\alpha}_3$ 不能用 $\boldsymbol{\beta}_1,\boldsymbol{\beta}_2,\boldsymbol{\beta}_3$ 线性表示, 从而 $r(\boldsymbol{\beta}_1,\boldsymbol{\beta}_2,\boldsymbol{\beta}_3)<3$, 故 $|\boldsymbol{\beta}_1,\boldsymbol{\beta}_2,\boldsymbol{\beta}_3|=0$, 解得 $a=5$.

把 $\boldsymbol{\beta}_1,\boldsymbol{\beta}_2,\boldsymbol{\beta}_3$ 用 $\boldsymbol{\alpha}_1,\boldsymbol{\alpha}_2,\boldsymbol{\alpha}_3$ 线性表示, 等价地就是解矩阵方程 $(\boldsymbol{\alpha}_1,\boldsymbol{\alpha}_2,\boldsymbol{\alpha}_3)\boldsymbol{X}=(\boldsymbol{\beta}_1,\boldsymbol{\beta}_2,\boldsymbol{\beta}_3)$. 增广矩阵为

$$(\boldsymbol{\alpha}_1,\boldsymbol{\alpha}_2,\boldsymbol{\alpha}_3,\boldsymbol{\beta}_1,\boldsymbol{\beta}_2,\boldsymbol{\beta}_3)=\begin{pmatrix}1&1&0&1&1&3\\1&0&1&1&2&4\\-2&-1&0&1&3&5\end{pmatrix}\to\begin{pmatrix}1&0&0&-2&-4&-8\\0&1&0&3&5&11\\0&0&1&3&6&12\end{pmatrix}$$

从而 $\boldsymbol{\beta}_1=-2\boldsymbol{\alpha}_1+3\boldsymbol{\alpha}_2+3\boldsymbol{\alpha}_3,\boldsymbol{\beta}_2=-4\boldsymbol{\alpha}_1+5\boldsymbol{\alpha}_2+6\boldsymbol{\alpha}_3,\boldsymbol{\beta}_3=-8\boldsymbol{\alpha}_1+11\boldsymbol{\alpha}_2+12\boldsymbol{\alpha}_3$. □

例 2.8 设 $\boldsymbol{\alpha}_1=(1,0,2)^{\mathrm{T}}$, $\boldsymbol{\alpha}_2=(1,1,3)^{\mathrm{T}}$, $\boldsymbol{\alpha}_3=(1,1,a+2)^{\mathrm{T}}$, $\boldsymbol{\beta}_1=(1,2,4)^{\mathrm{T}}$, $\boldsymbol{\beta}_2=(1,1,b+3)^{\mathrm{T}}$, $\boldsymbol{\beta}_3=(2,5,8)^{\mathrm{T}}$. 又已知 $\boldsymbol{\alpha}_1$, $\boldsymbol{\alpha}_2$, $\boldsymbol{\alpha}_3$ 可以由 $\boldsymbol{\beta}_1$, $\boldsymbol{\beta}_2$, $\boldsymbol{\beta}_3$ 线性表出, 但是 $\boldsymbol{\beta}_1$, $\boldsymbol{\beta}_2$, $\boldsymbol{\beta}_3$ 不能由 $\boldsymbol{\alpha}_1$, $\boldsymbol{\alpha}_2$, $\boldsymbol{\alpha}_3$ 线性表出. 求 a,b 可能的取值.

解: 方法一: 根据题意, $r(\boldsymbol{\alpha}_1,\boldsymbol{\alpha}_2,\boldsymbol{\alpha}_3)<r(\boldsymbol{\alpha}_1,\boldsymbol{\alpha}_2,\boldsymbol{\alpha}_3,\boldsymbol{\beta}_1,\boldsymbol{\beta}_2,\boldsymbol{\beta}_3)=r(\boldsymbol{\beta}_1,\boldsymbol{\beta}_2,\boldsymbol{\beta}_3)\leqslant 3$.

则

$$(\boldsymbol{\alpha}_1,\boldsymbol{\alpha}_2,\boldsymbol{\alpha}_3,\boldsymbol{\beta}_1,\boldsymbol{\beta}_2,\boldsymbol{\beta}_3)\to\begin{pmatrix}1&1&1&1&1&2\\0&1&1&2&1&5\\0&0&a-1&0&b&-1\end{pmatrix}.$$

因此 $a-1=0$, 即 $a=1$, 故 $r(\boldsymbol{\alpha}_1,\boldsymbol{\alpha}_2,\boldsymbol{\alpha}_3)=2$, 从而 $r(\boldsymbol{\beta}_1,\boldsymbol{\beta}_2,\boldsymbol{\beta}_3)=3$. 又因

$$(\boldsymbol{\beta}_1,\boldsymbol{\beta}_2,\boldsymbol{\beta}_3)\to\begin{pmatrix}1&1&2\\0&-1&1\\0&0&b-1\end{pmatrix}.$$

故 $b\neq 1$. 综上所述, $a=1$ 且 $b\neq 1$.

方法二: 记 $\boldsymbol{A}=(\boldsymbol{\alpha}_1,\boldsymbol{\alpha}_2,\boldsymbol{\alpha}_3)=\begin{pmatrix}1&1&1\\0&1&1\\2&3&a+2\end{pmatrix}$, $\boldsymbol{B}=(\boldsymbol{\beta}_1,\boldsymbol{\beta}_2,\boldsymbol{\beta}_3)=\begin{pmatrix}1&1&2\\2&1&5\\4&b+3&8\end{pmatrix}$,

根据题意 $r(\boldsymbol{\alpha}_1,\boldsymbol{\alpha}_2,\boldsymbol{\alpha}_3)<r(\boldsymbol{\alpha}_1,\boldsymbol{\alpha}_2,\boldsymbol{\alpha}_3,\boldsymbol{\beta}_1,\boldsymbol{\beta}_2,\boldsymbol{\beta}_3)=r(\boldsymbol{\beta}_1,\boldsymbol{\beta}_2,\boldsymbol{\beta}_3)\leqslant 3$. 又因 $\begin{vmatrix}1&1\\0&1\end{vmatrix}$ 是 $\boldsymbol{A}$ 的一个非零的 2 阶子式, 故 $r(\boldsymbol{\alpha}_1,\boldsymbol{\alpha}_2,\boldsymbol{\alpha}_3)=2$, $r(\boldsymbol{\beta}_1,\boldsymbol{\beta}_2,\boldsymbol{\beta}_3)=3$. 从而 $|\boldsymbol{A}|=a-1=0$, $|\boldsymbol{B}|=1-b\neq 0$, 从而 $a=1$ 且 $b\neq 1$.

当 $a=1$ 且 $b\neq 1$ 时, 显然符合题意.

综上所述, $a=1$ 且 $b\neq 1$. □

例 2.9 (2002) 设三阶矩阵 $\boldsymbol{A}=\begin{pmatrix}1&2&-2\\2&1&2\\3&0&4\end{pmatrix}$, 三维列向量 $\boldsymbol{\alpha}=(a,1,1)^{\mathrm{T}}$. 已知 $\boldsymbol{A\alpha}$ 与 $\boldsymbol{\alpha}$ 线性相关, 求 a.①

解: 因 $\boldsymbol{A\alpha}=(a,2a+3,3a+4)^{\mathrm{T}}$ 与 $\boldsymbol{\alpha}$ 线性相关, 因而对应分量成比例, 即 $\dfrac{a}{a}=\dfrac{2a+3}{1}=\dfrac{3a+4}{1}$, 由此解得 $a=-1$. □

例 2.10 (2005) 设向量组 $(2,1,1,1)$, $(2,1,a,a)$, $(3,2,1,a)$, $(4,3,2,1)$ 线性相关, 且 $a\neq 1$, 则 $a=$________.

解:② 把这些向量转置以后变为列向量, 拼成矩阵 $\boldsymbol{A}$, 并对 $\boldsymbol{A}$ 作初等变换, 得

$$\boldsymbol{A}=\begin{pmatrix}2&2&3&4\\1&1&2&3\\1&a&1&2\\1&a&a&1\end{pmatrix}\to\begin{pmatrix}1&1&2&3\\0&a-1&-1&-1\\0&0&-1&-2\\0&0&0&-2a+1\end{pmatrix}.$$

---

① 这里 $\boldsymbol{A\alpha}$ 是矩阵 $\boldsymbol{A}$ 与 $\boldsymbol{\alpha}$ 的乘积.

② 由于 $\boldsymbol{A}$ 恰好是一个方阵, 所以也可以用行列式 $|\boldsymbol{A}|=0$ 得到 a, 参见命题 3.8.

因 $\boldsymbol{A}$ 的列向量组线性相关, 即 $r(\boldsymbol{A})\leqslant 3$, 从而 $a=1$ 或 $a=\dfrac{1}{2}$. 已知 $a\neq 1$, 故 $a=\dfrac{1}{2}$. □

例 2.11 设向量组 $\boldsymbol{\alpha}_1=(2,2,-4,1)^{\mathrm{T}}$, $\boldsymbol{\alpha}_2=(4,2,-6,2)^{\mathrm{T}}$, $\boldsymbol{\alpha}_3=(6,3,-9,3)^{\mathrm{T}}$, $\boldsymbol{\alpha}_4=(1,1,1,1)^{\mathrm{T}}$. 求该向量组的秩和所有的极大线性无关组.

解: 设 $\boldsymbol{A}=(\boldsymbol{\alpha}_1,\boldsymbol{\alpha}_2,\boldsymbol{\alpha}_3,\boldsymbol{\alpha}_4)$. 用初等行变换把 $\boldsymbol{A}$ 变为阶梯形矩阵, 得

$$\boldsymbol{A}=\begin{pmatrix}2&4&6&1\\2&2&3&1\\-4&-6&-9&1\\1&2&3&1\end{pmatrix}\to\begin{pmatrix}1&0&0&0\\0&2&3&1\\0&0&0&1\\0&0&0&0\end{pmatrix}.$$

由此即得: 该向量组的秩为 3, 并且 $\boldsymbol{\alpha}_1$, $\boldsymbol{\alpha}_2$, $\boldsymbol{\alpha}_4$ 是一个极大无关组. 进一步, $\boldsymbol{\alpha}_1$, $\boldsymbol{\alpha}_2$, $\boldsymbol{\alpha}_3$, $\boldsymbol{\alpha}_4$ 子组是一个极大无关组 $\Leftrightarrow$ 该子组由 3 个线性无关的向量组成. 直接计算得: $r(\boldsymbol{\alpha}_1,\boldsymbol{\alpha}_2,\boldsymbol{\alpha}_3)=2, r(\boldsymbol{\alpha}_1,\boldsymbol{\alpha}_3,\boldsymbol{\alpha}_4)=3, r(\boldsymbol{\alpha}_2,\boldsymbol{\alpha}_3,\boldsymbol{\alpha}_4)=2$, 所以, 所有的极大无关组为: $\boldsymbol{\alpha}_1,\boldsymbol{\alpha}_2,\boldsymbol{\alpha}_4$; $\boldsymbol{\alpha}_1,\boldsymbol{\alpha}_3,\boldsymbol{\alpha}_4$. □

例 2.12 设有向量组 $\boldsymbol{\alpha}_1=(1,1,2,3)^{\mathrm{T}}$, $\boldsymbol{\alpha}_2=(1,-1,1,1)^{\mathrm{T}}$, $\boldsymbol{\alpha}_3=(1,2,2,5)^{\mathrm{T}}$, $\boldsymbol{\alpha}_4=(4,-2,5,6)^{\mathrm{T}}$.

(1) 求该向量组的秩与一个极大线性无关组;

(2) 将其余向量用 (1) 中求出的极大线性无关组线性表出.

解: (1) 记 $\boldsymbol{A}=(\boldsymbol{\alpha}_1,\boldsymbol{\alpha}_2,\boldsymbol{\alpha}_3,\boldsymbol{\alpha}_4)$, 则

$$\boldsymbol{A}=\begin{pmatrix}1&1&1&4\\1&-1&2&-2\\2&1&2&5\\3&1&5&6\end{pmatrix}\to\begin{pmatrix}1&0&0&1\\0&1&0&3\\0&0&1&0\\0&0&0&0\end{pmatrix},$$

因此该向量组的秩为 3, $\boldsymbol{\alpha}_1$, $\boldsymbol{\alpha}_2$, $\boldsymbol{\alpha}_3$ 是一个极大线性无关组.

(2) 把 $\boldsymbol{\alpha}_4$ 用 $\boldsymbol{\alpha}_1$, $\boldsymbol{\alpha}_2$, $\boldsymbol{\alpha}_3$ 线性表出即解向量方程 $\boldsymbol{\alpha}_4=\boldsymbol{\alpha}_1+3\boldsymbol{\alpha}_2$. □

例 2.13 设向量组 $\boldsymbol{\alpha}_1=(1,-1,2,4)^{\mathrm{T}}, \boldsymbol{\alpha}_2=(0,3,1,2)^{\mathrm{T}}, \boldsymbol{\alpha}_3=(3,0,7,14)^{\mathrm{T}}, \boldsymbol{\alpha}_4=(1,-1,2,0)^{\mathrm{T}}, \boldsymbol{\alpha}_5=(2,1,5,6)^{\mathrm{T}}$, 求该向量组的秩以及一个极大线性无关组, 并将其余向量用这个极大线性无关组线性表出.

解: 令 $\boldsymbol{A}=(\boldsymbol{\alpha}_1,\boldsymbol{\alpha}_2,\boldsymbol{\alpha}_3,\boldsymbol{\alpha}_4,\boldsymbol{\alpha}_5)$, 则

$$\boldsymbol{A}=\begin{pmatrix}1&0&3&1&2\\-1&3&0&-1&1\\2&1&7&2&5\\4&2&14&0&6\end{pmatrix}\to\begin{pmatrix}1&0&3&1&2\\0&1&1&0&1\\0&0&0&1&1\\0&0&0&0&0\end{pmatrix}\to\begin{pmatrix}1&0&3&0&1\\0&1&1&0&1\\0&0&0&1&1\\0&0&0&0&0\end{pmatrix}.$$

因此该向量组的秩为 3, $\boldsymbol{\alpha}_1,\boldsymbol{\alpha}_2,\boldsymbol{\alpha}_4$ 为一个极大线性无关组, 且 $\boldsymbol{\alpha}_3=3\boldsymbol{\alpha}_1+\boldsymbol{\alpha}_2,\boldsymbol{\alpha}_5=\boldsymbol{\alpha}_1+\boldsymbol{\alpha}_2+\boldsymbol{\alpha}_4$. □

例 2.14 设 $\mathcal{A}=\{\boldsymbol{\alpha}_1,\boldsymbol{\alpha}_2,\boldsymbol{\alpha}_3\}$ 是 $\mathbb{R}^3$ 中的一个线性无关的向量组, 证明: 对任意的 $\boldsymbol{\beta}\in\mathbb{R}^3$, 存在唯一的一组实数 c_1,c_2,c_3, 使得 $\boldsymbol{\beta}=c_1\boldsymbol{\alpha}_1+c_2\boldsymbol{\alpha}_2+c_3\boldsymbol{\alpha}_3$. 我们称向量 $[\boldsymbol{\beta}]_{\mathcal{A}}=(c_1,c_2,c_3)^{\mathrm{T}}$ 是 $\boldsymbol{\beta}$ 在基 $\mathcal{A}$ 下的坐标.

证明: 记 $\boldsymbol{A}=(\boldsymbol{\alpha}_1,\boldsymbol{\alpha}_2,\boldsymbol{\alpha}_3)$, 由于 $\boldsymbol{\alpha}_1,\boldsymbol{\alpha}_2,\boldsymbol{\alpha}_3$ 线性无关, 故 $r(\boldsymbol{A})=3$, 又因为 $\boldsymbol{\alpha}_1,\boldsymbol{\alpha}_2,\boldsymbol{\alpha}_3,\boldsymbol{\beta}$ 是 4 个三维向量, 因此线性相关, 故 $3=r(\boldsymbol{\alpha}_1,\boldsymbol{\alpha}_2,\boldsymbol{\alpha}_3)\leqslant r(\boldsymbol{\alpha}_1,\boldsymbol{\alpha}_2,\boldsymbol{\alpha}_3,\boldsymbol{\beta})\leqslant 3$, 从而 $r(\boldsymbol{\alpha}_1,\boldsymbol{\alpha}_2,\boldsymbol{\alpha}_3)=r(\boldsymbol{\alpha}_1,\boldsymbol{\alpha}_2,\boldsymbol{\alpha}_3,\boldsymbol{\beta})=3$, 故 $\boldsymbol{\beta}$ 可以由 $\boldsymbol{\alpha}_1,\boldsymbol{\alpha}_2,\boldsymbol{\alpha}_3$ 线性表出且表示方法唯一. 也就是存在唯一的一组实数 c_1,c_2,c_3, 使得 $\boldsymbol{\beta}=c_1\boldsymbol{\alpha}_1+c_2\boldsymbol{\alpha}_2+c_3\boldsymbol{\alpha}_3$. □

例 2.15 已知矩阵 $\boldsymbol{A}=\begin{pmatrix}1&-2&3k\\-1&2k&-3\\k&-2&3\end{pmatrix}$ 的秩为 2, 则 $k=$ ________.

解: $\boldsymbol{A}\to\begin{pmatrix}1&-2&3k\\0&2k-2&3k-3\\0&2k-2&3-3k^2\end{pmatrix}\to\begin{pmatrix}1&-2&3k\\0&2(k-1)&3(k-1)\\0&0&-3(k+2)(k-1)\end{pmatrix}$. 因此, 当 $k=1$ 时, $r(\boldsymbol{A})=1$; 当 $k=-2$ 时, $r(\boldsymbol{A})=2$; 当 $k\neq1$ 且 $k\neq-2$ 时, $r(\boldsymbol{A})=3$. 综上所述 $k=-2$. □

例 2.16 (1989) 设齐次线性方程组 $\begin{cases}\lambda x_1+x_2+x_3=0\\x_1+\lambda x_2+x_3=0\\x_1+x_2+x_3=0\end{cases}$ 只有零解. λ 应满足的条件是 ________.

解: 原方程组只有零解等价于其系数矩阵 $\boldsymbol{A}$ 的秩为 3. 用初等行变换①把 $\boldsymbol{A}$ 变为:

$$\boldsymbol{A}=\begin{pmatrix}\lambda&1&1\\1&\lambda&1\\1&1&1\end{pmatrix}\to\begin{pmatrix}1&1&1\\0&\lambda-1&0\\0&0&1-\lambda\end{pmatrix},$$

因此 $\lambda\neq1$. □

例 2.17 求齐次线性方程组 $\begin{cases}x_1+x_2+2x_3+2x_4=0\\2x_1+3x_2+4x_3+5x_4=0\\3x_1+5x_2+6x_3+8x_4=0\end{cases}$ 的基础解系及其通解.

① 由于这里的系数矩阵是方阵, 所以也可以用行列式.

解: 记该方程组的增广矩阵为 $\widetilde{\boldsymbol{A}}=\left(\begin{array}{cccc:c}1&1&2&2&0\\2&3&4&5&0\\3&5&6&8&0\end{array}\right)$, 由高斯消元法, 得

$$\widetilde{\boldsymbol{A}}\xrightarrow[r_2-2r_1]{r_3-3r_1}\left(\begin{array}{cccc:c}1&1&2&2&0\\0&1&0&1&0\\0&2&0&2&0\end{array}\right)\xrightarrow{r_3-2r_2}\left(\begin{array}{cccc:c}1&1&2&2&0\\0&1&0&1&0\\0&0&0&0&0\end{array}\right)\xrightarrow{r_1-r_2}\left(\begin{array}{cccc:c}1&0&2&1&0\\0&1&0&1&0\\0&0&0&0&0\end{array}\right).$$

因此自由变量为 x_3, x_4, 从而原方程组等价于 $x_1=-2x_3-x_4, x_2=-x_4$, 分别取 $\begin{pmatrix}x_3\\x_4\end{pmatrix}$ 为 $\begin{pmatrix}1\\0\end{pmatrix}, \begin{pmatrix}0\\1\end{pmatrix}$, 得

$$\boldsymbol{\xi}_1=\begin{pmatrix}-2\\0\\1\\0\end{pmatrix}, \boldsymbol{\xi}_2=\begin{pmatrix}-1\\-1\\0\\1\end{pmatrix},$$

则 $\boldsymbol{\xi}_1$, $\boldsymbol{\xi}_2$ 是原方程组的一个基础解系, 且原方程组的通解为 $c_1\boldsymbol{\xi}_1+c_2\boldsymbol{\xi}_2$, 其中 c_1, c_2 是任意常数. □

例 2.18 设 $\boldsymbol{\xi}_1,\boldsymbol{\xi}_2$ 是线性方程组 $\begin{cases}x_1+(3a+1)x_2+2x_3+(7-b)x_4=0\\2x_1+(2a+3)x_2+x_3+(b+2)x_4=0\\x_1+4x_2+2x_3+(b+3)x_4=0\\x_1+3x_2+x_3+(b+1)x_4=0\end{cases}$ 的解向量组的极大线性无关组. 求 a,b 的值以及该线性方程组的通解.

解: 方法一: 因 $\boldsymbol{\xi}_1,\boldsymbol{\xi}_2$ 是该线性方程组的一个基础解系, 所以系数矩阵的秩为 2. 显然 $\begin{vmatrix}1&4\\1&3\end{vmatrix}\neq 0$ 是一个非零的二阶子式. 则系数矩阵的所有的三阶子式全为零, 解得 $a=1, b=2$. 从而用高斯消元法把系数矩阵化为最简阶梯形矩阵, 得

$$\begin{pmatrix}1&4&2&5\\2&5&1&4\\1&4&2&5\\1&3&1&3\end{pmatrix}\to\begin{pmatrix}1&4&2&5\\0&-3&-3&-6\\0&0&0&0\\0&0&0&0\end{pmatrix}\to\begin{pmatrix}1&0&-2&-3\\0&1&1&2\\0&0&0&0\\0&0&0&0\end{pmatrix}$$

从而原方程组的解为 $x_1=2x_3+3x_4, x_2=-x_3-2x_4$, 其中 x_3,x_4 为自由变量. 从而基础解系为 $\boldsymbol{\xi}_1=(2,-1,1,0)^{\mathrm{T}}, \boldsymbol{\xi}_2=(3,-2,0,1)^{\mathrm{T}}$, 从而原方程组的通解为 $c_1\boldsymbol{\xi}_1+c_2\boldsymbol{\xi}_2$, 其中 c_1,c_2 为任意常数.

方法二: 因 $\boldsymbol{\xi}_1,\boldsymbol{\xi}_2$ 是该线性方程组的一个基础解系, 所以系数矩阵的秩为 2. 利用

初等变换把系数矩阵变为

$$\begin{pmatrix}1&3a+1&2&7-b\\2&2a+3&1&b+2\\1&4&2&b+3\\1&3&1&b+1\end{pmatrix}\to\begin{pmatrix}1&2&3a+1&7-b\\0&-1&-3a&2b-6\\0&0&-3a+3&2b-4\\0&0&0&b-2\end{pmatrix}.$$

因此 $a=1,b=2$. 剩余解答与方法一相同, 此处省略. □

例 2.19 求线性方程组 $\begin{cases}2x_1-x_2+4x_3-3x_4=-4\\x_1+x_3-x_4=-3\\3x_1+x_2+x_3=1\\7x_1+7x_3-3x_4=3\end{cases}$ 的通解.

解: 该方程组的增广矩阵为

$$\left(\begin{array}{cccc:c}2&-1&4&-3&-4\\1&0&1&-1&-3\\3&1&1&0&1\\7&0&7&-3&3\end{array}\right)\to\left(\begin{array}{cccc:c}1&0&1&-1&-3\\0&-1&2&-1&2\\0&0&0&2&12\\0&0&0&0&0\end{array}\right)\to$$

$$\left(\begin{array}{cccc:c}1&0&1&0&3\\0&-1&2&0&8\\0&0&0&1&6\\0&0&0&0&0\end{array}\right)\to\left(\begin{array}{cccc:c}1&0&1&0&3\\0&1&-2&0&-8\\0&0&0&1&6\\0&0&0&0&0\end{array}\right).$$

从而 $\boldsymbol{\eta}=(3,-8,0,6)^{\mathrm{T}}$ 是原方程的一个特解. 令 $\boldsymbol{\xi}=(-1,2,1,0)^{\mathrm{T}}$, 则相应的齐次方程组的通解为 $c\boldsymbol{\xi}$, 其中 c 为任意实数. 故原方程的通解为 $c\boldsymbol{\xi}+\boldsymbol{\eta}$. □

例 2.20 当 k 取何值时, 线性方程组 $\begin{cases}kx_1+x_2+x_3=k-3\\x_1+kx_2+x_3=-2\\x_1+x_2+kx_3=-2\end{cases}$ 无解, 有唯一解, 有无穷多个解? 当方程组有无穷多个解时, 求出所有解.

解: 用高斯消元法把该线性方程组的增广矩阵化为阶梯形矩阵为

$$\begin{pmatrix}\boldsymbol{A}&\boldsymbol{b}\end{pmatrix}=\begin{pmatrix}k&1&1&k-3\\1&k&1&-2\\1&1&k&-2\end{pmatrix}\to\begin{pmatrix}1&1&k&-2\\1&k&1&-2\\k&1&1&k-3\end{pmatrix}$$

$$\to\begin{pmatrix}1&1&k&-2\\0&k-1&1-k&0\\0&1-k&1-k^2&3k-3\end{pmatrix}\to\begin{pmatrix}1&1&k&-2\\0&k-1&1-k&0\\0&0&-(k+2)(k-1)&3(k-1)\end{pmatrix}$$

当 $k=1$ 时, $\begin{pmatrix}\boldsymbol{A} & \boldsymbol{b}\end{pmatrix} \to \begin{pmatrix}1 & 1 & 1 & -2\\ 0 & 0 & 0 & 0\\ 0 & 0 & 0 & 0\end{pmatrix}$, $r(\boldsymbol{A})=r(\boldsymbol{A},\boldsymbol{b})=1$, 此时原方程有无穷多个解, x_2, x_3 是自由变量, 取 $\boldsymbol{\eta}=(-2,0,0)^{\mathrm{T}}$, $\boldsymbol{\xi}_1=(-1,1,0)^{\mathrm{T}}$, $\boldsymbol{\xi}_2=(-1,0,1)^{\mathrm{T}}$, 则原方程的通解为 $\boldsymbol{\eta}+c_1\boldsymbol{\xi}_1+c_2\boldsymbol{\xi}_2$, 其中 c_1, c_2 是任意常数.

当 $k=-2$ 时, $\begin{pmatrix}\boldsymbol{A} & \boldsymbol{b}\end{pmatrix} \to \begin{pmatrix}1 & 1 & -2 & -2\\ 0 & -3 & 3 & 0\\ 0 & 0 & 0 & -9\end{pmatrix}$, $r(\boldsymbol{A})=2<r(\boldsymbol{A},\boldsymbol{b})=3$, 此时原方程无解.

当 $k\neq 1$ 且 $k\neq -2$ 时, $r(\boldsymbol{A})=r(\boldsymbol{A},\boldsymbol{b})=3$, 此时原方程有唯一解.①　□

例 2.21　非齐次线性方程组 $\begin{cases}(2-\lambda)x_1+2x_2-2x_3=1\\ 2x_1+(5-\lambda)x_2-4x_3=2\\ -2x_1-4x_2+(5-\lambda)x_3=-\lambda-1\end{cases}$ 什么时候无解? 什么时候有唯一解? 什么时候有无穷多个解, 并在此时求该线性方程组的通解.

解:　方法一: 记该方程组的系数矩阵为 $\boldsymbol{A}$, 增广矩阵为

$$\widetilde{\boldsymbol{A}}=\left(\begin{array}{ccc:c}2-\lambda & 2 & -2 & 1\\ 2 & 5-\lambda & -4 & 2\\ -2 & -4 & 5-\lambda & -\lambda-1\end{array}\right),$$

由高斯消元法, 得

$$\widetilde{\boldsymbol{A}}\to\left(\begin{array}{ccc:c}-2 & -4 & 5-\lambda & -\lambda-1\\ 2 & 5-\lambda & -4 & 2\\ 2-\lambda & 2 & -2 & 1\end{array}\right)$$
$$\to\left(\begin{array}{ccc:c}-2 & -4 & -(\lambda-5) & -(\lambda+1)\\ 0 & -(\lambda-1) & -(\lambda-1) & -(\lambda-1)\\ 0 & 0 & \dfrac{(\lambda-1)(\lambda-10)}{2} & \dfrac{(\lambda-1)(\lambda-4)}{2}\end{array}\right)$$

因此 $\lambda\neq 1$ 且 $\lambda\neq 10$ 时, $r(\boldsymbol{A})=r(\widetilde{\boldsymbol{A}})=3$, 原方程组有唯一解.

---

① 可以进一步把增广矩阵化为简化阶梯形矩阵, 得 $\begin{pmatrix}\boldsymbol{A} & \boldsymbol{b}\end{pmatrix}\to\begin{pmatrix}1 & 0 & 0 & \dfrac{k-1}{k+2}\\ 0 & 1 & 0 & -\dfrac{3}{k+2}\\ 0 & 0 & 1 & -\dfrac{3}{k+2}\end{pmatrix}$, 此时原方程的解为 $\left(\dfrac{k-1}{k+2},-\dfrac{3}{k+2},-\dfrac{3}{k+2}\right)^{\mathrm{T}}$.

当 $\lambda=1$ 时, $\widetilde{\boldsymbol{A}}\to\left(\begin{array}{ccc:c}1&2&-2&1\\0&0&0&0\\0&0&0&0\end{array}\right)$, 因此自由变量为 x_2,x_3, 从而原方程组等价于 $x_1=-2x_2+2x_3+1$, 从而特解为 $\boldsymbol{\eta}=\begin{pmatrix}1\\0\\0\end{pmatrix}$. 进一步分别取 $\begin{pmatrix}x_2\\x_3\end{pmatrix}$ 为 $\begin{pmatrix}1\\0\end{pmatrix},\begin{pmatrix}0\\1\end{pmatrix}$ 得导出组的基础解系为

$$\boldsymbol{\xi}_1=\begin{pmatrix}-2\\1\\0\end{pmatrix},\boldsymbol{\xi}_2=\begin{pmatrix}2\\0\\1\end{pmatrix},$$

从而原方程组的通解为 $\boldsymbol{\eta}+c_1\boldsymbol{\xi}_1+c_2\boldsymbol{\xi}_2$, 其中 c_1,c_2 是任意常数.

当 $\lambda=10$ 时, $r(\boldsymbol{A})=2<r(\widetilde{\boldsymbol{A}})=3$, 原方程组无解.

方法二: 记系数矩阵为 $\boldsymbol{A}=\begin{pmatrix}2-\lambda&2&-2\\2&5-\lambda&-4\\-2&-4&5-\lambda\end{pmatrix}$, 由克莱姆法则知该方程组有唯一解当且仅当 $|\boldsymbol{A}|\neq0$. 因

$$\begin{aligned}|\boldsymbol{A}|&\xlongequal{c_2+c_3}\begin{vmatrix}2-\lambda&0&-2\\2&1-\lambda&-4\\-2&1-\lambda&5-\lambda\end{vmatrix}=(1-\lambda)\begin{vmatrix}2-\lambda&0&-2\\2&1&-4\\-2&1&5-\lambda\end{vmatrix}\\&\xlongequal{r_3-r_2}(1-\lambda)\begin{vmatrix}2-\lambda&0&-2\\2&1&-4\\-4&0&9-\lambda\end{vmatrix}\\&=(1-\lambda)\begin{vmatrix}2-\lambda&-2\\-4&9-\lambda\end{vmatrix}=-(\lambda-1)^2(\lambda-10),\end{aligned}$$

因此当 $\lambda\neq1$ 且 $\lambda\neq10$ 时, $r(\boldsymbol{A})=r(\widetilde{\boldsymbol{A}})=3$, 原方程组有唯一解.

剩余讨论与方法一相同. □

例 2.22 (1997) λ 为何值时, 方程组 $\begin{cases}2x_1+\lambda x_2-x_3=1\\\lambda x_1-x_2+x_3=2\\4x_1+5x_2-5x_3=-1\end{cases}$ 无解? 有唯一解或有无穷多个解? 并求出有无穷多个解时的通解.

解: 记该线性方程组的系数矩阵为 $\boldsymbol{A}$, 增广矩阵为 $\widetilde{\boldsymbol{A}}$. 由克莱姆法则可知该线性

方程组有唯一解当且仅当 $|\boldsymbol{A}| \neq 0$, 即

$$|\boldsymbol{A}| = \begin{vmatrix} 2 & \lambda & -1 \\ \lambda & -1 & 1 \\ 4 & 5 & -5 \end{vmatrix} = (5\lambda+4)(\lambda-1) \neq 0,$$

因此原方程组有唯一解当且仅当 $\lambda \neq 1$ 且 $\lambda \neq -\dfrac{4}{5}$.[①]

当 $\lambda = 1$ 时, 利用初等行变换把增广矩阵化为阶梯形矩阵

$$\widetilde{\boldsymbol{A}} = \begin{pmatrix} 2 & 1 & -1 & 1 \\ 1 & -1 & 1 & 2 \\ 4 & 5 & -5 & -1 \end{pmatrix} \to \begin{pmatrix} 1 & -1 & 1 & 2 \\ 2 & 1 & -1 & 1 \\ 4 & 5 & -5 & -1 \end{pmatrix}$$
$$\to \begin{pmatrix} 1 & -1 & 1 & 2 \\ 0 & 3 & -3 & -3 \\ 0 & 0 & 0 & 0 \end{pmatrix} \to \begin{pmatrix} 1 & 0 & 0 & 1 \\ 0 & 1 & -1 & -1 \\ 0 & 0 & 0 & 0 \end{pmatrix},$$

记[②] $\boldsymbol{\eta} = (1,-1,0)^{\mathrm{T}}$, $\boldsymbol{\xi} = (0,1,1)^{\mathrm{T}}$, 则原方程组的通解为 $\boldsymbol{\eta} + c\boldsymbol{\xi}$, 其中 c 是任意常数.

当 $\lambda = -\dfrac{4}{5}$ 时, 进一步把系数矩阵化为阶梯形矩阵, 得

$$\widetilde{\boldsymbol{A}} = \begin{pmatrix} 2 & -\dfrac{4}{5} & -1 & 1 \\ -\dfrac{4}{5} & -1 & 1 & 2 \\ 4 & 5 & -5 & -1 \end{pmatrix} \to \begin{pmatrix} 2 & -\dfrac{4}{5} & -1 & 1 \\ 0 & -\dfrac{33}{25} & \dfrac{3}{5} & \dfrac{12}{5} \\ 0 & \dfrac{33}{5} & -3 & -3 \end{pmatrix} \to \begin{pmatrix} 2 & -\dfrac{4}{5} & -1 & 1 \\ 0 & -\dfrac{33}{25} & \dfrac{3}{5} & \dfrac{12}{5} \\ 0 & 0 & 0 & 9 \end{pmatrix},$$

此时 $r(\boldsymbol{A}) = 2 < r(\widetilde{\boldsymbol{A}}) = 3$[③], 故原方程组无解当且仅当 $\lambda = -\dfrac{4}{5}$. □

---

① 此时进一步把增广矩阵化为简化阶梯形矩阵, 得 $\widetilde{\boldsymbol{A}} \to \begin{pmatrix} 1 & 0 & 0 & \dfrac{9}{5\lambda+4} \\ 0 & 1 & 0 & \dfrac{6}{5\lambda+4} \\ 0 & 0 & 1 & \dfrac{\lambda+14}{5\lambda+4} \end{pmatrix}$, 故原方程组的解为

$$x_1 = \frac{9}{5\lambda+4}, x_2 = \frac{6}{5\lambda+4}, x_3 = \frac{\lambda+14}{5\lambda+4}.$$

② 原方程组与 $\begin{cases} x_1 = 1 \\ x_2 = x_3 - 1 \end{cases}$ 同解, 且自由变量是 x_3, 故特解为 $\boldsymbol{\eta} = (1,-1,0)^{\mathrm{T}}$, 导出组的基础解系为 $\boldsymbol{\xi} = (0,1,1)^{\mathrm{T}}$.

③ 亦可利用最高阶非零子式来估计 $\boldsymbol{A}$ 与 $\widetilde{\boldsymbol{A}}$ 的秩. 当 $\lambda = -\dfrac{4}{5}$ 时, 因 $|\boldsymbol{A}| = 0$, 故 $r(\boldsymbol{A}) \leqslant 2$. 因 $\begin{vmatrix} -\dfrac{4}{5} & -1 & 1 \\ -1 & 1 & 2 \\ 5 & -5 & -1 \end{vmatrix} = -\dfrac{81}{5} \neq 0$, 故 $r(\widetilde{\boldsymbol{A}}) = 3$, 从而 $r(\boldsymbol{A}) = 2 < r(\widetilde{\boldsymbol{A}}) = 3$.

例 2.23 有时线性方程组 $\boldsymbol{Ax}=\boldsymbol{b}$ 是矛盾方程组, 是没有解的, 此时我们转而解 $\boldsymbol{A}^{\mathrm{T}}\boldsymbol{Ax}=\boldsymbol{A}^{\mathrm{T}}\boldsymbol{b}$, 我们称 $\boldsymbol{A}^{\mathrm{T}}\boldsymbol{Ax}=\boldsymbol{A}^{\mathrm{T}}\boldsymbol{b}$ 是原线性方程组的正则方程. 我们称正则方程的解为原方程的最小二乘解. 令 $\boldsymbol{A}=\begin{pmatrix}1&1&0\\1&1&0\\1&0&1\\1&1&1\end{pmatrix}$, $\boldsymbol{b}=\begin{pmatrix}1\\3\\8\\2\end{pmatrix}$. (1) 证明 $\boldsymbol{Ax}=\boldsymbol{b}$ 无解; (2) 求 $\boldsymbol{Ax}=\boldsymbol{b}$ 的最小二乘解.

(1) 证: 因 $\boldsymbol{Ax}=\boldsymbol{b}$ 的增广矩阵为

$$(\boldsymbol{A},\boldsymbol{b})=\begin{pmatrix}1&1&0&1\\1&1&0&3\\1&0&1&8\\1&1&1&2\end{pmatrix}\to\begin{pmatrix}1&1&0&1\\0&0&0&2\\0&-1&1&7\\0&0&1&1\end{pmatrix}\to\begin{pmatrix}1&1&0&1\\0&-1&1&7\\0&0&1&1\\0&0&0&2\end{pmatrix}$$

因此 $r(\boldsymbol{A})=3\neq r(\boldsymbol{A},\boldsymbol{b})=4$, 从而 $\boldsymbol{Ax}=\boldsymbol{b}$ 无解.

(2) 解: 求 $\boldsymbol{Ax}=\boldsymbol{b}$ 的最小二乘解, 也就是解方程组 $\boldsymbol{A}^{\mathrm{T}}\boldsymbol{Ax}=\boldsymbol{A}^{\mathrm{T}}\boldsymbol{b}$, 该方程组的增广矩阵为

$$(\boldsymbol{A}^{\mathrm{T}}\boldsymbol{A},\boldsymbol{A}^{\mathrm{T}}\boldsymbol{b})=\begin{pmatrix}4&3&2&14\\3&3&1&6\\2&1&2&10\end{pmatrix}\to\begin{pmatrix}1&0&1&8\\0&1&0&-6\\0&0&-2&0\end{pmatrix}\to\begin{pmatrix}1&0&0&8\\0&1&0&-6\\0&0&1&0\end{pmatrix}$$

从而最小二乘解为 $x_1=8,x_2=-6,x_3=0$. □

例 2.24 已知线性方程组 $\begin{cases}x_1+2x_2+x_3=2\\ax_1-x_2-2x_3=-3\end{cases}$ 与线性方程 $ax_2+x_3=1$ 有公共解, 求 a 的取值范围.

解: 上述两个线性方程组有公共解也就是 $\begin{cases}x_1+2x_2+x_3=2\\ax_1-x_2-2x_3=-3\\ax_2+x_3=1\end{cases}$ 有解. 当系数行列式非零时, 由克莱姆法则显然有解, 即

$$\begin{vmatrix}1&2&1\\a&-1&-2\\0&a&1\end{vmatrix}=a^2-1\neq 0$$

时有解. 也就是 $a\neq\pm1$ 时有解.

当 $a=1$ 时, 增广矩阵为

$$\begin{pmatrix}1&2&1&2\\1&-1&-2&-3\\0&1&1&1\end{pmatrix}\to\begin{pmatrix}1&2&1&2\\0&-3&-3&-5\\0&1&1&1\end{pmatrix}\to\begin{pmatrix}1&2&1&2\\0&1&1&1\\0&0&0&-2\end{pmatrix},$$

此时系数矩阵的秩小于增广矩阵的秩, 从而无解.

当 $a=-1$ 时, 增广矩阵为

$$\begin{pmatrix}1&2&1&2\\-1&-1&-2&-3\\0&-1&1&1\end{pmatrix}\to\begin{pmatrix}1&2&1&2\\0&1&-1&-1\\0&-1&1&1\end{pmatrix}\to\begin{pmatrix}1&2&1&2\\0&1&-1&-1\\0&0&0&0\end{pmatrix},$$

此时系数矩阵的秩等于增广矩阵的秩, 从而有解.

综上所述, 两线性方程组有公共解当且仅当 $a\neq1$. □

例 2.25 (1994) 设四元线性方程组 (I) 为

$$\begin{cases}x_1+x_2=0\\x_2-x_4=0\end{cases}.$$

又已知某线性齐次方程组 (II) 的通解为

$$k_1(0,1,1,0)^{\mathrm T}+k_2(-1,2,2,1)^{\mathrm T}.$$

(1)求线性方程组 (I) 的基础解系;

(2) 问线性方程组 (I) 和 (II) 是否有非零公共解? 若有, 则求出所有的非零公共解. 若没有, 则说明理由.

解: (1) 把 (I) 的系数矩阵用初等行变换化为行简化阶梯形矩阵, 得

$$\begin{pmatrix}1&1&0&0\\0&1&0&-1\end{pmatrix}\to\begin{pmatrix}1&0&0&1\\0&1&0&-1\end{pmatrix}.$$

因此, 自由变量为 x_3,x_4. 分别令 $(x_3,x_4)^{\mathrm T}=(1,0)^{\mathrm T}$, $(0,1)^{\mathrm T}$ 得 (I) 的一个基础解系为: $\boldsymbol{\xi}_1=(0,0,1,0)^{\mathrm T}$, $\boldsymbol{\xi}_2=(-1,1,0,1)^{\mathrm T}$.

(2) 方法一①: 由题设得 (II) 的一个基础解系:

$$(0,1,1,0)^{\mathrm T},\ \ (-1,0,0,1)^{\mathrm T}.$$

取 x_3,x_4 为自由变量, 得到 (II) 同解于线性方程组:

$$\text{(III)}\quad\begin{cases}x_1+x_4=0\\x_2-x_3=0\end{cases}.$$

因此, (I) 与 (II) 的公共解集就是把 (I) 和 (III) 合起来的如下方程组的解集:

$$\text{(IV)}\quad\begin{cases}x_1+x_2=0\\x_2-x_4=0\\x_1+x_4=0\\x_2-x_3=0\end{cases}.$$

① 两个方程组的公共解就是把两个方程组合成一个方程组的解. 因此, 需要写出方程组 (II) 的一个具体形式. 参见习题 2.4 第 2(5) 题.

对 (IV) 的系数矩阵作初等行变换, 得

$$\begin{pmatrix}1 & 1 & 0 & 0\\0 & 1 & 0 & -1\\1 & 0 & 0 & 1\\0 & 1 & -1 & 0\end{pmatrix}\to\begin{pmatrix}1 & 0 & 0 & 1\\0 & 1 & 0 & -1\\0 & 0 & 1 & -1\\0 & 0 & 0 & 0\end{pmatrix}.$$

取自由变量 x_4 为任意数 c, 由此即得 (IV) 的全部非零解为: $c(-1,1,1,1)^{\mathrm{T}}$, 其中 c 为非零常数, 这也就是 (I) 与 (II) 的全部非零的公共解.

方法二: 由题设, (II) 的全部解为:

$$\begin{aligned}\boldsymbol{\eta} &= k_1(0,1,1,0)^{\mathrm{T}} + k_2(-1,2,2,1)^{\mathrm{T}}\\ &= (-k_2, k_1+2k_2, k_1+2k_2, k_2)^{\mathrm{T}},\end{aligned}$$

其中, k_1, k_2 是任意数. 于是,

$$\begin{aligned}\boldsymbol{\eta}\ \text{是 (I) 与 (II) 的公共解} &\Leftrightarrow \boldsymbol{\eta}\ \text{可以由}\ \boldsymbol{\xi}_1, \boldsymbol{\xi}_2\ \text{线性表出}\\ &\Leftrightarrow r(\boldsymbol{\xi}_1, \boldsymbol{\xi}_2) = 2 = r(\boldsymbol{\xi}_1, \boldsymbol{\xi}_2, \boldsymbol{\eta}).\end{aligned}$$ ①

对矩阵 $(\boldsymbol{\xi}_1\ \boldsymbol{\xi}_2\ \boldsymbol{\eta})$ 作初等变换, 得

$$(\boldsymbol{\xi}_1\ \boldsymbol{\xi}_2\ \boldsymbol{\eta}) = \begin{pmatrix}0 & -1 & -k_2\\0 & 1 & k_1+2k_2\\1 & 0 & k_1+2k_2\\0 & 1 & k_2\end{pmatrix}\to\begin{pmatrix}1 & 0 & k_1+2k_2\\0 & 1 & k_2\\0 & 0 & k_1+k_2\\0 & 0 & 0\end{pmatrix}.$$

由此即得: $r(\boldsymbol{\xi}_1, \boldsymbol{\xi}_2, \boldsymbol{\eta}) = 2 \Leftrightarrow k_1 + k_2 = 0$. 又由于 $\boldsymbol{\eta} \neq \mathbf{0}$ 等价于 $k_1 \neq 0$ 且 $k_2 \neq 0$, 所以, 取 $k_1 = -k_2 = c$ 是任意的非零数, 就得到 (I) 与 (II) 的全部非零公共解:

$$c(0,1,1,0)^{\mathrm{T}} - c(-1,2,2,1)^{\mathrm{T}} = c(-1,1,1,1)^{\mathrm{T}}.$$ □

例 2.26 (2005) 已知方程组 $\begin{cases}x_1+2x_2+3x_3=0\\2x_1+3x_2+5x_3=0\\x_1+x_2+ax_3=0\end{cases}$ 与 $\begin{cases}x_1+bx_2+cx_3=0\\2x_1+b^2x_2+(c+1)x_3=0\end{cases}$ 同解. 求 a, b, c 的值.

解: 设所给的原方程组的系数矩阵分别为 $\boldsymbol{A}, \boldsymbol{B}$. 由题设, 这两个方程组的基础解系所包含的向量个数必然相等, 即 $3 - r(\boldsymbol{A}) = 3 - r(\boldsymbol{B})$, 从而 $r(\boldsymbol{A}) = r(\boldsymbol{B})$.

由于 $\boldsymbol{A}$ 的前两行线性无关, 所以, $r(\boldsymbol{A}) \geqslant 2$; 但是, $r(\boldsymbol{B}) \leqslant 2$, 即 $2 \leqslant r(\boldsymbol{A}) = r(\boldsymbol{B}) \leqslant 2$,

① 参见命题 2.11.

因此, $r(\boldsymbol{A})=r(\boldsymbol{B})=2$. 对 $\boldsymbol{A}$ 作初等行变换, 得 $\boldsymbol{A}\to\begin{pmatrix}1&2&3\\0&-1&-1\\0&0&a-2\end{pmatrix}$. 所以, 由 $r(\boldsymbol{A})=2$ 即得 $a=2$.

继续把 $\boldsymbol{A}$ 用初等行变换变为行简化阶梯形矩阵, 得 $\boldsymbol{A}\to\begin{pmatrix}1&0&1\\0&1&1\\0&0&0\end{pmatrix}$, x_3 为自由变量. 由此得到第一个方程组的通解为: $k(-1,-1,1)^{\mathrm{T}}$, 其中, k 是任意数.

由题设, $(-1,-1,1)^{\mathrm{T}}$ 也是第二个方程组的解[①], 代入得: $\begin{cases}-1-b+c=0\\-2-b^2+(c+1)=0\end{cases}$. 解之得: $\begin{cases}b=1\\c=2\end{cases}$ 或 $\begin{cases}b=0\\c=1\end{cases}$.[②]

当 $b=0, c=1$ 时有 $r(\boldsymbol{B})=1$, 与 $r(\boldsymbol{B})=2$ 矛盾.

所以, 只可能是 $b=1, c=2$. 此时, $\boldsymbol{B}=\begin{pmatrix}1&1&2\\2&1&3\end{pmatrix}\to\begin{pmatrix}1&0&1\\0&1&1\end{pmatrix}$, 所以, 第二个方程组的通解也是 $k(-1,-1,1)^{\mathrm{T}}$, 其中, k 是任意数, 与第一个方程组的通解相同, 符合题意.

综上所述, $a=2, b=1, c=2$. □

2.3 教材习题解答

习题 2.1 解答 (向量与线性组合)

1. 解: 原式 $=\begin{pmatrix}-1-0+1\\ \dfrac{1}{2}+3-1\\ -\dfrac{3}{2}-6-3\end{pmatrix}=\begin{pmatrix}0\\ \dfrac{5}{2}\\ -\dfrac{21}{2}\end{pmatrix}$. □

2. 解: $\boldsymbol{A}$ 的行向量组为

$$(-1,0,2,1),\ (-3,1,1,-2),\ (0,0,-1,2),$$

列向量组为 $\begin{pmatrix}-1\\-3\\0\end{pmatrix}, \begin{pmatrix}0\\1\\0\end{pmatrix}, \begin{pmatrix}2\\1\\-1\end{pmatrix}, \begin{pmatrix}1\\-2\\2\end{pmatrix}$.

① 特殊值法.

② 需要进一步检验得到的 b,c 是否符合题意.

$\boldsymbol{B}$ 的行向量组为 $(-1,2)$, $(3,-2)$, $(4,-5)$, 列向量组为 $\begin{pmatrix}-1\\3\\4\end{pmatrix}$, $\begin{pmatrix}2\\-2\\-5\end{pmatrix}$. □

3. 证明: 因 $\boldsymbol{\beta}$ 可以由 $\boldsymbol{\alpha}_1$, $\boldsymbol{\alpha}_2$, $\boldsymbol{\alpha}_3$ 线性表出, 所以存在数 k_1, k_2, k_3 使得 $\boldsymbol{\beta} = k_1\boldsymbol{\alpha}_1 + k_2\boldsymbol{\alpha}_2 + k_3\boldsymbol{\alpha}_3$. 又因每个 $\boldsymbol{\alpha}_i$ 都可以由 $\boldsymbol{\gamma}_1$, $\boldsymbol{\gamma}_2$ 线性表出, 所以存在数 $c_{ji}, i=1,2,3, j=1,2$ 使得 $\boldsymbol{\alpha}_i = c_{1i}\boldsymbol{\gamma}_1 + c_{2i}\boldsymbol{\gamma}_2$. 代入前式, 得: $\boldsymbol{\beta} = (k_1c_{11}+k_2c_{12}+k_3c_{13})\boldsymbol{\gamma}_1 + (k_1c_{21}+k_2c_{22}+k_3c_{23})\boldsymbol{\gamma}_2$. 即 $\boldsymbol{\beta}$ 可以由 $\boldsymbol{\gamma}_1$, $\boldsymbol{\gamma}_2$ 线性表出.① □

4. 证明: 由于齐次线性方程组

$$x_1\boldsymbol{\alpha}_1 + x_2\boldsymbol{\alpha}_2 + x_3\boldsymbol{\alpha}_3 + x_4\boldsymbol{\alpha}_4 = \mathbf{0}$$

的未知数个数大于方程的个数, 所以有无穷多个解②, 即 $\mathbf{0}$ 由 $\boldsymbol{\alpha}_1$, $\boldsymbol{\alpha}_2$, $\boldsymbol{\alpha}_3$, $\boldsymbol{\alpha}_4$ 线性表出的方式有无穷多. □

5. 证明: 考虑齐次线性方程组

$$\begin{aligned}(\mathrm{I}):\ & x_1\boldsymbol{\alpha}_1 + x_2\boldsymbol{\alpha}_2 + x_3\boldsymbol{\alpha}_3 = \mathbf{0},\\ (\mathrm{II}):\ & x_1\widetilde{\boldsymbol{\alpha}}_1 + x_2\widetilde{\boldsymbol{\alpha}}_2 + x_3\widetilde{\boldsymbol{\alpha}}_3 = \mathbf{0}.\end{aligned}$$

由于 (I) 的方程都是 (II) 的方程, 所以, (II) 的解集是 (I) 的解集的子集, 且 (I), (II) 的解集中都至少包含零解.

由题设, (I) 只有零解, 所以, (II) 也只有零解, 即 5 维零向量 $\mathbf{0}$ 由 $\widetilde{\boldsymbol{\alpha}}_1$, $\widetilde{\boldsymbol{\alpha}}_2$, $\widetilde{\boldsymbol{\alpha}}_3$ 线性表出的方式唯一.③ □

习题 2.2 解答 (线性相关与线性无关)

1. 解: 方法一: 设

$$\begin{aligned}\mathbf{0} &= x_1\boldsymbol{\beta}_1 + x_2\boldsymbol{\beta}_2 + x_3\boldsymbol{\beta}_3\\ &= (-x_1+3x_2+2x_3)\boldsymbol{\alpha}_1 + (2x_1-4x_2-2x_3)\boldsymbol{\alpha}_2 + (-3x_1+6x_2+3x_3)\boldsymbol{\alpha}_3.\end{aligned}$$④

因此, 如果线性方程组 $\begin{cases}-x_1+3x_2+2x_3=0\\ 2x_1-4x_2-2x_3=0\\ -3x_1+6x_2+3x_3=0\end{cases}$ 有非零解, 则 $\boldsymbol{\beta}_1$, $\boldsymbol{\beta}_2$, $\boldsymbol{\beta}_3$ 是线性相关的.⑤

对该齐次线性方程组作初等行变换化为阶梯形方程组, 得: $\begin{cases}-x_1+3x_2+2x_3=0\\ \qquad 2x_2+2x_3=0\\ \qquad\qquad 0=0\end{cases}$,

① 本题的含义是: "线性表出" 具有 "传递性".
② 参见推论 1.2.
③ 本题的结论可以推广, 参见命题 2.2.
④ 把 $\boldsymbol{\beta}_1$, $\boldsymbol{\beta}_2$, $\boldsymbol{\beta}_3$ 的线性组合转化为 $\boldsymbol{\alpha}_1$, $\boldsymbol{\alpha}_2$, $\boldsymbol{\alpha}_3$ 的线性组合.
⑤ 思考: 如果该齐次线性方程组只有零解, 能否推出 $\boldsymbol{\beta}_1$, $\boldsymbol{\beta}_2$, $\boldsymbol{\beta}_3$ 是线性无关的?

所以, 原方程组有非零解. 任取一个非零解 $\begin{pmatrix} k_1 \\ k_2 \\ k_3 \end{pmatrix}$, 则有: $k_1\boldsymbol{\beta}_1 + k_2\boldsymbol{\beta}_2 + k_3\boldsymbol{\beta}_3 = \mathbf{0}$, 所以, $\boldsymbol{\beta}_1, \boldsymbol{\beta}_2, \boldsymbol{\beta}_3$ 线性相关.

方法二: 直接观察得到: $\boldsymbol{\beta}_2 - \boldsymbol{\beta}_3 = -\boldsymbol{\beta}_1$, 所以, $\boldsymbol{\beta}_1, \boldsymbol{\beta}_2, \boldsymbol{\beta}_3$ 线性相关. □

2. 解: 取

$$\boldsymbol{\alpha}_1 = \begin{pmatrix} 1 \\ 0 \end{pmatrix}, \ \boldsymbol{\alpha}_2 = \begin{pmatrix} 0 \\ 1 \end{pmatrix}, \ \boldsymbol{\alpha}_3 = \begin{pmatrix} 1 \\ 0 \end{pmatrix}, \ \boldsymbol{\alpha}_4 = \begin{pmatrix} 1 \\ 1 \end{pmatrix}.$$

显然 $\boldsymbol{\alpha}_1$, $\boldsymbol{\alpha}_2$ 线性无关, $\boldsymbol{\alpha}_3$, $\boldsymbol{\alpha}_4$ 也线性无关, 而 $\boldsymbol{\alpha}_1, \boldsymbol{\alpha}_2, \boldsymbol{\alpha}_3, \boldsymbol{\alpha}_4$ 线性相关 (向量个数大于维数).

另一方面, $\boldsymbol{\alpha}_1$ 是线性无关的, $\boldsymbol{\alpha}_2$ 是线性无关的, 放到一起 $\boldsymbol{\alpha}_1, \boldsymbol{\alpha}_2$ 是线性无关的. □

3. 解:

(1) 错误. 因为向量的维数不相同, 所以不构成向量组, 从而此时 "线性相关" 无意义.

(2) 错误①. 例如, 向量组

$$\boldsymbol{\alpha}_1 = \begin{pmatrix} 1 \\ 0 \end{pmatrix}, \boldsymbol{\alpha}_2 = \begin{pmatrix} 0 \\ 1 \end{pmatrix}, \boldsymbol{\alpha}_3 = \begin{pmatrix} 1 \\ 0 \end{pmatrix}$$

线性相关, 但是 $\boldsymbol{\alpha}_2$ 不能由 $\boldsymbol{\alpha}_1, \boldsymbol{\alpha}_3$ 线性表出.

(3) 正确.② 因为向量加法运算满足交换律.

(4) 错误. 例如

$$\boldsymbol{\alpha}_1 = \begin{pmatrix} 1 \\ 0 \end{pmatrix}, \boldsymbol{\alpha}_2 = \begin{pmatrix} 0 \\ 1 \end{pmatrix}, \boldsymbol{\alpha}_3 = \begin{pmatrix} 1 \\ 1 \end{pmatrix}$$

是线性相关的, 但是 $\boldsymbol{\alpha}_1, \boldsymbol{\alpha}_2$ 线性无关, $\boldsymbol{\alpha}_1, \boldsymbol{\alpha}_3$ 线性无关, $\boldsymbol{\alpha}_2, \boldsymbol{\alpha}_3$ 也线性无关.

(5) 错误.③ 例如, 对于 $\boldsymbol{\alpha}_1 = \begin{pmatrix} 1 \\ -1 \end{pmatrix}$, $\boldsymbol{\alpha}_2 = \begin{pmatrix} 2 \\ -2 \end{pmatrix}$ 有: $2\boldsymbol{\alpha}_1 + 3\boldsymbol{\alpha}_2 \neq \mathbf{0}$, 但 $\boldsymbol{\alpha}_1, \boldsymbol{\alpha}_2$ 是线性相关的.

(6) 错误. 当向量个数大于 2 时有反例, 例如,

$$\boldsymbol{\alpha}_1 = \begin{pmatrix} 1 \\ -1 \\ 2 \end{pmatrix}, \ \boldsymbol{\alpha}_2 = \begin{pmatrix} 1 \\ -1 \\ 3 \end{pmatrix}, \ \boldsymbol{\alpha}_3 = \begin{pmatrix} 2 \\ -2 \\ 5 \end{pmatrix}.$$

---

① 比较命题 2.4.

② 线性相关性和线性无关性与向量组中向量的顺序无关.

③ 线性相关的定义.

这些向量不成比例, 但是由于 $\boldsymbol{\alpha}_3=\boldsymbol{\alpha}_1+\boldsymbol{\alpha}_2$, 所以, $\boldsymbol{\alpha}_1, \boldsymbol{\alpha}_2, \boldsymbol{\alpha}_3$ 是线性相关的.

(7) 错误. 由于该向量组所包含的向量个数大于维数, 所以, 一定线性相关.① □

4. 解: (1) 正确. 由于 (I) 可以由 (II) 的一个子组 (III) 线性表出, 而 (III) 可以由 (II) 线性表出, 所以, 由线性表出的传递性, (I) 可以由 (II) 线性表出.

(2) 错误.② 例如, 任意 2 个 3 维向量组成的向量组都可以由 3 个 3 维的基本向量线性表出.

(3) 错误. 两个向量组等价, 可以得到它们的秩相等, 但是这两个向量组所包含的向量个数未必相等. 例如, 任何一个线性无关的向量组添加零向量后得到的向量组与元向量组是等价的, 但后者是线性相关的.

(4) 正确. 若不然, 存在一个向量可以由其余向量线性表出, 矛盾.

(5) 错误. 例如, 取 $\boldsymbol{\alpha}_1=\begin{pmatrix}1\\0\end{pmatrix}, \boldsymbol{\alpha}_2=\begin{pmatrix}0\\0\end{pmatrix}$ 和 $\boldsymbol{\beta}_1=\begin{pmatrix}0\\0\end{pmatrix}, \boldsymbol{\beta}_2=\begin{pmatrix}1\\0\end{pmatrix}$.

可见 $\boldsymbol{\alpha}_1, \boldsymbol{\alpha}_2$ 与 $\boldsymbol{\beta}_1, \boldsymbol{\beta}_2$ 等价, 但是 $x_1\boldsymbol{\alpha}_1+x_2\boldsymbol{\alpha}_2=\mathbf{0}$ 的解集是 $\left\{\begin{pmatrix}0\\t\end{pmatrix}:\ t\text{ 是任意数}\right\}$, 而 $x_1\boldsymbol{\beta}_1+x_2\boldsymbol{\beta}_2=\mathbf{0}$ 的解集是 $\left\{\begin{pmatrix}t\\0\end{pmatrix}:\ t\text{ 是任意数}\right\}$. □

5. 解: (1) 错误.③ 例如, 向量组

$$\boldsymbol{\alpha}_1=\begin{pmatrix}1\\0\end{pmatrix},\ \boldsymbol{\alpha}_2=\begin{pmatrix}0\\0\end{pmatrix},\ \boldsymbol{\alpha}_3=\begin{pmatrix}0\\0\end{pmatrix},$$

只有一个极大无关组 $\boldsymbol{\alpha}_1$, 但该向量组是线性相关的.

(2) 正确. 极大无关组一定不含零向量 (含零向量的子组必然线性相关).

(3) 正确. 因为去掉题设中的向量后得到的向量组与原向量组等价, 从而秩不变.

(4) 错误. 例如, 在 (1) 中所给出的向量组中, 如果去掉线性相关的子组 $\boldsymbol{\alpha}_1, \boldsymbol{\alpha}_2$, 则剩下的只有 $\alpha_3=\mathbf{0}$, 与原向量组的秩不等.

(5) 正确.④ 这 r 个线性无关的向量所构成的子组可以由原向量组的任意一个极大线性无关子组线性表出, 而极大无关组所包含的向量个数就是原向量组的秩 s, 所以, $r\leqslant s$.

(6) 错误.⑤ 例如, 设 $\varepsilon_1, \varepsilon_2, \varepsilon_3$ 是 3 维基本向量, 添加任意 3 个线性相关的 3 维向量 (比如零向量), 得到的新的向量组的秩是 3, 但该向量组含有 3 个线性相关的向量 (但 $r+1=3, r=2$).

① 参见命题 2.3.
② 比较命题 2.7.
③ 线性无关 $\Leftrightarrow$ 它的秩等于它所包含的向量个数.
④ 参见命题 2.8.
⑤ 比较命题 2.10.

(7) 正确. 设 $\varepsilon_1,\cdots,\varepsilon_m$ 是 m 维基本向量, 由向量组的秩的定义可知向量组

$$(\mathrm{I}):\quad \boldsymbol{\alpha}_1,\cdots,\boldsymbol{\alpha}_n,\varepsilon_1,\cdots,\varepsilon_m$$

的秩为 m. 由于 $\boldsymbol{\alpha}_1,\cdots,\boldsymbol{\alpha}_n$ 线性无关, 且 $n<m$, 所以, 我们可以从向量组 $\boldsymbol{\alpha}_1,\cdots,\boldsymbol{\alpha}_n$ 出发, 采用不断添加向量的方式得到 (I) 的一个极大无关组. 因不同的极大无关组中向量个数相等, 因此可以设该线性无关组为 $\boldsymbol{\alpha}_1,\cdots,\boldsymbol{\alpha}_n,\boldsymbol{\alpha}_{n+1},\cdots,\boldsymbol{\alpha}_m$, 从而结论正确. (也可以对 $m-n$ 作数学归纳.) □

习题 2.3 解答 (矩阵的秩、判别定理)

1. 解: 用初等变换把 $\boldsymbol{A}$ 化为阶梯形矩阵, 得[1]

$$\boldsymbol{A}\to\begin{pmatrix}-1&3&-1&2\\0&2&0&1\\2&-10&2&-6\\1&-7&1&5\end{pmatrix}\to\begin{pmatrix}-1&3&-1&2\\0&2&0&1\\0&-4&0&-2\\0&-4&0&7\end{pmatrix}$$

$$\to\begin{pmatrix}-1&3&-1&2\\0&2&0&1\\0&0&0&0\\0&0&0&9\end{pmatrix}\to\begin{pmatrix}-1&3&-1&2\\0&2&0&1\\0&0&0&9\\0&0&0&0\end{pmatrix}.$$

所以, $r(\boldsymbol{A})=3$. □

2. 解: 令 $\boldsymbol{A}=(\boldsymbol{\alpha}_1,\boldsymbol{\alpha}_2,\boldsymbol{\alpha}_3,\boldsymbol{\alpha}_4)$. 用初等行变换把 $\boldsymbol{A}$ 化为阶梯形矩阵, 得[2]

$$\boldsymbol{A}\to\begin{pmatrix}1&-3&2&-1\\0&-1&1&0\\0&5&-5&0\\0&-3&3&0\end{pmatrix}\to\begin{pmatrix}1&-3&2&-1\\0&-1&1&0\\0&0&0&0\\0&0&0&0\end{pmatrix}$$

因此 $r(\boldsymbol{A})=2$, 且 $\boldsymbol{\alpha}_1,\boldsymbol{\alpha}_2$ 是 $\boldsymbol{\alpha}_1,\boldsymbol{\alpha}_2,\boldsymbol{\alpha}_3,\boldsymbol{\alpha}_4$ 的一个极大无关组. □

3. 解: 当 $a=0$ 时, $\boldsymbol{A}$ 的列向量组全是零向量, 因此 $r(\boldsymbol{A})=0$. 当 $a\neq 0$ 时, $\boldsymbol{A}$ 的第一列就是 $\boldsymbol{A}$ 的列向量组的一个极大无关组, 故此时 $r(\boldsymbol{A})=1$. □

4. 证明: $\boldsymbol{A}$ 是 $\widetilde{\boldsymbol{A}}$ 的前 n 列所构成的子矩阵, 所以, $r(\boldsymbol{A})\leqslant r(\widetilde{\boldsymbol{A}})+1$; 因此, 如果 $r(\boldsymbol{A})\neq r(\widetilde{\boldsymbol{A}})$, 则必然有 $r(\widetilde{\boldsymbol{A}})=r(\boldsymbol{A})+1$. □

5. 证明: 任取 $\boldsymbol{B}$ 的行向量组的一个极大无关组 (I), 该子组含有 $r(\boldsymbol{B})$ 个行向量. 这 $r(\boldsymbol{B})$ 个行向量在 $\boldsymbol{A}$ 中的行向量所构成的向量组 (II) 是 (I) 的一个伸长组, 从而由 (I) 线性无关得 (II) 线性无关[3], 即 $\boldsymbol{A}$ 的行向量中, 至少有 $r(\boldsymbol{B})$ 个线性无关, 所以, $r(\boldsymbol{A})\geqslant r(\boldsymbol{B})$. □

① 参见算法 2.1. 得到的阶梯形矩阵不唯一.
② 参见算法 2.2.
③ 参见命题 2.2.

6. 证明: 记 (I) 的系数矩阵为 $\boldsymbol{A}$, (II) 的系数矩阵为 $\boldsymbol{B}$. 则 $\boldsymbol{A}$ 的列向量组恰好就是 $\boldsymbol{B}$ 的行向量组, 因此 $r(\boldsymbol{A})=r(\boldsymbol{B})$. 又, (I) 和 (II) 的未知数个数都是 4, 所以, (I) 有非零解 $\Leftrightarrow r(\boldsymbol{A})<4 \Leftrightarrow r(\boldsymbol{B})<4 \ \Leftrightarrow$ (II) 有非零解.①

□

7. 解: 对原方程组的增广矩阵作初等行变换, 得到阶梯形矩阵为②

$$\widetilde{\boldsymbol{A}}=\begin{pmatrix}2&-1&4&-3&-4\\1&0&1&-1&-3\\3&1&1&0&1\\7&0&7&-3&3\end{pmatrix}\to\begin{pmatrix}1&0&1&-1&-3\\0&-1&2&-1&2\\0&0&0&2&12\\0&0&0&0&0\end{pmatrix},$$

所以, $r(\boldsymbol{A})=r(\widetilde{\boldsymbol{A}})=3<4$, 从而原方程组有无穷多个解.

□

8. 解: 对原方程组的系数矩阵作初等行变换, 得到阶梯形矩阵为③

$$\begin{pmatrix}1&2&2\\1&1&1\\1&5&5\end{pmatrix}\to\begin{pmatrix}1&2&2\\0&-1&-1\\0&3&3\end{pmatrix}\to\begin{pmatrix}1&2&2\\0&-1&-1\\0&0&0\end{pmatrix},$$

因此, 系数矩阵的秩为 2, 小于未知数的个数 3, 从而原方程组有无穷多个解, 即有非零解.

□

9. 解: 对原方程组的增广矩阵作初等变换, 得

$$\widetilde{\boldsymbol{A}}=\begin{pmatrix}1&1&1&-1&2\\3&1&-1&2&3\\2&2\lambda&-2&3&\lambda\end{pmatrix}\to\begin{pmatrix}1&1&1&-1&2\\0&-2&-4&5&-3\\0&2\lambda-2&-4&5&\lambda-4\end{pmatrix}$$

$$\to\begin{pmatrix}1&1&1&-1&2\\0&-2&-4&5&-3\\0&2\lambda&0&0&\lambda-1\end{pmatrix}=\widetilde{\boldsymbol{J}}.$$

当 $\lambda=0$ 时, $\widetilde{\boldsymbol{J}}=\begin{pmatrix}1&1&1&-1&2\\0&-2&-4&5&-3\\0&0&0&0&-1\end{pmatrix}$ 是阶梯形矩阵, 即 $r(\boldsymbol{A})=2\neq r(\widetilde{\boldsymbol{A}})=3$, 原方程组无解.

当 $\lambda\neq 0$ 时, $\widetilde{\boldsymbol{J}}$ 不是阶梯形矩阵. 进一步作初等行变换:

$$\widetilde{\boldsymbol{J}}\to\begin{pmatrix}1&1&1&-1&2\\0&-2&-4&5&-3\\0&0&-4\lambda&5\lambda&-2\lambda-1\end{pmatrix},$$

① 参见定理 2.2.
② 参见算法 2.3.
③ 参见算法 2.4.

所以, $r(\boldsymbol{A})=r(\widetilde{\boldsymbol{A}})=3<4$, 原方程组有无穷多个解.

综上所述, 当 $\lambda=0$ 时, 原方程组无解; 当 $\lambda\neq 0$ 时, 原方程组有无穷多个解; 原方程组不可能有唯一解. □

10. 证明: 记该非齐次线性方程组为 (I), 未知数个数为 n. 记 (I) 的增广矩阵为 $\widetilde{\boldsymbol{A}}$. 记以 $\boldsymbol{A}$ 为系数矩阵的齐次线性方程组为 (II).

(1) 若 (I) 有且仅有一个解, 则 $r(\boldsymbol{A})=r(\widetilde{\boldsymbol{A}})=n$, 从而, (II) 只有零解.[①]

(2) 若 (II) 有无穷多个解, 则 $r(\boldsymbol{A})<n$. 但是 $r(\boldsymbol{A})$ 未必等于 $r(\widetilde{\boldsymbol{A}})$, 因此, (I) 可能无解, 可能有解; 且有解时有无穷多个解. □

习题 2.4 解答 (基础解系、解线性方程组)

1. 解: (I) [②] 原方程组的系数矩阵 $\boldsymbol{A}=(1\ 1\ 1\ 1)$ 已经是一个行简化阶梯形矩阵了. 所以 $r(\boldsymbol{A})=1<4$, 因此, 原方程组的基础解系含有 $4-1=3$ 个解向量. 取 x_2,x_3,x_4 为自由变量, 于是, 原方程组同解于 $x_1=-x_2-x_3-x_4$.

分别令 $\begin{pmatrix}x_2\\x_3\\x_4\end{pmatrix}=\begin{pmatrix}1\\0\\0\end{pmatrix},\begin{pmatrix}0\\1\\0\end{pmatrix},\begin{pmatrix}0\\0\\1\end{pmatrix}$, 得到一个基础解系:

$$\boldsymbol{\xi}_1=\begin{pmatrix}-1\\1\\0\\0\end{pmatrix},\quad \boldsymbol{\xi}_2=\begin{pmatrix}-1\\0\\1\\0\end{pmatrix},\quad \boldsymbol{\xi}_3=\begin{pmatrix}-1\\0\\0\\1\end{pmatrix}.$$

(II) 把原方程组的系数矩阵用初等行变换化为行简化阶梯形矩阵, 得

$$\boldsymbol{A}=\begin{pmatrix}1&-1&1&-1\\2&-2&2&-3\\1&-1&1&-2\end{pmatrix}\to\begin{pmatrix}1&-1&1&0\\0&0&0&1\\0&0&0&0\end{pmatrix},$$

所以 $r(\boldsymbol{A})=2<4$, 从而原方程组有无穷多个解[③], 其基础解系含有 $4-2=2$ 个解向量. 取 x_2,x_3 为自由变量, 则原方程组同解于: $\begin{cases}x_1=x_2-x_3\\x_4=0\end{cases}$. 分别令 $\begin{pmatrix}x_2\\x_3\end{pmatrix}=\begin{pmatrix}1\\0\end{pmatrix},\begin{pmatrix}0\\1\end{pmatrix}$, 得到一个基础解系:

$$\boldsymbol{\xi}_1=\begin{pmatrix}1\\1\\0\\0\end{pmatrix},\quad \boldsymbol{\xi}_2=\begin{pmatrix}-1\\0\\1\\0\end{pmatrix}.$$ □

① 参见定理 2.2.
② 参见求齐次线性方程组的基础解系的算法 2.5.
③ 主元对应的未知数是 x_1, x_4.

2. 解: (1) 正确. $\Rightarrow$: 如果解集相同, 则它们的基础解系能够互相线性表出.

$\Leftarrow$: 设它们的基础解系等价. 由于任意解向量都是基础解系的线性组合, 故必有解集相同.

(2) 错误. 该齐次线性方程组的线性无关的解的个数不超过基础解系所包含的向量个数 $5-3=2$.①

(3) 错误. 基础解系这个概念是针对齐次线性方程组的.

(4) 正确.② $(\boldsymbol{\xi}_1,\boldsymbol{\xi}_2,\boldsymbol{\eta}_1,\boldsymbol{\eta}_2)\to\begin{pmatrix}1&1&1&0\\0&2&1&1\\0&0&0&0\end{pmatrix}$. 因此向量组 $\boldsymbol{\xi}_1,\boldsymbol{\xi}_2,\boldsymbol{\eta}_1,\boldsymbol{\eta}_2$ 的秩是 2, 而 $\boldsymbol{\xi}_1,\boldsymbol{\xi}_2$ 和 $\boldsymbol{\eta}_1$, $\boldsymbol{\eta}_2$ 都是线性无关的, 所以, 它们都是 $\boldsymbol{\xi}_1,\boldsymbol{\xi}_2,\boldsymbol{\eta}_1,\boldsymbol{\eta}_2$ 的极大无关组③, 从而是等价的. 因此, 由 $\boldsymbol{\xi}_1,\boldsymbol{\xi}_2$ 是一个基础解系得: $\boldsymbol{\eta}_1,\boldsymbol{\eta}_2$ 也是一个基础解系.

(5) 正确. 由于 $\boldsymbol{\xi}_1,\boldsymbol{\xi}_2$ 是 $\begin{pmatrix}1\\0\end{pmatrix},\begin{pmatrix}0\\1\end{pmatrix}$ 的伸长组, 所以线性无关, 进一步, 可以由此考虑以 x_1, x_2 为自由变量的行简化阶梯形线性方程组: $x_3=x_1+x_2$. 该方程组的基础解系含有 $3-1=2$ 个解向量, 而 $\boldsymbol{\xi}_1$, $\boldsymbol{\xi}_2$ 是它的两个线性无关的解, 所以, 是它的一个基础解系.④

□

3. 解: 把系数矩阵用初等行变换变为阶梯形矩阵, 得

$$\boldsymbol{A}=\begin{pmatrix}1&-3&6\\4&-1&1\\3&2&1\end{pmatrix}\to\begin{pmatrix}1&-3&6\\0&11&-23\\0&0&6\end{pmatrix},$$

所以 $r(\boldsymbol{A})=3$, 从而原方程组只有零解.⑤

□

4. 解: 把原方程组的系数矩阵用初等行变换变为阶梯形矩阵, 得

$$\boldsymbol{A}=\begin{pmatrix}1&-3&2&-1\\-2&6&-4&3\\3&-9&6&-4\end{pmatrix}\to\begin{pmatrix}1&-3&2&-1\\0&0&0&1\\0&0&0&0\end{pmatrix},$$

由此即得 $r(\boldsymbol{A})=2<4$, 所以, 原方程组有非零解. 进一步用初等行变换化为行简化阶梯形矩阵, 得

$$\to\begin{pmatrix}1&-3&2&0\\0&0&0&1\\0&0&0&0\end{pmatrix}.$$

① 参见命题 2.14.
② 参见求向量组的秩和极大无关组的算法 2.2.
③ 参见命题 2.10.
④ 任意 s 个线性无关的 n 维列向量都构成某个 n 元齐次线性方程组的一个基础解系.
⑤ $r(\boldsymbol{A})$ 等于未知数的个数.

因此，原方程组同解于 $\begin{cases} x_1 = 3x_2 - 2x_3 \\ x_4 = 0 \end{cases}$ 分别令自由变量 x_2, x_3 为任意数 t_1, t_2，得到通解为: $\begin{pmatrix} 3t_1 - 2t_2 \\ t_1 \\ t_2 \\ 0 \end{pmatrix}$, t_1, t_2 为任意数. □

5. 解: (1) 错误. 只能得出系数矩阵的秩小于未知数的个数, 而未必等于增广矩阵的秩, 所以, 该非齐次线性方程组可能没有解.①

(2) 正确. 如果非齐次线性方程组有无穷多个解, 则 $r(\boldsymbol{A}) = r(\widetilde{\boldsymbol{A}}) < n$, 其中 $\boldsymbol{A}, \widetilde{\boldsymbol{A}}$ 分别是系数矩阵与增广矩阵, n 是未知数的个数. 由此可知, 其导出组的基础解系含有 $n - r(\boldsymbol{A})$ 个解向量.②

(3) 正确. 导出组的基础解系的线性组合依然是导出组的解, 不可能是非齐次线性方程组的解.③

(4) 正确. 由于系数矩阵和增广矩阵的秩都是 3, 所以该线性方程组有无穷多个解, 且其导出组的基础解系含两个向量. 设 $\boldsymbol{\xi}_1, \boldsymbol{\xi}_2$ 是导出组的一个基础解系, $\boldsymbol{\eta}$ 是原线性方程组的一个解, 则 $\boldsymbol{\xi}_1 + \boldsymbol{\eta}, \boldsymbol{\xi}_2 + \boldsymbol{\eta}, \boldsymbol{\eta}$ 是原方程组的 3 个解.④

设 $k_1(\boldsymbol{\xi}_1 + \boldsymbol{\eta}) + k_2(\boldsymbol{\xi}_2 + \boldsymbol{\eta}) + k_3\boldsymbol{\eta} = \boldsymbol{0}$, 即 $k_1\boldsymbol{\xi}_1 + k_2\boldsymbol{\xi}_2 + (k_1 + k_2 + k_3)\boldsymbol{\eta} = \boldsymbol{0}$. 则必然有 $k_1 + k_2 + k_3 = 0$ (否则, $\boldsymbol{\eta}$ 可以由 $\boldsymbol{\xi}_1, \boldsymbol{\xi}_2$ 线性表出, 从而, $\boldsymbol{\eta}$ 是其导出组的解, 矛盾.) 于是, $k_1\boldsymbol{\xi}_1 + k_2\boldsymbol{\xi}_2 = \boldsymbol{0}$; 但 $\boldsymbol{\xi}_1, \boldsymbol{\xi}_2$ 线性无关, 所以, $k_1 = k_2 = 0$, 从而 $k_3 = 0$. 所以, $\boldsymbol{\xi}_1 + \boldsymbol{\eta}, \boldsymbol{\xi}_2 + \boldsymbol{\eta}, \boldsymbol{\eta}$ 线性无关.

(5) 正确. 根据题意, 该线性方程组有解且其导出组的基础解系含有两个向量, 因此, 它的通解的任意表达式中一定含有 2 个任意常数.⑤ □

6. 解: 用初等行变换把增广矩阵化为阶梯形矩阵, 得

$$\widetilde{\boldsymbol{A}} = \begin{pmatrix} 1 & -2 & 1 & -1 & 1 \\ 2 & 2 & 1 & 2 & -1 \\ 1 & 4 & 0 & -3 & 0 \end{pmatrix} \to \begin{pmatrix} 1 & -2 & 1 & -1 & 1 \\ 0 & 6 & -1 & 4 & -3 \\ 0 & 0 & 0 & -6 & 2 \end{pmatrix}.$$

所以, $r(\boldsymbol{A}) = r(\widetilde{\boldsymbol{A}}) = 3 < 4$, 从而原方程组有无穷多个解. 进一步用初等行变换化为行

① 比较习题 2.3 的第 10 题.
② 参见定理 2.2 和定理 2.3.
③ 参见定理 2.4 .
④ 参见定理 2.2 和引理 2.1. 本题的结论可以推广到一般情形.
⑤ 参见定理 2.5.

简化阶梯形矩阵, 得

$$\boldsymbol{A} \to \begin{pmatrix} 1 & 0 & \frac{2}{3} & 0 & \frac{1}{9} \\ 0 & 1 & -\frac{1}{6} & 0 & -\frac{5}{18} \\ 0 & 0 & 0 & 1 & -\frac{1}{3} \end{pmatrix}.$$

所以, 原方程组同解于 $\begin{cases} x_1 = -\frac{2}{3}x_3 + \frac{1}{9} \\ x_2 = \frac{1}{6}x_3 - \frac{5}{18} \\ x_4 = -\frac{1}{3} \end{cases}$. 令自由变量 x_3 为任意数 t. 由此即得原方程组的通解表达式为: $\begin{pmatrix} \frac{1}{9} - \frac{2}{3}t \\ -\frac{5}{18} + \frac{1}{6}t \\ t \\ -\frac{1}{3} \end{pmatrix}$, t 为任意数. □

7. 解: 用初等行变换把增广矩阵变为阶梯形矩阵, 得

$$\widetilde{\boldsymbol{A}} = \begin{pmatrix} 1 & -2 & 1 & 1 \\ 2 & 2 & 1 & -1 \\ 1 & 4 & -1 & 0 \\ 1 & -2 & 2 & -1 \end{pmatrix} \to \begin{pmatrix} 1 & -2 & 1 & 1 \\ 0 & 6 & -1 & -3 \\ 0 & 0 & -1 & 2 \\ 0 & 0 & 0 & 0 \end{pmatrix},$$

所以, $r(\boldsymbol{A}) = r(\widetilde{\boldsymbol{A}}) = 3$, 等于未知数的个数, 从而原方程组有唯一解. 继续用初等行变换化为行简化阶梯形矩阵得: $\boldsymbol{A} \to \begin{pmatrix} 1 & 0 & 0 & \frac{4}{3} \\ 0 & 1 & 0 & -\frac{5}{6} \\ 0 & 0 & 1 & -2 \\ 0 & 0 & 0 & 0 \end{pmatrix}$. 所以, 原方程组的唯一解为:

$$\begin{cases} x_1 = \frac{4}{3} \\ x_2 = -\frac{5}{6} \\ x_3 = -2 \end{cases}.$$

□

8. 解: 对增广矩阵 $\widetilde{\boldsymbol{A}}$ 作初等行变换:

$$\begin{pmatrix}1&-1&-1&1&1\\2&-2&-1&1&-2\\3&-3&-2&2&-1\\5&-5&-3&3&-3\end{pmatrix}\to\begin{pmatrix}1&-1&-1&1&1\\0&0&1&-1&-4\\0&0&1&-1&-4\\0&0&2&-2&-8\end{pmatrix}$$

$$\to\begin{pmatrix}1&-1&-1&1&1\\0&0&1&-1&-4\\0&0&0&0&0\\0&0&0&0&0\end{pmatrix}.$$

所以, $r(\boldsymbol{A})=r(\widetilde{\boldsymbol{A}})=2<4$, 即原方程组有无穷多个解. 继续作初等行变换化为行简化阶梯形矩阵得: $\boldsymbol{A}\to\begin{pmatrix}1&-1&0&0&-3\\0&0&1&-1&-4\\0&0&0&0&0\\0&0&0&0&0\end{pmatrix}$. 因此, 原方程组同解于 $\begin{cases}x_1=-3+x_2\\x_3=-4+x_4\end{cases}$.

分别令自由变量 x_2,x_4 为任意数 t_1,t_2, 得原方程组的通解为: $\begin{pmatrix}-3+t_1\\t_1\\-4+t_2\\t_2\end{pmatrix}$. □

9. (1) **证明:** 任取一个解 $\boldsymbol{\xi}=\begin{pmatrix}-2+3s-2t\\1-2s+3t\\-1+s\\2+t\end{pmatrix}$. 假设 $\boldsymbol{\xi}=\mathbf{0}$, 则由第 4 个和第 3 个分量得: $s=1,t=-2$, 代入第 1 个分量得: $5=0$, 矛盾. 所以, 该方程组的任意一个解都不是 $\mathbf{0}$, 即没有零解, 所以, 原方程组不可能是齐次线性方程组. □

(2) **解:** 令 $s=t=0$ 得原方程组的一个解①: $\boldsymbol{\eta}=\begin{pmatrix}-2\\1\\-1\\2\end{pmatrix}$; 令 $s=1,\ t=0$ 得原方程组的一个解: $\boldsymbol{\delta}_1=\begin{pmatrix}1\\-1\\0\\2\end{pmatrix}$; 令 $s=0,\ t=1$ 得原方程组的一个解: $\boldsymbol{\delta}_2=\begin{pmatrix}-4\\4\\-1\\3\end{pmatrix}$; 所以, $\boldsymbol{\xi}_1=\boldsymbol{\delta}_1-\boldsymbol{\eta}=\begin{pmatrix}3\\-2\\1\\0\end{pmatrix}$, $\boldsymbol{\xi}_2=\boldsymbol{\delta}_2-\boldsymbol{\eta}=\begin{pmatrix}-2\\3\\0\\1\end{pmatrix}$ 是其导出组的两个线性无关的解. 对

① 特殊值法.

任意数 s,t 有: $\boldsymbol{\eta}+s\boldsymbol{\xi}_1+t\boldsymbol{\xi}_2=\begin{pmatrix}-2+3s-2t\\1-2s+3t\\-1+s\\2+t\end{pmatrix}$, 即 $\boldsymbol{\eta}+s\boldsymbol{\xi}_1+t\boldsymbol{\xi}_2$ (s,t 为任意数) 是原方程组的通解表达式, 因此, $\boldsymbol{\xi}_1$, $\boldsymbol{\xi}_2$ 就是其导出组的一个基础解系, 即系数矩阵的秩为 $n-(n-r(\boldsymbol{A}))=4-2=2$. □

10. 证明: 由题设, 该方程组的导出组的任意基础解系含有 $5-3=2$ 个解向量. 任取导出组的一个基础解系 $\boldsymbol{\xi}_1,\boldsymbol{\xi}_2$. 任取原方程组的一个解 $\boldsymbol{\eta}$, 则①

$$\boldsymbol{\gamma}_1=\boldsymbol{\eta},\ \boldsymbol{\gamma}_2=\boldsymbol{\eta}+\boldsymbol{\xi}_1,\ \boldsymbol{\gamma}_3=\boldsymbol{\eta}+\boldsymbol{\xi}_2$$

是非齐次线性方程组的一组线性无关的解. 设 $\boldsymbol{\gamma}$ 是原方程组的任意一个解. ② 那么, 存在数 c_1,c_2 使得

$$\begin{aligned}\boldsymbol{\gamma}&=\boldsymbol{\eta}+c_1\boldsymbol{\xi}_1+c_2\boldsymbol{\xi}_2\\&=(1-c_1-c_2)\boldsymbol{\eta}+c_1(\boldsymbol{\xi}_1+\boldsymbol{\eta})+c_2(\boldsymbol{\xi}_2+\boldsymbol{\eta})\\&=(1-c_1-c_2)\boldsymbol{\gamma}_1+c_1\boldsymbol{\gamma}_2+c_2\boldsymbol{\gamma}_3,\end{aligned}$$

即任意解 $\boldsymbol{\gamma}$ 都可以由 $\boldsymbol{\gamma}_1,\boldsymbol{\gamma}_2,\boldsymbol{\gamma}_3$ 线性表出.③ □

① 参见第 5(4) 题.
② 参见定理 2.5.
③ 用类似的讨论可以把本题的结论推广到更一般的情形.

第 3 章 矩阵与行列式

3.1 知识点小结

3.1.1 矩阵的运算

• 基本概念: 矩阵的转置、和、数乘、乘积及其向量形式; 对称阵; 初等阵; 线性方程组的矩阵形式.

• 基本结论:

(1) 转置及其运算性质.

(2) 数乘: 用非零数乘矩阵, 不改变矩阵的秩.

(3) 加法: 矩阵的加法满足交换律、结合律、消去律; 矩阵的数乘和矩阵的乘法满足分配律.

命题 3.1 对任意 $m \times n$ 型矩阵 $\boldsymbol{A}, \boldsymbol{B}$ 有: $r(\boldsymbol{A}+\boldsymbol{B}) \leqslant r(\boldsymbol{A})+r(\boldsymbol{B})$.

(4) 乘法: 矩阵的乘法满足结合律; 不满足交换律; 不满足消去律.

命题 3.2 设 $\boldsymbol{A}$ 是 $m \times n$ 型矩阵, $\boldsymbol{B}$ 是 $n \times s$ 型矩阵. 则 $r(\boldsymbol{AB}) \leqslant \min(r(\boldsymbol{A}), r(\boldsymbol{B}))$.

(5) 初等阵与矩阵的初等变换之间的关系.

定理 3.1 设 $\boldsymbol{A}$ 是任意的 $m \times n$ 型矩阵. 则对 $\boldsymbol{A}$ 作一次初等行变换得到的矩阵等于用相应的 m 阶初等阵左乘 $\boldsymbol{A}$ 得到的矩阵; 对 $\boldsymbol{A}$ 作一次初等列变换得到的矩阵等于用相应的 n 阶初等阵右乘 $\boldsymbol{A}$ 得到的矩阵.

(6) 初等阵的基本性质.

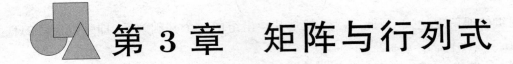

推论 3.1 (i) 设 $\boldsymbol{P}(i,j)$ 是 1° 型 n 阶初等阵 (即由 $\boldsymbol{I}_n$ 交换 i,j 行而得的初等阵). 则

$$\boldsymbol{P}(i,j)^2=\boldsymbol{P}(i,j)\boldsymbol{P}(i,j)=\boldsymbol{I}_n;$$

(ii) 设 $\boldsymbol{P}(i,j\pm a(i))$ 是 2° 型 n 阶初等阵 (即 $\boldsymbol{P}(i,j\pm a(i))$ 是把 $\boldsymbol{I}_n$ 的第 i 行的 $\pm a$ 倍加到第 j 行而得的初等阵). 则

$$\begin{aligned}&\boldsymbol{P}(i,j+a(i))\boldsymbol{P}(i,j-a(i))\\=&\boldsymbol{P}(i,j-a(i))\boldsymbol{P}(i,j+a(i))=\boldsymbol{I}_n;\end{aligned}$$

(iii) 设 $\boldsymbol{P}(c(i))$ 和 $\boldsymbol{P}(\frac{1}{c}(i))$ 是 3° 型 n 阶初等阵 (即 $\boldsymbol{P}(c(i))$ 和 $\boldsymbol{P}(\frac{1}{c}(i))$ 是分别用非零数 c 和 $\frac{1}{c}$ 乘以 $\boldsymbol{I}_n$ 的第 i 行而得的初等阵). 则

$$\boldsymbol{P}(c(i))\boldsymbol{P}(\frac{1}{c}(i))=\boldsymbol{P}(\frac{1}{c}(i))\boldsymbol{P}(c(i))=\boldsymbol{I}_n.$$

(7) 初等阵与矩阵的秩之间的关系.

定理 3.2 设 $\boldsymbol{A}$ 是任意的 $m\times n$ 型矩阵. 则 $r(\boldsymbol{A})=r\Leftrightarrow$ 存在若干个 m 阶初等阵 $\boldsymbol{P}_1,\cdots,\boldsymbol{P}_s$ 和若干个 n 阶初等阵 $\boldsymbol{Q}_1,\cdots,\boldsymbol{Q}_t$ 使得

$$\boldsymbol{P}_s\cdots\boldsymbol{P}_1\boldsymbol{A}\boldsymbol{Q}_1\cdots\boldsymbol{Q}_t$$

是有 r 个 1 的标准型矩阵.

(8) 对任意 $m\times n$ 型实矩阵 $\boldsymbol{A}$ 都有: $r(\boldsymbol{A}^{\mathrm{T}}\boldsymbol{A})=r(\boldsymbol{A})$.

(9) 秩的一些结论.

• 基本计算: 计算矩阵的转置、和、数乘和乘积.

3.1.2 方阵、分块矩阵、可逆矩阵

• 基本概念: 方阵 (上 (下) 三角阵、对角阵); 方阵的幂与多项式; 分块矩阵; 常用的分块矩阵 (准上 (下) 三角阵; 准对角阵); 矩阵的分块; 可逆矩阵及其逆矩阵; 矩阵的相抵 (或等价) 分类.

• 基本结论:

(1) 方阵与它的任意多项式可交换.

(2) 分块矩阵可以按普通矩阵的运算法则进行运算; 特别地, 准上 (下) 三角阵的和 (如果可以相加)、乘积 (如果可以相乘) 仍然是准上 (下) 三角阵.

定理 3.3 在对给定的矩阵作转置、数乘、加法和乘法运算时, 把所给矩阵进行分块, 使得相应的分块矩阵能够按如下规则进行计算, 则得到的分块矩阵等于原矩阵未分块时在相应计算下得到的矩阵.

(3) 如果一个方阵可逆, 则其逆矩阵是唯一的.

(4) 可逆阵的和不一定可逆; n 阶方阵 $\boldsymbol{A}$ 可逆 $\Leftrightarrow$ $\boldsymbol{A}^{\mathrm{T}}$ 可逆, 且 $(\boldsymbol{A}^{\mathrm{T}})^{-1}=(\boldsymbol{A}^{-1})^{\mathrm{T}}$; 设 k 是数, $\boldsymbol{A}$ 是可逆阵, 则 $k\boldsymbol{A}$ 可逆 $\Leftrightarrow$ $k\neq 0$ 且 $(k\boldsymbol{A})^{-1}=\dfrac{1}{k}\boldsymbol{A}^{-1}$; n 阶方阵 $\boldsymbol{A}_i$ 的乘积可逆 $\Leftrightarrow$ 每个 $\boldsymbol{A}_i$ 都可逆, 且

引理 3.1 设 $\boldsymbol{A}_1,\cdots,\boldsymbol{A}_s$ 是 n 阶可逆矩阵, 则 $(\boldsymbol{A}_1\cdots\boldsymbol{A}_s)^{-1}=\boldsymbol{A}_s^{-1}\cdots\boldsymbol{A}_1^{-1}$.

(5) 初等矩阵都是可逆的, 且初等矩阵的逆矩阵仍然是初等阵.

(6) 矩阵可逆的几个等价刻画.

推论 3.2 设 $\boldsymbol{A}$ 是任意的 n 阶方阵. 则

$\boldsymbol{A}$ 可逆 $\Leftrightarrow$ $\boldsymbol{A}$ 可以分解为若干个 n 阶初等阵的乘积;

$\Leftrightarrow$ $\boldsymbol{A}$ 的行向量组线性无关;

$\Leftrightarrow$ $\boldsymbol{A}$ 的列向量组线性无关;

$\Leftrightarrow$ 齐次线性方程组 $\boldsymbol{Ax}=\boldsymbol{0}$ 只有零解;

$\Leftrightarrow$ 对任意 n 维列向量 $\boldsymbol{\beta}$, 线性方程组 $\boldsymbol{Ax}=\boldsymbol{\beta}$ 有唯一解;

$\Leftrightarrow$ 存在 n 阶方阵 $\boldsymbol{B}$ 使得 $\boldsymbol{AB}=\boldsymbol{I}_n$, 此时, $\boldsymbol{A}^{-1}=\boldsymbol{B}$;

$\Leftrightarrow$ 存在 n 阶方阵 $\boldsymbol{B}$ 使得 $\boldsymbol{BA}=\boldsymbol{I}_n$, 此时, $\boldsymbol{A}^{-1}=\boldsymbol{B}$.

(7) 左乘或右乘可逆阵不改变矩阵的秩.

(8) 两个 $m\times n$ 型矩阵 $\boldsymbol{A}$ 与 $\boldsymbol{B}$ 是相抵 (或等价) 的 $\Leftrightarrow$ 它们的秩相等 $\Leftrightarrow$ 存在 m 阶可逆阵 $\boldsymbol{P}$ 和 n 阶可逆阵 $\boldsymbol{Q}$ 使得 $\boldsymbol{PAQ}=\boldsymbol{B}$. 特别地, $r(\boldsymbol{A})=r$ $\Leftrightarrow$ 存在 m 阶可逆阵 $\boldsymbol{P}$ 和 n 阶可逆阵 $\boldsymbol{Q}$ 使得 $\boldsymbol{PAQ}=\begin{pmatrix}\boldsymbol{I}_r & \boldsymbol{0}\\ \boldsymbol{0} & \boldsymbol{0}\end{pmatrix}$.

(9) 其他结论.

命题 3.3 设 $\boldsymbol{A}$ 是 $m\times n$ 型矩阵, $\boldsymbol{B}$ 是 $n\times s$ 型矩阵, 且 $\boldsymbol{AB}=\boldsymbol{0}$. 则 $r(\boldsymbol{A})+r(\boldsymbol{B})\leqslant n$.

命题 3.4 设 $\boldsymbol{A}$ 是 $m\times n$ 型矩阵, $\boldsymbol{B}$ 是 $m\times s$ 型矩阵. 于是有分块矩阵 $(\boldsymbol{A}\ \ \boldsymbol{B})$. 则存在矩阵 $\boldsymbol{X}$ 使得 $\boldsymbol{AX}=\boldsymbol{B}$ $\Leftrightarrow$ $r(\boldsymbol{A})=r(\boldsymbol{A}\ \ \boldsymbol{B})$.

命题 3.5 设 $\boldsymbol{A}$ 是任意的 $m\times n$ 型实矩阵. 则对任意的 m 维列向量 $\boldsymbol{\beta}$, 线性方程组 $\boldsymbol{A}^{\mathrm{T}}\boldsymbol{Ax}=\boldsymbol{A}^{\mathrm{T}}\boldsymbol{\beta}$ 总是有解.

命题 3.6 设 $\boldsymbol{A}$ 是任意的 $m\times n$ 型矩阵. 则对任意 m 阶可逆阵 $\boldsymbol{P}$ 和任意 n 阶可逆阵 $\boldsymbol{Q}$ 有:

$$r(\boldsymbol{PA})=r(\boldsymbol{A})=r(\boldsymbol{AQ})=r(\boldsymbol{PAQ}).$$ [①]

• 基本计算:

(1) 计算方阵的多项式.

(2) 利用结论: n 阶方阵 $\boldsymbol{A}$ 可逆 $\Leftrightarrow$ 存在 $\boldsymbol{B}$ 使得 $\boldsymbol{AB}=\boldsymbol{I}_n$ (或 $\boldsymbol{BA}=\boldsymbol{I}_n$), 验证 $\boldsymbol{A}$ 可逆.

(3) 利用矩阵的初等行变换判断方阵是否可逆, 并在可逆时求出逆矩阵.

算法 3.1 (用初等行变换判断矩阵是否可逆, 如果可逆, 求其逆矩阵.)

任意给定 n 阶方阵 $\boldsymbol{A}$.

(1) 对 $n\times 2n$ 型矩阵 $(\boldsymbol{A}\ \vdots\ \boldsymbol{I}_n)$ 作初等行变换, 使得其前 n 列构成的子矩阵变为一个阶梯形矩阵 $\boldsymbol{J}$ (设其后 n 列构成的子矩阵为 $\boldsymbol{B}$):

$$(\boldsymbol{A}\ \vdots\ \boldsymbol{I}_n)\xrightarrow{\text{只用初等行变换}}(\boldsymbol{J}\ \vdots\ \boldsymbol{B}).$$

(2) 判断: 如果 $\boldsymbol{J}$ 的主元个数 (也就是 $r(\boldsymbol{A})$) 小于 n, 则 $\boldsymbol{A}$ 不可逆, 算法结束; 否则, $\boldsymbol{A}$ 可逆, 进入下一步.

(3) 对 (1) 中得到的 $n\times 2n$ 型矩阵 $(\boldsymbol{J}\ \vdots\ \boldsymbol{B})$ 继续作初等行变换, 使得其前 n 列构成的子矩阵变为一个标准型矩阵 (必然为 n 阶单位阵 $\boldsymbol{I}_n$), 则其后 n 列构成的子矩阵就是 $\boldsymbol{A}^{-1}$:

$$(\boldsymbol{J}\ \vdots\ \boldsymbol{B})\xrightarrow{\text{只用初等行变换}}(\boldsymbol{I}_n\ \vdots\ \boldsymbol{A}^{-1}).$$

3.1.3 行列式

知识点小结

• 基本概念: n 元排列及其符号; 行列式及其定义式中的项; 子式; 代数余子式; 伴随矩阵.

• 基本结论:

(1) 简单的行列式的结论.

(i) $\begin{vmatrix} a_{11} & a_{12} \\ a_{21} & a_{22} \end{vmatrix}=a_{11}a_{22}-a_{12}a_{21}.$

(ii) $\begin{vmatrix} a_{11} & a_{12} & a_{13} \\ a_{21} & a_{22} & a_{23} \\ a_{31} & a_{32} & a_{33} \end{vmatrix}=a_{11}a_{22}a_{33}+a_{12}a_{23}a_{31}+a_{13}a_{21}a_{32}-a_{11}a_{23}a_{32}-a_{12}a_{21}a_{33}$
$-a_{13}a_{22}a_{31}.$

① 即左乘或右乘可逆阵不改变矩阵的秩.

(iii) $\begin{vmatrix} a_{11} & a_{12} & \cdots & a_{1n} \\ 0 & a_{22} & \cdots & a_{2n} \\ \vdots & \vdots & \ddots & \vdots \\ 0 & 0 & \cdots & a_{nn} \end{vmatrix} = a_{11}a_{22}\cdots a_{nn}.$

(2) 行列式与矩阵运算之间的关系:

(i) $|\boldsymbol{A}| = |\boldsymbol{A}^{\mathrm{T}}|$.

(ii) 一般地, $|\boldsymbol{A}+\boldsymbol{B}| \neq |\boldsymbol{A}| + |\boldsymbol{B}|$.

(iii) 设 $\boldsymbol{A}$ 是 n 阶方阵, k 是任意数, 则 $|k\boldsymbol{A}| = k^n|\boldsymbol{A}|$.

(iv) n 阶方阵乘积的行列式等于行列式的乘积. (很重要的定理.)

(3) 行列式关于行 (或列) 的反对称性;

引理 3.2 交换行列式的两行 (列), 其余行 (列) 不变, 则行列式的值变号.

行列式关于行 (或列) 的线性性质.

引理 3.3 对任意的 n 阶行列式都有:

$$\begin{vmatrix} a_{11} & \cdots & a_{1n} \\ \vdots & & \vdots \\ b_1+c_1 & \cdots & b_n+c_n \\ \vdots & & \vdots \\ a_{n1} & \cdots & a_{nn} \end{vmatrix} = \begin{vmatrix} a_{11} & \cdots & a_{1n} \\ \vdots & & \vdots \\ b_1 & \cdots & b_n \\ \vdots & & \vdots \\ a_{n1} & \cdots & a_{nn} \end{vmatrix} + \begin{vmatrix} a_{11} & \cdots & a_{1n} \\ \vdots & & \vdots \\ c_1 & \cdots & c_n \\ \vdots & & \vdots \\ a_{n1} & \cdots & a_{nn} \end{vmatrix};$$

$$\begin{vmatrix} a_{11} & \cdots & a_{1n} \\ \vdots & & \vdots \\ ka_{i1} & \cdots & ka_{in} \\ \vdots & & \vdots \\ a_{n1} & \cdots & a_{nn} \end{vmatrix} = k\begin{vmatrix} a_{11} & \cdots & a_{1n} \\ \vdots & & \vdots \\ a_{i1} & \cdots & a_{in} \\ \vdots & & \vdots \\ a_{n1} & \cdots & a_{nn} \end{vmatrix},$$

其中, $1 \leqslant i \leqslant n$, k 是任意的数. 对列向量有类似的结论.

(4) 初等变换对行列式的影响, 可以利用矩阵的初等变换来计算行列式.

命题 3.7 设 n 阶方阵 $\boldsymbol{A}$ 经过一次初等行 (列) 变换变为 $\boldsymbol{B}$. 则:

(i) 如果交换 $\boldsymbol{A}$ 的第 i,j 行 (列) 且其余行 (列) 不变而得到 $\boldsymbol{B}$, 则 $|\boldsymbol{B}| = -|\boldsymbol{A}|$.

(ii) 如果把 $\boldsymbol{A}$ 的第 i 行 (列) 的若干倍加到第 j 行 (列) 且其余行 (列) 不变而得到 $\boldsymbol{B}$, 则 $|\boldsymbol{B}| = |\boldsymbol{A}|$.

(iii) 如果用非零数 c 乘以 $\boldsymbol{A}$ 的第 i 行 (列) 且其余行 (列) 不变而得到 $\boldsymbol{B}$, 则 $|\boldsymbol{B}| = c|\boldsymbol{A}|$.

推论 3.3 设 n 阶方阵 $\boldsymbol{A}$ 经过若干初等变换变为 $\boldsymbol{B}$. 则 $|\boldsymbol{A}| \neq 0 \Leftrightarrow |\boldsymbol{B}| \neq 0$, 即 $\boldsymbol{A}$ 与 $\boldsymbol{B}$ 相抵. 此时, 一般地, $|\boldsymbol{A}| \neq |\boldsymbol{B}|$.

(5) n 阶方阵 $\boldsymbol{A}$ 可逆 $\Leftrightarrow |\boldsymbol{A}| \neq 0$; 更一般地, 对任意 $m \times n$ 型矩阵 $\boldsymbol{A}$, $r(\boldsymbol{A}) = r \Leftrightarrow \boldsymbol{A}$ 至少有一个 r 阶子式不为 0, 且所有阶数大于 r 的子式都为 0.

命题 3.8 设 $\boldsymbol{A}$ 是 n 阶方阵. 则 $\boldsymbol{A}$ 可逆 $\Leftrightarrow |\boldsymbol{A}| \neq 0$, 或者, 等价地, $|\boldsymbol{A}| = 0 \Leftrightarrow r(\boldsymbol{A}) < n$.

定理 3.4 设 $\boldsymbol{A}$ 是任意的 $m \times n$ 型矩阵. 则

(i) $r(\boldsymbol{A}) \geqslant r \Leftrightarrow \boldsymbol{A}$ 至少有一个 r 阶子式不为 0.

(ii) $r(\boldsymbol{A}) \leqslant r \Leftrightarrow \boldsymbol{A}$ 的所有阶数大于 r 的子式全为 0.

即 $r(\boldsymbol{A}) = r \Leftrightarrow \boldsymbol{A}$ 至少有一个 r 阶子式不为 0 且所有阶数大于 r 的子式全为 0.

(6) 拉普拉斯定理的展开式形式.

定理 3.5 (拉普拉斯 (Laplace) 定理: 展开式形式.) 设 $\boldsymbol{A}$ 是 n 阶方阵. 任意取定 $\boldsymbol{A}$ 的第 i 行. 则

$$|\boldsymbol{A}| = \boldsymbol{A}(i,1)c_{i1} + \boldsymbol{A}(i,2)c_{i2} + \cdots + \boldsymbol{A}(i,n)c_{in}; \tag{3.4}$$

任意取定 $\boldsymbol{A}$ 的第 j 列. 则

$$|\boldsymbol{A}| = \boldsymbol{A}(1,j)c_{1j} + \boldsymbol{A}(2,j)c_{2j} + \cdots + \boldsymbol{A}(n,j)c_{nj}. \tag{3.5}$$

推论 3.4 设 $|\boldsymbol{A}| = \begin{vmatrix} a_{11} & a_{12} & \cdots & a_{1n} \\ a_{21} & a_{22} & \cdots & a_{2n} \\ \vdots & \vdots & & \vdots \\ a_{n1} & a_{n2} & \cdots & a_{nn} \end{vmatrix}$ 是任意的 n 阶行列式. 任意取定 $\boldsymbol{A}$ 的第 i 行. 则对任意数 $k_1, \cdots, k_n$ 都有:

$$k_1 c_{i1} + \cdots + k_n c_{in} = \begin{vmatrix} a_{11} & a_{12} & \cdots & a_{1n} \\ a_{21} & a_{22} & \cdots & a_{2n} \\ \vdots & \vdots & & \vdots \\ a_{i-1,1} & a_{i-1,2} & \cdots & a_{i-1,n} \\ k_1 & k_2 & \cdots & k_n \\ a_{i+1,1} & a_{i+1,2} & \cdots & a_{i+1,n} \\ \vdots & \vdots & & \vdots \\ a_{n1} & a_{n2} & \cdots & a_{nn} \end{vmatrix}.$$

类似地, 对第 j 列的元的代数余子式 $c_{1j},\cdots,c_{nj}$ 和任意数 $d_1,\cdots,d_n$ 有:

$$d_1c_{1j}+\cdots+d_nc_{nj}=\begin{vmatrix} a_{11} & \cdots & a_{1,j-1} & d_1 & a_{1,j+1} & \cdots & a_{1n}\\ a_{21} & \cdots & a_{2,j-1} & d_2 & a_{2,j+1} & \cdots & a_{2n}\\ \vdots & & \vdots & \vdots & \vdots & & \vdots\\ a_{n1} & \cdots & a_{n,j-1} & d_n & a_{n,j+1} & \cdots & a_{nn}\end{vmatrix}.$$

(7) 拉普拉斯定理的矩阵形式: $\boldsymbol{A}\boldsymbol{A}^*=\boldsymbol{A}^*\boldsymbol{A}=|\boldsymbol{A}|\boldsymbol{I}_n$, 其中 $\boldsymbol{A}$ 是任意 n 阶方阵.

(8) 伴随矩阵的基本性质.

命题 3.9 设 $\boldsymbol{A}$ 是 n 阶方阵. 证明:

$$r(\boldsymbol{A}^*)=\begin{cases} n, & \text{如果 } r(\boldsymbol{A})=n\\ 1, & \text{如果 } r(\boldsymbol{A})=n-1.\\ 0, & \text{如果 } r(\boldsymbol{A})<n-1\end{cases}$$

(9) 克莱姆法则.

定理 3.6 (克莱姆 (Cramer) 法则) 设 $\boldsymbol{A}$ 是 n 阶方阵, 则线性方程组 $\boldsymbol{A}\boldsymbol{x}=\boldsymbol{\beta}$ 有唯一的一组解当且仅当 $|\boldsymbol{A}|\neq 0$. 当 $|\boldsymbol{A}|\neq 0$ 时, 对任意的 $i=1,2,\cdots,n$, 有

$$x_i=\frac{|\boldsymbol{A}_i(\boldsymbol{\beta})|}{|\boldsymbol{A}|},$$

其中 $\boldsymbol{A}_i(\boldsymbol{\beta})$ 表示把 $\boldsymbol{A}$ 的第 i 列换为 $\boldsymbol{\beta}$ 得到的方阵.

(10) 准上 (下) 三角阵的行列式.

推论 3.5 准上 (下) 三角阵的行列式等于其所有对角线上的块的行列式的乘积.

- 基本计算:

(1) 利用初等变换把行列式转化为三角行列式.

(2) 利用拉普拉斯展开式定理计算行列式.

3.2 例题讲解

例 3.1 以下陈述错误的是 (   ).

(A) 设 $\boldsymbol{A},\boldsymbol{B}$ 是同阶对称阵, 则 $\boldsymbol{A}\boldsymbol{B}$ 一定是对称矩阵

(B) 设 2 阶方阵 $\boldsymbol{A}$ 与全部的 2 阶方阵都可交换, 则 $\boldsymbol{A}=k\boldsymbol{I}$

(C) 设 $\boldsymbol{A}\boldsymbol{B}=\boldsymbol{I}$ 且 $\boldsymbol{B}\boldsymbol{C}=\boldsymbol{I}$, 其中 $\boldsymbol{I}$ 是单位矩阵, 则 $\boldsymbol{A}=\boldsymbol{C}$

(D) 设 n 阶方阵 $\boldsymbol{A}$ 满足 $\boldsymbol{A}^3=3\boldsymbol{A}(\boldsymbol{A}-\boldsymbol{I})$, 则 $\boldsymbol{A}-\boldsymbol{I}$ 可逆

解: 设 $\boldsymbol{A}, \boldsymbol{B}$ 是同阶对称阵, 则 $(\boldsymbol{AB})^{\mathrm{T}} = \boldsymbol{B}^{\mathrm{T}}\boldsymbol{A}^{\mathrm{T}} = \boldsymbol{BA}$, 因此 $\boldsymbol{AB}$ 是对称矩阵当且仅当 $\boldsymbol{AB} = \boldsymbol{BA}$. 从而 (A) 错误, 选 (A).

设 2 阶方阵 $\boldsymbol{A}$ 与全部的 2 阶方阵都可交换, 不妨记 $\boldsymbol{A} = \begin{pmatrix} a_{11} & a_{12} \\ a_{21} & a_{22} \end{pmatrix}$, 记 $\boldsymbol{B} = \begin{pmatrix} 1 & 0 \\ 0 & -1 \end{pmatrix}$, 则

$$\boldsymbol{AB} = \begin{pmatrix} a_{11} & -a_{12} \\ a_{21} & -a_{22} \end{pmatrix} = \boldsymbol{BA} = \begin{pmatrix} a_{11} & a_{12} \\ -a_{21} & -a_{22} \end{pmatrix},$$

因此 $a_{12} = a_{21} = 0$. 进一步, 记 $\boldsymbol{C} = \begin{pmatrix} 1 & 2 \\ 3 & -1 \end{pmatrix}$, 则

$$\boldsymbol{AC} = \begin{pmatrix} a_{11} & 2a_{11} \\ 3a_{22} & -a_{22} \end{pmatrix} = \boldsymbol{CA} = \begin{pmatrix} a_{11} & 2a_{22} \\ 3a_{11} & -a_{22} \end{pmatrix},$$

因此 $a_{11} = a_{22}$, 从而 $\boldsymbol{A} = a_{11}\boldsymbol{I}$, 显然 2 阶数量矩阵与任意的 2 阶方阵都可交换, 从而 $\boldsymbol{A} = k\boldsymbol{I}$. 故 (B) 正确.

设 $\boldsymbol{AB} = \boldsymbol{I}$ 且 $\boldsymbol{BC} = \boldsymbol{I}$, 其中 $\boldsymbol{I}$ 是单位矩阵, 则

$$\boldsymbol{A} = \boldsymbol{AI} = \boldsymbol{ABC} = (\boldsymbol{AB})\boldsymbol{C} = \boldsymbol{IC} = \boldsymbol{C},$$

因此 (C) 正确.

若 n 阶方阵 $\boldsymbol{A}$ 满足 $\boldsymbol{A}^3 = 3\boldsymbol{A}(\boldsymbol{A} - \boldsymbol{I})$①, 则 $\boldsymbol{A}^3 - \boldsymbol{I} - 3\boldsymbol{A}(\boldsymbol{A} - \boldsymbol{I}) = -\boldsymbol{I}$, 因此

$$(\boldsymbol{A} - \boldsymbol{I})\left(\boldsymbol{A}^2 + \boldsymbol{A} + \boldsymbol{I} - 3\boldsymbol{A}\right) = -\boldsymbol{I},$$

从而

$$n \leqslant r(-\boldsymbol{I}) \leqslant r(\boldsymbol{A} - \boldsymbol{I}) \leqslant n,$$

故 $r(\boldsymbol{A} - \boldsymbol{I}) = n$, 即 $\boldsymbol{A} - \boldsymbol{I}$ 可逆. 故 (D) 正确.

综上所述, (A) 错误, 选 (A). □

例 3.2 设 $\boldsymbol{A}, \boldsymbol{B}$ 是 n 阶方阵, 证明 $\boldsymbol{A}^2 - \boldsymbol{B}^2 = (\boldsymbol{A} - \boldsymbol{B})(\boldsymbol{A} + \boldsymbol{B})$ 当且仅当 $\boldsymbol{A}, \boldsymbol{B}$ 可交换.

证明: 因 $\boldsymbol{A}^2 - \boldsymbol{B}^2 = (\boldsymbol{A} - \boldsymbol{B})(\boldsymbol{A} + \boldsymbol{B}) = \boldsymbol{A}^2 + \boldsymbol{AB} - \boldsymbol{BA} - \boldsymbol{B}^2 \Leftrightarrow \boldsymbol{AB} = \boldsymbol{BA}$, 证毕.□

例 3.3 (1988) 已知 $\boldsymbol{AP} = \boldsymbol{PB}$, 其中 $\boldsymbol{B} = \begin{pmatrix} 1 & 0 & 0 \\ 0 & 0 & 0 \\ 0 & 0 & -1 \end{pmatrix}$, $\boldsymbol{P} = \begin{pmatrix} 1 & 0 & 0 \\ 2 & -1 & 0 \\ 2 & 1 & 1 \end{pmatrix}$, 求矩阵 $\boldsymbol{A}, \boldsymbol{A}^5$.

① 也可以由此求出 1 不是 $\boldsymbol{A}$ 的特征值, 从而 0 不是 $\boldsymbol{A} - \boldsymbol{I}$ 的特征值, 进一步得出 $\boldsymbol{A} - \boldsymbol{I}$ 可逆.

解: 因 $\boldsymbol{A}=\boldsymbol{P}\boldsymbol{B}\boldsymbol{P}^{-1}=\begin{pmatrix}1&0&0\\2&0&0\\6&-1&-1\end{pmatrix}$, 故

$$\boldsymbol{A}^5=(\boldsymbol{P}^{-1}\boldsymbol{B}\boldsymbol{P})(\boldsymbol{P}^{-1}\boldsymbol{B}\boldsymbol{P})\cdots(\boldsymbol{P}^{-1}\boldsymbol{B}\boldsymbol{P})=\boldsymbol{P}\boldsymbol{B}^5\boldsymbol{P}^{-1}=\begin{pmatrix}1&0&0\\2&0&0\\6&-1&-1\end{pmatrix}.$$ □

例 3.4 (2003) 设 $\boldsymbol{\alpha}$ 为 3 维列向量, $\boldsymbol{\alpha}^{\mathrm{T}}$ 是 $\boldsymbol{\alpha}$ 的转置, 若 $\boldsymbol{\alpha}\boldsymbol{\alpha}^{\mathrm{T}}=\begin{pmatrix}1&-1&1\\-1&1&-1\\1&-1&1\end{pmatrix}$, 则 $\boldsymbol{\alpha}^{\mathrm{T}}\boldsymbol{\alpha}=$ ________.

解: 设 $\boldsymbol{\alpha}=(a_1,a_2,a_3)^{\mathrm{T}}$, 则 $\boldsymbol{\alpha}\boldsymbol{\alpha}^{\mathrm{T}}=\begin{pmatrix}a_1a_1&a_1a_2&a_1a_3\\a_2a_1&a_2a_2&a_2a_3\\a_3a_1&a_3a_2&a_3a_3\end{pmatrix}$, 故 $\boldsymbol{\alpha}^{\mathrm{T}}\boldsymbol{\alpha}=a_1^2+a_2^2+a_3^2=3$. □

例 3.5 已知 $\boldsymbol{A}=\begin{pmatrix}2&1&-1\\6&3&-3\\-4&-2&2\end{pmatrix}$, 则 $\boldsymbol{A}^{2\,019}=$ ________.

解: 因 $r(\boldsymbol{A})=1$, 取 $\boldsymbol{\alpha}=(1,3,-2)^{\mathrm{T}}$, $\boldsymbol{\beta}=(2,1,-1)^{\mathrm{T}}$, 则 $\boldsymbol{A}=\boldsymbol{\alpha}\boldsymbol{\beta}^{\mathrm{T}}$. 因 $\boldsymbol{\beta}^{\mathrm{T}}\boldsymbol{\alpha}=7$, 则

$$\left(\boldsymbol{\alpha}\boldsymbol{\beta}^{\mathrm{T}}\right)^{2\,019}=\boldsymbol{\alpha}\left(\boldsymbol{\beta}^{\mathrm{T}}\boldsymbol{\alpha}\right)\left(\boldsymbol{\beta}^{\mathrm{T}}\cdots\boldsymbol{\alpha}\right)\boldsymbol{\beta}^{\mathrm{T}}=\boldsymbol{\alpha}\left(\boldsymbol{\beta}^{\mathrm{T}}\boldsymbol{\alpha}\right)^{2\,019-1}\boldsymbol{\beta}^{\mathrm{T}}=7^{2\,018}\boldsymbol{\alpha}\boldsymbol{\beta}^{\mathrm{T}},$$

从而 $\boldsymbol{A}^{2\,019}=7^{2\,018}\boldsymbol{\alpha}\boldsymbol{\beta}^{\mathrm{T}}=7^{2\,018}\begin{pmatrix}2&1&-1\\6&3&-3\\-4&-2&2\end{pmatrix}$. □

例 3.6 (1996) 设 $\boldsymbol{A}$ 是 4×3 矩阵, 且 $\boldsymbol{A}$ 的秩 $r(\boldsymbol{A})=2$, 而 $\boldsymbol{B}=\begin{pmatrix}1&0&2\\0&2&0\\-1&0&3\end{pmatrix}$. 则秩 $r(\boldsymbol{A}\boldsymbol{B})=$ ________.

解: 由 $|\boldsymbol{B}|=10$ 得 $\boldsymbol{B}$ 可逆, 所以 $r(\boldsymbol{A}\boldsymbol{B})=r(\boldsymbol{A})=2$.① □

例 3.7 设 $\boldsymbol{A}=\begin{pmatrix}1&1&1&1\\0&2&2&2\\0&0&3&3\\0&0&0&4\end{pmatrix}$, 则 $\boldsymbol{A}^2-2\boldsymbol{A}$ 的秩 $r\left(\boldsymbol{A}^2-2\boldsymbol{A}\right)=$ ________.

① 参见命题 3.6.

解: 因 $\boldsymbol{A}^2-2\boldsymbol{A}=\boldsymbol{A}(\boldsymbol{A}-2\boldsymbol{I})$, 且 $\det(\boldsymbol{A})=24\neq 0$. 从而 $\boldsymbol{A}$ 可逆且 $r\left(\boldsymbol{A}^2-2\boldsymbol{A}\right)=r(\boldsymbol{A}-2\boldsymbol{I})$.

$$\boldsymbol{A}-2\boldsymbol{I}=\begin{pmatrix}-1&1&1&1\\0&0&2&2\\0&0&1&3\\0&0&0&2\end{pmatrix}\xrightarrow{r_3-\frac{1}{2}r_2}\begin{pmatrix}-1&1&1&1\\0&0&2&2\\0&0&0&2\\0&0&0&2\end{pmatrix}\xrightarrow{r_4-r_3}\begin{pmatrix}-1&1&1&1\\0&0&2&2\\0&0&0&2\\0&0&0&0\end{pmatrix}$$

因此 $r(\boldsymbol{A}-2\boldsymbol{I})=3$. 从而 $r\left(\boldsymbol{A}^2-2\boldsymbol{A}\right)=3$. □

例 3.8 若 $\boldsymbol{A}=\begin{pmatrix}1&-1&2&1\\-1&a&2&1\\3&1&b&-1\end{pmatrix}$ 的秩为 $r(\boldsymbol{A})=2$, 求 $a+b$.

解: 利用初等行变换化为阶梯形矩阵, 得

$$\boldsymbol{A}\rightarrow\begin{pmatrix}1&-1&2&1\\0&a-1&4&2\\0&4&b-6&-4\end{pmatrix}\rightarrow\begin{pmatrix}1&-1&2&1\\0&4&b-6&-4\\0&0&-\frac{1}{4}(ab-b-6a-10)&a+1\end{pmatrix},$$

则 $r(\boldsymbol{A})=2$ 当且仅当 $ab-b-6a-10=0$ 且 $a+1=0$, 解得 $a=-1, b=-2$, 故 $a+b=-3$.□

例 3.9 设矩阵 $\boldsymbol{A}=\begin{pmatrix}1&0&1\\-1&-1&1\\0&2&a\end{pmatrix}$, $\boldsymbol{B}=\begin{pmatrix}1&0&1\\0&-1&2\\0&0&0\end{pmatrix}$.

(1) 问 a 取何值时, 矩阵 $\boldsymbol{A}$ 与矩阵 $\boldsymbol{B}$ 等价?

(2) 当矩阵 $\boldsymbol{A}$ 与矩阵 $\boldsymbol{B}$ 等价时, 求可逆矩阵 $\boldsymbol{P}$ 使得 $\boldsymbol{PA}=\boldsymbol{B}$.

解: (1) 显然 $r(\boldsymbol{B})=2$, 矩阵 $\boldsymbol{A}$ 与矩阵 $\boldsymbol{B}$ 等价当且仅当 $r(\boldsymbol{A})=r(\boldsymbol{B})=2$. 又因 $\begin{vmatrix}1&0\\-1&-1\end{vmatrix}$ 显然是 $\boldsymbol{A}$ 的一个非零的 2 阶子式, 故 $r(\boldsymbol{A})\geqslant 2$. 从而 $r(A)=2$ 当且仅当 $|\boldsymbol{A}|=-a-4=0$, 解得 $a=-4$. 即矩阵 $\boldsymbol{A}$ 与矩阵 $\boldsymbol{B}$ 等价当且仅当 $a=-4$.

(2) 当矩阵 $\boldsymbol{A}$ 与矩阵 $\boldsymbol{B}$ 等价时, 由 (1) 知 $\boldsymbol{A}=\begin{pmatrix}1&0&1\\-1&-1&1\\0&2&-4\end{pmatrix}$. 即解矩阵方程 $\boldsymbol{A}^{\mathrm{T}}\boldsymbol{X}=\boldsymbol{B}^{\mathrm{T}}$, 且 $\boldsymbol{X}=(x_{ij})$ 可逆. 用高斯消元法把增广矩阵化为简化阶梯形矩阵

$$\begin{pmatrix}\boldsymbol{A}^{\mathrm{T}}&\boldsymbol{B}^{\mathrm{T}}\end{pmatrix}=\begin{pmatrix}1&-1&0&1&0&0\\0&-1&2&0&-1&0\\1&1&-4&1&2&0\end{pmatrix}\rightarrow\begin{pmatrix}1&0&-2&1&1&0\\0&1&-2&0&1&0\\0&0&0&0&0&0\end{pmatrix},$$

解得 $\boldsymbol{X}=\begin{pmatrix}2x_{31}+1&2x_{32}+1&2x_{33}\\2x_{31}&2x_{32}+1&2x_{33}\\x_{31}&x_{32}&x_{33}\end{pmatrix}$, 因此 $|\boldsymbol{X}|=x_{33}$, 从而 $\boldsymbol{X}$ 可逆当且仅当 $x_{33}\neq 0$,

从而

$$P = X^{\mathrm{T}} = \begin{pmatrix} 2x_{31}+1 & 2x_{31} & x_{31} \\ 2x_{32}+1 & 2x_{32}+1 & x_{32} \\ 2x_{33} & 2x_{33} & x_{33} \end{pmatrix},$$

其中 x_{31}, x_{32} 是任意常数, x_{33} 是任意非零常数. □

例 3.10 (1993) 已知 $Q = \begin{pmatrix} 1 & 2 & 3 \\ 2 & 4 & t \\ 3 & 6 & 9 \end{pmatrix}$, P 为 3 阶非零矩阵, 且满足 $PQ = 0$. 则下列说法正确的是 (　　).

(A) 当 $t = 6$ 时, P 的秩必为 1　　(B) 当 $t = 6$ 时,P 的秩必为 2

(C) 当 $t \neq 6$ 时, P 的秩必为 1　　(D) 当 $t \neq 6$ 时, P 的秩必为 2

解: 由于 $PQ = 0$, 所以 $r(P) + r(Q) \leqslant 3$.① 又 $P \neq 0$, 所以, $r(P) \geqslant 1$.

当 $t = 6$ 时, $r(Q) = 1$, 从而, $r(P) \leqslant 2$;

当 $t \neq 6$ 时, $r(Q) = 2$, 所以, $r(P) \leqslant 1$, 从而, $r(P) = 1$. 所以, (C) 正确. □

例 3.11 设 $A = \begin{pmatrix} 1 & 2 & -2 \\ 2 & 5 & 0 \\ 4 & t & 3 \end{pmatrix}$, B 为 3 阶非零矩阵, 且 $AB = 0$, 则 $t =$ ________.

解: 由 $AB = 0$ 得 $r(A) + r(B) \leqslant 3$. 由于 $B \neq 0$, 所以, $r(B) \geqslant 1$, 从而 $r(A) \leqslant 2$, 因此 $|A| = 43 - 4t = 0$, 解得 $t = \dfrac{43}{4}$. □

例 3.12 已知 $A = \begin{pmatrix} 1 & a & 2 \\ b & 1 & c \\ 2 & d & 1 \end{pmatrix}$, B 是 3 阶非零矩阵, 且 $AB = 0$, 求 $r(A)$.

解: 因 B 是 3 阶非零矩阵, 且 $AB = 0$, 从而 $r(A) \leqslant 2$. 又因为 $\begin{vmatrix} 1 & 2 \\ 2 & 1 \end{vmatrix} = -3$ 是 A 的一个非零的二阶子式, 因此 $r(A) = 2$. □

例 3.13 设 α, β 是 n 维列向量, 证明 $r\left(\alpha\alpha^{\mathrm{T}} + \beta\beta^{\mathrm{T}}\right) \leqslant 2$.

解: 方法一: 因 $\alpha\alpha^{\mathrm{T}} + \beta\beta^{\mathrm{T}} = \begin{pmatrix} \alpha & \beta \end{pmatrix} \begin{pmatrix} \alpha^{\mathrm{T}} \\ \beta^{\mathrm{T}} \end{pmatrix}$, 故

$$r\left(\alpha\alpha^{\mathrm{T}} + \beta\beta^{\mathrm{T}}\right) \leqslant \min\left\{ r\begin{pmatrix} \alpha & \beta \end{pmatrix}, r\begin{pmatrix} \alpha^{\mathrm{T}} \\ \beta^{\mathrm{T}} \end{pmatrix} \right\} \leqslant 2.$$

方法二: $r\left(\alpha\alpha^{\mathrm{T}} + \beta\beta^{\mathrm{T}}\right) \leqslant r\left(\alpha\alpha^{\mathrm{T}}\right) + r\left(\beta\beta^{\mathrm{T}}\right) \leqslant 2$.

① 参见命题 3.3.

方法三: 显然 $\boldsymbol{\alpha}\boldsymbol{\alpha}^{\mathrm{T}}+\boldsymbol{\beta}\boldsymbol{\beta}^{\mathrm{T}}$ 的列向量组可由 $\boldsymbol{\alpha},\boldsymbol{\beta}$ 线性表出, 因此

$$r\left(\boldsymbol{\alpha}\boldsymbol{\alpha}^{\mathrm{T}}+\boldsymbol{\beta}\boldsymbol{\beta}^{\mathrm{T}}\right)\leqslant r\left(\boldsymbol{\alpha},\boldsymbol{\beta}\right)\leqslant 2.$$

□

例 3.14 已知 3 阶方阵 $\boldsymbol{A}=\begin{pmatrix}3&1&4\\2&1&3\\1&a&1\end{pmatrix}$ 不可逆, 则 $a=$______.

解: 因 $\boldsymbol{A}$ 不可逆当且仅当 $|\boldsymbol{A}|=-a=0$, 即 $a=0$.

□

例 3.15 (2003) 设 n 维向量 $\boldsymbol{\alpha}=(a,0,\cdots,0,a)^{\mathrm{T}}$ $(a<0)$, $\boldsymbol{I}$ 为 n 阶单位矩阵, 矩阵 $\boldsymbol{A}=\boldsymbol{I}-\boldsymbol{\alpha}\boldsymbol{\alpha}^{\mathrm{T}}$, $\boldsymbol{B}=\boldsymbol{I}+\dfrac{1}{a}\boldsymbol{\alpha}\boldsymbol{\alpha}^{\mathrm{T}}$, 其中 $\boldsymbol{A}$ 的逆矩阵为 $\boldsymbol{B}$, 则 $a=$_______.

解: 由于 $\boldsymbol{\alpha}^{\mathrm{T}}\boldsymbol{\alpha}=2a^2$, 且 $\boldsymbol{\alpha}\boldsymbol{\alpha}^{\mathrm{T}}\neq\mathbf{0}$, 所以由

$$\begin{aligned}\boldsymbol{I}=\boldsymbol{A}\boldsymbol{B}&=\boldsymbol{I}+(\frac{1}{a}-1)\boldsymbol{\alpha}\boldsymbol{\alpha}^{\mathrm{T}}-\frac{1}{a}\left(\boldsymbol{\alpha}\boldsymbol{\alpha}^{\mathrm{T}}\right)^2\\&=\boldsymbol{I}+(\frac{1}{a}-1)\boldsymbol{\alpha}\boldsymbol{\alpha}^{\mathrm{T}}-\frac{1}{a}\boldsymbol{\alpha}\left(\boldsymbol{\alpha}^{\mathrm{T}}\boldsymbol{\alpha}\right)\boldsymbol{\alpha}^{\mathrm{T}} \text{①}\\&=\boldsymbol{I}+(\frac{1}{a}-1)\boldsymbol{\alpha}\boldsymbol{\alpha}^{\mathrm{T}}-2a\boldsymbol{\alpha}\boldsymbol{\alpha}^{\mathrm{T}},\end{aligned}$$

得 $(\frac{1}{a}-1-2a)\boldsymbol{\alpha}\boldsymbol{\alpha}^{\mathrm{T}}=\mathbf{0}$, 即 $(\frac{1}{a}-1-2a)=0$, 解得 $a=-1$. (舍去 $a=\frac{1}{2}$.)

□

例 3.16 (1991) 设 4 阶方阵 $\boldsymbol{A}=\begin{pmatrix}5&2&0&0\\2&1&0&0\\0&0&1&-2\\0&0&1&1\end{pmatrix}$, 则 $\boldsymbol{A}$ 的逆矩阵 $\boldsymbol{A}^{-1}=$________.

解: 设 $\boldsymbol{A}_{11}=\begin{pmatrix}5&2\\2&1\end{pmatrix}$, $\boldsymbol{A}_{22}=\begin{pmatrix}1&-2\\1&1\end{pmatrix}$. 则

$$\boldsymbol{A}_{11}^{-1}=\begin{pmatrix}1&-2\\-2&5\end{pmatrix},\quad \boldsymbol{A}_{22}^{-1}=\frac{1}{3}\begin{pmatrix}1&2\\-1&1\end{pmatrix},$$

从而,

$$\begin{aligned}\boldsymbol{A}^{-1}=\begin{pmatrix}\boldsymbol{A}_{11}&\mathbf{0}\\\mathbf{0}&\boldsymbol{A}_{22}\end{pmatrix}^{-1}&=\begin{pmatrix}\boldsymbol{A}_{11}^{-1}&\mathbf{0}\\\mathbf{0}&\boldsymbol{A}_{22}^{-1}\end{pmatrix}\\&=\begin{pmatrix}1&-2&0&0\\-2&5&0&0\\0&0&\frac{1}{3}&\frac{2}{3}\\0&0&-\frac{1}{3}&\frac{1}{3}\end{pmatrix}.\end{aligned}$$

□

① 矩阵乘法结合律的应用, 参见例 3.5.

例 3.17 记 $A=\begin{pmatrix}0&0&1&2\\0&0&2&3\\1&1&0&0\\2&3&0&0\end{pmatrix}$, 则 $A^{-1}=$ ________.

解: 记 $A_{12}=\begin{pmatrix}1&2\\2&3\end{pmatrix}$, $A_{21}=\begin{pmatrix}1&1\\2&3\end{pmatrix}$, 则

$$A^{-1}=\begin{pmatrix}\mathbf{0}&A_{12}\\A_{21}&\mathbf{0}\end{pmatrix}^{-1}=\begin{pmatrix}\mathbf{0}&A_{21}^{-1}\\A_{12}^{-1}&\mathbf{0}\end{pmatrix}=\begin{pmatrix}0&0&3&-1\\0&0&-2&1\\-3&2&0&0\\2&-1&0&0\end{pmatrix}.$$ □

例 3.18 (1989) 已知 $X=AX+B$, 其中, $A=\begin{pmatrix}0&1&0\\-1&1&1\\-1&0&-1\end{pmatrix}$, $B=\begin{pmatrix}1&-1\\2&0\\5&-3\end{pmatrix}$. 求矩阵 X.

解: 由 $X=AX+B$ 得 $(I-A)X=B$, 其中, I 是单位阵. 易见 $I-A$ 可逆, 所以,

$$X=(I-A)^{-1}B=\begin{pmatrix}3&-1\\2&0\\1&-1\end{pmatrix}.$$[①] □

例 3.19 已知矩阵 X 满足 $X\begin{pmatrix}1&0&-2\\0&1&2\\-1&0&3\end{pmatrix}=\begin{pmatrix}-1&2&0\\3&0&5\end{pmatrix}$, 求 X.

解: 即 $\begin{pmatrix}1&0&-1\\0&1&0\\-2&2&3\end{pmatrix}X^{\mathrm T}=\begin{pmatrix}-1&3\\2&0\\0&5\end{pmatrix}$, 相应的增广矩阵为

$$(A,B)=\begin{pmatrix}1&0&-1&-1&3\\0&1&0&2&0\\-2&2&3&0&5\end{pmatrix}\to\begin{pmatrix}1&0&-1&-1&3\\0&1&0&2&0\\0&2&1&-2&11\end{pmatrix}$$

$$\to\begin{pmatrix}1&0&-1&-1&3\\0&1&0&2&0\\0&0&1&-6&11\end{pmatrix}\to\begin{pmatrix}1&0&0&-7&14\\0&1&0&2&0\\0&0&1&-6&11\end{pmatrix}.$$

① 不要写成 $X=B(I-A)^{-1}$.

因此 $\boldsymbol{X}^{\mathrm{T}}=\begin{pmatrix}-7&14\\2&0\\-6&11\end{pmatrix}$, $\boldsymbol{X}=\begin{pmatrix}-7&2&-6\\14&0&11\end{pmatrix}$. □

例 3.20 解矩阵方程 $(2\boldsymbol{I}-\boldsymbol{B}^{-1}\boldsymbol{A})\boldsymbol{X}^{\mathrm{T}}=\boldsymbol{B}^{-1}$, 其中 $\boldsymbol{I}$ 是 3 阶单位矩阵, $\boldsymbol{X}^{\mathrm{T}}$ 是 3 阶矩阵 $\boldsymbol{X}$ 的转置矩阵, $\boldsymbol{A}=\begin{pmatrix}1&2&-3\\0&1&2\\0&0&1\end{pmatrix}$, $\boldsymbol{B}=\begin{pmatrix}1&2&0\\0&1&2\\0&0&1\end{pmatrix}$.

解: 方法一: 等式两边同时左乘 $\boldsymbol{B}$, 得 $(2\boldsymbol{B}-\boldsymbol{A})\boldsymbol{X}^{\mathrm{T}}=\boldsymbol{I}$, 因此 $\boldsymbol{X}^{\mathrm{T}}=(2\boldsymbol{B}-\boldsymbol{A})^{-1}$, 故 $\boldsymbol{X}=\left((2\boldsymbol{B}-\boldsymbol{A})^{-1}\right)^{\mathrm{T}}$. 令

$$\boldsymbol{C}=2\boldsymbol{B}-\boldsymbol{A}=\begin{pmatrix}1&2&3\\0&1&2\\0&0&1\end{pmatrix}=\begin{pmatrix}\boldsymbol{C}_{11}&\boldsymbol{C}_{12}\\\boldsymbol{0}&\boldsymbol{C}_{22}\end{pmatrix},$$

则 $\boldsymbol{C}^{-1}=\begin{pmatrix}\boldsymbol{C}_{11}^{-1}&-\boldsymbol{C}_{11}^{-1}\boldsymbol{C}_{12}\boldsymbol{C}_{22}^{-1}\\\boldsymbol{0}&\boldsymbol{C}_{22}^{-1}\end{pmatrix}$, 其中 $\boldsymbol{C}_{11}=\begin{pmatrix}1&2\\0&1\end{pmatrix}$, $\boldsymbol{C}_{22}=1$, $\boldsymbol{C}_{12}=\begin{pmatrix}3\\2\end{pmatrix}$, 于是

$$\boldsymbol{C}_{11}^{-1}=\begin{pmatrix}1&-2\\0&1\end{pmatrix},-\boldsymbol{C}_{11}^{-1}\boldsymbol{C}_{12}\boldsymbol{C}_{22}^{-1}=\begin{pmatrix}1\\-2\end{pmatrix},$$

故 $\boldsymbol{X}=(\boldsymbol{C}^{-1})^{\mathrm{T}}=\begin{pmatrix}1&-2&1\\0&1&-2\\0&0&1\end{pmatrix}^{\mathrm{T}}=\begin{pmatrix}1&0&0\\-2&1&0\\1&-2&1\end{pmatrix}$.

方法二: 等式两边同时左乘 $\boldsymbol{B}$, 得 $(2\boldsymbol{B}-\boldsymbol{A})\boldsymbol{X}^{\mathrm{T}}=\boldsymbol{I}$, 因此 $\boldsymbol{X}^{\mathrm{T}}=(2\boldsymbol{B}-\boldsymbol{A})^{-1}$, 故 $\boldsymbol{X}=\left((2\boldsymbol{B}-\boldsymbol{A})^{-1}\right)^{\mathrm{T}}$. 因

$$\begin{aligned}(2\boldsymbol{B}-\boldsymbol{A}|\boldsymbol{I})&=\left(\begin{array}{ccc|ccc}1&2&3&1&0&0\\0&1&2&0&1&0\\0&0&1&0&0&1\end{array}\right)\\&\rightarrow\left(\begin{array}{ccc|ccc}1&2&0&1&0&-3\\0&1&0&0&1&-2\\0&0&1&0&0&1\end{array}\right)\rightarrow\left(\begin{array}{ccc|ccc}1&0&0&1&-2&1\\0&1&0&0&1&-2\\0&0&1&0&0&1\end{array}\right)\end{aligned}$$

故 $\boldsymbol{X}=\left((2\boldsymbol{B}-\boldsymbol{A})^{-1}\right)^{\mathrm{T}}=\begin{pmatrix}1&-2&1\\0&1&-2\\0&0&1\end{pmatrix}^{\mathrm{T}}=\begin{pmatrix}1&0&0\\-2&1&0\\1&-2&1\end{pmatrix}$. □

例 3.21 (2000) 设 $\boldsymbol{A}=\begin{pmatrix}1&0&0&0\\-2&3&0&0\\0&-4&5&0\\0&0&-6&7\end{pmatrix}$, $\boldsymbol{I}$ 为 4 阶单位矩阵, $\boldsymbol{B}=(\boldsymbol{I}+\boldsymbol{A})^{-1}(\boldsymbol{I}-\boldsymbol{A})$. 求 $(\boldsymbol{I}+\boldsymbol{B})^{-1}$.

解: 由 $\boldsymbol{B}=(\boldsymbol{I}+\boldsymbol{A})^{-1}(\boldsymbol{I}-\boldsymbol{A})$, 得

$$(\boldsymbol{I}+\boldsymbol{A})\boldsymbol{B}=\boldsymbol{I}-\boldsymbol{A},\ \text{即}$$
$$\boldsymbol{AB}+\boldsymbol{A}+\boldsymbol{B}=\boldsymbol{I},$$

从而, $\boldsymbol{I}=\boldsymbol{AB}+\boldsymbol{A}+\boldsymbol{B}=(\boldsymbol{A}+\boldsymbol{I})(\boldsymbol{B}+\boldsymbol{I})-\boldsymbol{I}$①, 即 $(\boldsymbol{I}+\boldsymbol{A})(\boldsymbol{I}+\boldsymbol{B})=2\boldsymbol{I}$, 也就是

$$\frac{1}{2}(\boldsymbol{I}+\boldsymbol{A})(\boldsymbol{I}+\boldsymbol{B})=\boldsymbol{I},$$

所以, $(\boldsymbol{I}+\boldsymbol{B})^{-1}=\frac{1}{2}(\boldsymbol{I}+\boldsymbol{A})=\begin{pmatrix}1&0&0&0\\-1&2&0&0\\0&-2&3&0\\0&0&-3&4\end{pmatrix}$. □

例 3.22 设 $\boldsymbol{A}$ 为 n 阶方阵且 $\boldsymbol{A}^2-\boldsymbol{A}-2\boldsymbol{I}=\boldsymbol{0}$. (1) 证明 $r(\boldsymbol{A}-2\boldsymbol{I})+r(\boldsymbol{A}+\boldsymbol{I})=n$; (2) 证明 $\boldsymbol{A}+2\boldsymbol{I}$ 可逆, 并求 $(\boldsymbol{A}+2\boldsymbol{I})^{-1}$.

解: 因 $\boldsymbol{A}^2-\boldsymbol{A}-2\boldsymbol{I}=\boldsymbol{0}$, 从而 $(\boldsymbol{A}-2\boldsymbol{I})(\boldsymbol{A}+\boldsymbol{I})=\boldsymbol{0}$, 因此 $r(\boldsymbol{A}-2\boldsymbol{I})+r(\boldsymbol{A}+\boldsymbol{I})\leqslant n$. 又因

$$r(\boldsymbol{A}-2\boldsymbol{I})+r(\boldsymbol{A}+\boldsymbol{I})\geqslant r(\boldsymbol{A}-2\boldsymbol{I},\boldsymbol{A}+\boldsymbol{I})=r(-3\boldsymbol{I},\boldsymbol{A}+\boldsymbol{I})=n,$$

从而 $r(\boldsymbol{A}-2\boldsymbol{I})+r(\boldsymbol{A}+\boldsymbol{I})=n$.

因 $\boldsymbol{A}^2-\boldsymbol{A}-2\boldsymbol{I}=\boldsymbol{0}$, 从而 $(\boldsymbol{A}+2\boldsymbol{I})(\boldsymbol{A}-3\boldsymbol{I})=-4\boldsymbol{I}$. 因此

$$|\boldsymbol{A}+2\boldsymbol{I}|\,|\boldsymbol{A}-3\boldsymbol{I}|=|-4\boldsymbol{I}|\Rightarrow|\boldsymbol{A}+2\boldsymbol{I}|\neq 0,$$

从而 $\boldsymbol{A}+2\boldsymbol{I}$ 可逆, 且 $(\boldsymbol{A}+2\boldsymbol{I})^{-1}=-\frac{1}{4}(\boldsymbol{A}-3\boldsymbol{I})$. □

例 3.23 设 $\boldsymbol{A}=\begin{pmatrix}1&-1&0\\0&1&-1\\0&0&1\end{pmatrix}$, $\boldsymbol{B}=\begin{pmatrix}2&1&3\\0&2&1\\0&0&2\end{pmatrix}$, 且 $\boldsymbol{A}^{\mathrm{T}}(\boldsymbol{BA}^{-1}-\boldsymbol{I})^{\mathrm{T}}\boldsymbol{X}=\boldsymbol{B}^{\mathrm{T}}$, 求 $\boldsymbol{X}$.

---

① 处理这类问题时, 十字相乘法是有用的: $\boldsymbol{AB}+x\boldsymbol{A}+y\boldsymbol{B}=(\boldsymbol{A}+y\boldsymbol{I})(\boldsymbol{B}+x\boldsymbol{I})-xy\boldsymbol{I}$.

解: 原方程化简得 $\boldsymbol{A}^{\mathrm{T}}\left(\left(\boldsymbol{A}^{\mathrm{T}}\right)^{-1}\boldsymbol{B}^{\mathrm{T}}-\boldsymbol{I}\right)\boldsymbol{X}=\boldsymbol{B}^{\mathrm{T}}$, 因此 $\left(\boldsymbol{B}^{\mathrm{T}}-\boldsymbol{A}^{\mathrm{T}}\right)\boldsymbol{X}=\boldsymbol{B}^{\mathrm{T}}$, 又因

$$\left(\boldsymbol{B}^{\mathrm{T}}-\boldsymbol{A}^{\mathrm{T}}\right)^{-1}=\begin{pmatrix}1&0&0\\2&1&0\\3&2&1\end{pmatrix}^{-1}=\begin{pmatrix}1&0&0\\-2&1&0\\1&-2&1\end{pmatrix},$$

因此 $\boldsymbol{X}=\left(\boldsymbol{B}^{\mathrm{T}}-\boldsymbol{A}^{\mathrm{T}}\right)^{-1}\boldsymbol{B}^{\mathrm{T}}=\begin{pmatrix}1&0&0\\-2&1&0\\1&-2&1\end{pmatrix}\begin{pmatrix}2&0&0\\1&2&0\\3&1&2\end{pmatrix}=\begin{pmatrix}2&0&0\\-3&2&0\\3&-3&2\end{pmatrix}$. □

例 3.24 (2001) 已知矩阵 $\boldsymbol{A}=\begin{pmatrix}1&0&0\\1&1&0\\1&1&1\end{pmatrix}, \boldsymbol{B}=\begin{pmatrix}0&1&1\\1&0&1\\1&1&0\end{pmatrix}$ 且矩阵 $\boldsymbol{X}$ 满足 $\boldsymbol{AXA}+\boldsymbol{BXB}=\boldsymbol{AXB}+\boldsymbol{BXA}+\boldsymbol{I}$, 其中 $\boldsymbol{I}$ 为 3 阶单位矩阵, 求矩阵 $\boldsymbol{X}$.

解: 移项得 $\boldsymbol{AX}(\boldsymbol{A}-\boldsymbol{B})-\boldsymbol{BX}(\boldsymbol{A}-\boldsymbol{B})=\boldsymbol{I}$, 即 $(\boldsymbol{A}-\boldsymbol{B})\boldsymbol{X}(\boldsymbol{A}-\boldsymbol{B})=\boldsymbol{I}$, 故

$$\boldsymbol{X}=\left((\boldsymbol{A}-\boldsymbol{B})^2\right)^{-1}=\left(\begin{pmatrix}1&-1&-1\\0&1&-1\\0&0&1\end{pmatrix}^2\right)^{-1}=\begin{pmatrix}1&-2&-1\\0&1&-2\\0&0&1\end{pmatrix}^{-1}=\begin{pmatrix}1&2&5\\0&1&2\\0&0&1\end{pmatrix}.$$

□

例 3.25 (2002) 已知 $\boldsymbol{A}, \boldsymbol{B}$ 为 3 阶矩阵, 且满足 $2\boldsymbol{A}^{-1}\boldsymbol{B}=\boldsymbol{B}-4\boldsymbol{I}$, 其中 $\boldsymbol{I}$ 是 3 阶单位矩阵.

(1) 证明: 矩阵 $\boldsymbol{A}-2\boldsymbol{I}$ 可逆;

(2) 若 $\boldsymbol{B}=\begin{pmatrix}1&-2&0\\1&2&0\\0&0&2\end{pmatrix}$, 求矩阵 $\boldsymbol{A}$.

解: (1) 由 $2\boldsymbol{A}^{-1}\boldsymbol{B}=\boldsymbol{B}-4\boldsymbol{I}$ 得 $2\boldsymbol{B}=\boldsymbol{AB}-4\boldsymbol{A}$①, 即 $\boldsymbol{AB}-4\boldsymbol{A}-2\boldsymbol{B}=\boldsymbol{0}$, 从而

$$\boldsymbol{0}=\boldsymbol{AB}-4\boldsymbol{A}-2\boldsymbol{B}=(\boldsymbol{A}-2\boldsymbol{I})(\boldsymbol{B}-4\boldsymbol{I})-8\boldsymbol{I}\text{②},$$

即 $(\boldsymbol{A}-2\boldsymbol{I})(\frac{1}{8}(\boldsymbol{B}-4\boldsymbol{I}))=\boldsymbol{I}$, 所以, $\boldsymbol{A}-2\boldsymbol{I}$ 可逆, 且 $(\boldsymbol{A}-2\boldsymbol{I})^{-1}=\frac{1}{8}(\boldsymbol{B}-4\boldsymbol{I})$.

(2) 由 (1), 得

$$\begin{aligned}\boldsymbol{A}&=(\boldsymbol{A}-2\boldsymbol{I})+2\boldsymbol{I}=(\frac{1}{8}(\boldsymbol{B}-4\boldsymbol{I}))^{-1}+2\boldsymbol{I}\\&=8(\boldsymbol{B}-4\boldsymbol{I})^{-1}+2\boldsymbol{I}=\begin{pmatrix}0&2&0\\-1&-1&0\\0&0&-2\end{pmatrix}.\end{aligned}$$

① 左乘 $\boldsymbol{A}$, 消去 $\boldsymbol{A}^{-1}$.
② 十字相乘法.

□

例 3.26 (1995) 设三阶方阵 $\boldsymbol{A},\boldsymbol{B}$ 满足 $\boldsymbol{A}^{-1}\boldsymbol{B}\boldsymbol{A}=6\boldsymbol{A}+\boldsymbol{B}\boldsymbol{A}$, 且 $\boldsymbol{A}=\begin{pmatrix}\frac{1}{3}&0&0\\0&\frac{1}{4}&0\\0&0&\frac{1}{7}\end{pmatrix}$, 则矩阵 $\boldsymbol{B}=$ ________.

解: 由于 $\boldsymbol{A}$ 可逆, 所以在 $\boldsymbol{A}^{-1}\boldsymbol{B}\boldsymbol{A}=6\boldsymbol{A}+\boldsymbol{B}\boldsymbol{A}$ 两边同时右乘 $\boldsymbol{A}^{-1}$①, 得 $\boldsymbol{A}^{-1}\boldsymbol{B}=6\boldsymbol{I}+\boldsymbol{B}$, 其中, $\boldsymbol{I}$ 是单位阵; 从而 $\left(\boldsymbol{A}^{-1}-\boldsymbol{I}\right)\boldsymbol{B}=6\boldsymbol{I}$, 即

$$\boldsymbol{B}=6(\boldsymbol{A}^{-1}-\boldsymbol{I})^{-1}=6\begin{pmatrix}2&0&0\\0&3&0\\0&0&6\end{pmatrix}^{-1}=\begin{pmatrix}3&0&0\\0&2&0\\0&0&1\end{pmatrix}.$$②

□

例 3.27 设 $\boldsymbol{A}=\begin{pmatrix}3&2&2\\0&1&1\\0&0&3\end{pmatrix}$, $\boldsymbol{B}=\begin{pmatrix}1&0&0\\0&0&0\\0&0&-1\end{pmatrix}$, 矩阵 $\boldsymbol{X}$ 满足方程 $\boldsymbol{A}\boldsymbol{X}+2\boldsymbol{B}=\boldsymbol{B}\boldsymbol{A}+2\boldsymbol{X}$, 求 $\boldsymbol{X}^{2\,017}$.

解: 方程变形为 $(\boldsymbol{A}-2\boldsymbol{I})\,\boldsymbol{X}=\boldsymbol{B}\,(\boldsymbol{A}-2\boldsymbol{I})$. 易得 $|\boldsymbol{A}-2\boldsymbol{I}|=\begin{vmatrix}1&2&2\\0&-1&1\\0&0&1\end{vmatrix}=-1\neq 0$, 从而 $\boldsymbol{A}-2\boldsymbol{I}$ 可逆, 因此 $\boldsymbol{X}=(\boldsymbol{A}-2\boldsymbol{I})^{-1}\,\boldsymbol{B}\,(\boldsymbol{A}-2\boldsymbol{I})$, 从而

$$\begin{aligned}\boldsymbol{X}^{2\,017}&=(\boldsymbol{A}-2\boldsymbol{I})^{-1}\,\boldsymbol{B}^{2\,017}\,(\boldsymbol{A}-2\boldsymbol{I})\\&=\begin{pmatrix}1&2&-4\\0&-1&1\\0&0&1\end{pmatrix}\begin{pmatrix}1&0&0\\0&0&0\\0&0&-1\end{pmatrix}\begin{pmatrix}1&2&2\\0&-1&1\\0&0&1\end{pmatrix}=\begin{pmatrix}1&2&6\\0&0&-1\\0&0&-1\end{pmatrix}.\end{aligned}$$

□

例 3.28 设 $\boldsymbol{A}=\begin{pmatrix}a&1&0\\1&a&-1\\0&1&a\end{pmatrix}$ 且 $\boldsymbol{A}^3=\boldsymbol{0}$, 则

(1) 求 a 的值;

(2) 若矩阵 $\boldsymbol{X}$ 满足 $\boldsymbol{X}-\boldsymbol{X}\boldsymbol{A}^2-\boldsymbol{A}\boldsymbol{X}+\boldsymbol{A}\boldsymbol{X}\boldsymbol{A}^2=\boldsymbol{I}$, 其中 $\boldsymbol{I}$ 为三阶单位矩阵, 求 X.

解: (1) 因 $\boldsymbol{A}^3=\boldsymbol{0}$, 从而 $|\boldsymbol{A}|^3=0$③ , 即 $\begin{vmatrix}a&1&0\\1&a&-1\\0&1&a\end{vmatrix}=a^3=0$, 解得 $a=0$.

---

① 消去 $\boldsymbol{A}$.

② 由于 $\boldsymbol{A}$ 是对角阵, 相关计算比较容易, 所以不需要再进一步变形.

③ 也可以由 $\boldsymbol{A}^3=\boldsymbol{0}$ 得出 $\boldsymbol{A}$ 的特征值全部为零, 因此 $|0\boldsymbol{I}-\boldsymbol{A}|=0$.

(2) 矩阵方程 $\boldsymbol{X}-\boldsymbol{X}\boldsymbol{A}^2-\boldsymbol{A}\boldsymbol{X}+\boldsymbol{A}\boldsymbol{X}\boldsymbol{A}^2=\boldsymbol{I}$ 变形得 $(\boldsymbol{I}-\boldsymbol{A})\boldsymbol{X}(\boldsymbol{I}-\boldsymbol{A}^2)=\boldsymbol{I}$, 易得

$$(\boldsymbol{I}-\boldsymbol{A})^{-1}=\begin{pmatrix}1&-1&0\\-1&1&1\\0&-1&1\end{pmatrix}^{-1}=\begin{pmatrix}2&1&-1\\1&1&-1\\1&1&0\end{pmatrix}$$

$$\left(\boldsymbol{I}-\boldsymbol{A}^2\right)^{-1}=\begin{pmatrix}0&0&1\\0&1&0\\-1&0&2\end{pmatrix}^{-1}=\begin{pmatrix}2&0&-1\\0&1&0\\1&0&0\end{pmatrix},$$

因此

$$\boldsymbol{X}=(\boldsymbol{I}-\boldsymbol{A})^{-1}\left(\boldsymbol{I}-\boldsymbol{A}^2\right)^{-1}=\begin{pmatrix}2&1&-1\\1&1&-1\\1&1&0\end{pmatrix}\begin{pmatrix}2&0&-1\\0&1&0\\1&0&0\end{pmatrix}=\begin{pmatrix}3&1&-2\\1&1&-1\\2&1&-1\end{pmatrix}.$$

□

例 3.29 设 $\boldsymbol{A}=\begin{pmatrix}2&0&0\\1&2&0\\1&2&2\end{pmatrix}$, 记 $\boldsymbol{A}^*$ 是 $\boldsymbol{A}$ 的伴随矩阵, 则 $(\boldsymbol{A}^*)^{-1}=$ __________.

解: 显然 $|\boldsymbol{A}|=8$, 故 $\boldsymbol{A}$ 可逆, 因此 $\boldsymbol{A}\boldsymbol{A}^*=|\boldsymbol{A}|\boldsymbol{I}=8\boldsymbol{I}$, 故 $(\boldsymbol{A}^*)^{-1}=\dfrac{1}{8}\boldsymbol{A}=\begin{pmatrix}\frac{1}{4}&0&0\\\frac{1}{8}&\frac{1}{4}&0\\\frac{1}{8}&\frac{1}{4}&\frac{1}{4}\end{pmatrix}$. □

例 3.30 (1998) 设矩阵 $\boldsymbol{A},\boldsymbol{B}$ 满足 $\boldsymbol{A}^*\boldsymbol{B}\boldsymbol{A}=2\boldsymbol{B}\boldsymbol{A}-8\boldsymbol{I}$, 其中 $\boldsymbol{I}$ 是三阶单位矩阵, $\boldsymbol{A}^*$ 是 $\boldsymbol{A}$ 的伴随矩阵, $\boldsymbol{A}=\begin{pmatrix}1&0&0\\0&-2&0\\0&0&1\end{pmatrix}$. 则矩阵 $\boldsymbol{B}=$ ________.

解: 由 $\boldsymbol{A}^*\boldsymbol{A}=|\boldsymbol{A}|\,\boldsymbol{I}=-2\boldsymbol{I}$ 得 $\boldsymbol{A}^*=-2\boldsymbol{A}^{-1}$①;

由 $\boldsymbol{A}^*\boldsymbol{B}\boldsymbol{A}=2\boldsymbol{B}\boldsymbol{A}-8\boldsymbol{I}$ 得 $(\boldsymbol{A}^*-2\boldsymbol{I})\boldsymbol{B}\boldsymbol{A}=-8\boldsymbol{I}$, 所以,

$$\begin{aligned}\boldsymbol{B}&=(\boldsymbol{A}^*-2\boldsymbol{I})^{-1}(-8\boldsymbol{I})\boldsymbol{A}^{-1}=-8(\boldsymbol{A}^*-2\boldsymbol{I})^{-1}\boldsymbol{A}^{-1}\\&=-8(-2\boldsymbol{A}^{-1}-2\boldsymbol{I})^{-1}\boldsymbol{A}^{-1}=\begin{pmatrix}2&0&0\\0&-4&0\\0&0&2\end{pmatrix}.\end{aligned}$$

□

① 拉普拉斯定理的矩阵形式.

例 3.31 设 $\boldsymbol{A}=\begin{pmatrix}1&2&3\\0&1&3\\0&0&1\end{pmatrix}$, $\boldsymbol{B}$ 为三阶矩阵, 且满足方程 $\boldsymbol{A}^*\boldsymbol{B}\boldsymbol{A}=\boldsymbol{I}+2\boldsymbol{A}^{-1}\boldsymbol{B}$, 求矩阵 $\boldsymbol{B}$.

解: 因 $|\boldsymbol{A}|=1$, 从而 $\boldsymbol{A}$ 可逆且 $\boldsymbol{A}^*=|\boldsymbol{A}|\,\boldsymbol{A}^{-1}=\boldsymbol{A}^{-1}$. 从而原方程变为

$$\boldsymbol{A}^{-1}\boldsymbol{B}\boldsymbol{A}=\boldsymbol{I}+2\boldsymbol{A}^{-1}\boldsymbol{B},$$

等式两边同时左乘 $\boldsymbol{A}$, 从而原方程变形为 $\boldsymbol{B}\boldsymbol{A}=\boldsymbol{A}+2\boldsymbol{B}$, 即 $\boldsymbol{B}(\boldsymbol{A}-2\boldsymbol{I})=\boldsymbol{A}$. 易得

$$\boldsymbol{A}-2\boldsymbol{I}=\begin{pmatrix}-1&2&3\\0&-1&3\\0&0&-1\end{pmatrix},(\boldsymbol{A}-2\boldsymbol{I})^{-1}=\begin{pmatrix}-1&-2&-9\\0&-1&-3\\0&0&-1\end{pmatrix},$$

从而 $\boldsymbol{B}=\boldsymbol{A}(\boldsymbol{A}-2\boldsymbol{I})^{-1}=\begin{pmatrix}-1&-4&-18\\0&-1&-6\\0&0&-1\end{pmatrix}$. □

例 3.32 设三阶方阵 $\boldsymbol{A},\boldsymbol{B}$ 满足 $(\boldsymbol{A}^*)^{-1}\boldsymbol{B}=\boldsymbol{A}\boldsymbol{B}\boldsymbol{A}+2\boldsymbol{A}^2$. 已知 $\boldsymbol{A}=\begin{pmatrix}1&2&0\\2&3&0\\1&2&3\end{pmatrix}$. 求 $\boldsymbol{B}$.

解: 首先, $|\boldsymbol{A}|=-3$, 从而由 $\boldsymbol{A}^*\boldsymbol{A}=-3\boldsymbol{I}$ 得 $\boldsymbol{A}^*=-3\boldsymbol{A}^{-1}$, 即 $(\boldsymbol{A}^*)^{-1}=-\dfrac{1}{3}\boldsymbol{A}$.

由 $(\boldsymbol{A}^*)^{-1}\boldsymbol{B}=\boldsymbol{A}\boldsymbol{B}\boldsymbol{A}+2\boldsymbol{A}^2$, 得 $-\dfrac{1}{3}\boldsymbol{B}=\boldsymbol{B}\boldsymbol{A}+2\boldsymbol{A}$①, 即 $\boldsymbol{B}=-3\boldsymbol{B}\boldsymbol{A}-6\boldsymbol{A}$, 即 $\boldsymbol{B}(\boldsymbol{I}+3\boldsymbol{A})=-6\boldsymbol{A}$, 所以,

$$\boldsymbol{B}=-6\boldsymbol{A}(\boldsymbol{I}+3\boldsymbol{A})^{-1}=-6\begin{pmatrix}1&2&0\\2&3&0\\1&2&3\end{pmatrix}\begin{pmatrix}4&6&0\\6&10&0\\3&6&10\end{pmatrix}^{-1}$$

$$=-6\begin{pmatrix}1&2&0\\2&3&0\\1&2&3\end{pmatrix}\begin{pmatrix}\frac{5}{2}&-\frac{3}{2}&0\\-\frac{3}{2}&1&0\\\frac{3}{20}&-\frac{3}{20}&\frac{1}{10}\end{pmatrix}=\begin{pmatrix}3&-3&0\\-3&0&0\\\frac{3}{10}&-\frac{3}{10}&-\frac{9}{5}\end{pmatrix}.$$ □

例 3.33 设矩阵 $\boldsymbol{A}$ 的伴随矩阵 $\boldsymbol{A}^*=\begin{pmatrix}2&0&0&0\\0&2&0&0\\1&0&2&0\\0&-3&0&8\end{pmatrix}$, 且 $\boldsymbol{A}\boldsymbol{B}\boldsymbol{A}^{-1}=\boldsymbol{B}\boldsymbol{A}^{-1}+3\boldsymbol{I}$,

① 左乘 $\boldsymbol{A}^{-1}$.

其中 $\boldsymbol{I}$ 为 4 阶单位矩阵, 求矩阵 $\boldsymbol{B}$.

解: 移项变形得 $(\boldsymbol{A}-\boldsymbol{I})\boldsymbol{B}\boldsymbol{A}^{-1}=3\boldsymbol{I}$, 等式两边先同时左乘 $\boldsymbol{A}^*$, 然后右乘 $\boldsymbol{A}$ 可得 $(|\boldsymbol{A}|\boldsymbol{I}-\boldsymbol{A}^*)\boldsymbol{B}=3|\boldsymbol{A}|\boldsymbol{I}$, 又因 $|\boldsymbol{A}^*|=4^3=|\boldsymbol{A}|^{4-1}$, 故 $|\boldsymbol{A}|=4$ 且

$$\boldsymbol{B}=3|\boldsymbol{A}|(4\boldsymbol{I}-\boldsymbol{A}^*)^{-1}=12\begin{pmatrix}2&0&0&0\\0&2&0&0\\-1&0&2&0\\0&3&0&-4\end{pmatrix}^{-1},$$

记 $\boldsymbol{C}_{11}=\begin{pmatrix}2&0\\0&2\end{pmatrix}$, $\boldsymbol{C}_{21}=\begin{pmatrix}-1&0\\0&3\end{pmatrix}$, $\boldsymbol{C}_{22}=\begin{pmatrix}2&0\\0&-4\end{pmatrix}$, 则 $\boldsymbol{C}_{11}^{-1}=\begin{pmatrix}\frac{1}{2}&0\\0&\frac{1}{2}\end{pmatrix}$, $\boldsymbol{C}_{22}^{-1}=\begin{pmatrix}\frac{1}{2}&0\\0&-\frac{1}{4}\end{pmatrix}$, 且

$$\boldsymbol{B}=12\begin{pmatrix}\boldsymbol{C}_{11}&\boldsymbol{0}\\\boldsymbol{C}_{21}&\boldsymbol{C}_{22}\end{pmatrix}^{-1}=12\begin{pmatrix}\boldsymbol{C}_{11}^{-1}&\boldsymbol{0}\\-\boldsymbol{C}_{22}^{-1}\boldsymbol{C}_{21}\boldsymbol{C}_{11}^{-1}&\boldsymbol{C}_{22}^{-1}\end{pmatrix}$$

$$=12\begin{pmatrix}\frac{1}{2}&0&0&0\\0&\frac{1}{2}&0&0\\\frac{1}{4}&0&\frac{1}{2}&0\\0&\frac{3}{8}&0&-\frac{1}{4}\end{pmatrix}=\begin{pmatrix}6&0&0&0\\0&6&0&0\\3&0&6&0\\0&\frac{9}{2}&0&-3\end{pmatrix}.$$

□

例 3.34 设矩阵 $\boldsymbol{A}=\begin{pmatrix}1&1&1&1\\0&1&-1&b\\2&3&a&3\\3&5&1&5\end{pmatrix}$, $\boldsymbol{A}^*$ 是 $\boldsymbol{A}$ 的伴随矩阵, 求 $r(\boldsymbol{A})$、$r(\boldsymbol{A}^*)$ 和 $\boldsymbol{A}$ 的列向量组的一个极大线性无关组.

解: 由高斯消元法, 得 $\boldsymbol{A}\to\begin{pmatrix}1&1&1&1\\0&1&-1&b\\0&0&a-1&1-b\\0&0&0&2(1-b)\end{pmatrix}$.

若 $a=1$ 且 $b=1$, 则 $\boldsymbol{A}\to\begin{pmatrix}1&1&1&1\\0&1&-1&1\\0&0&0&0\\0&0&0&0\end{pmatrix}$, 故 $r(A)=2$, $r(\boldsymbol{A}^*)=0$ 且 $\boldsymbol{A}$ 的列向量组的一个极大线性无关组为 $(1,0,2,3)^{\mathrm{T}}$, $(1,1,3,5)^{\mathrm{T}}$.

若 $a=1$ 且 $b\neq 1$, 则 $\boldsymbol{A}\to\begin{pmatrix}1&1&1&1\\0&1&-1&b\\0&0&0&1-b\\0&0&0&2(1-b)\end{pmatrix}\to\begin{pmatrix}1&1&1&1\\0&1&-1&b\\0&0&0&1-b\\0&0&0&0\end{pmatrix}$, 故 $r(A)=3$, $r(\boldsymbol{A}^*)=1$ 且 $\boldsymbol{A}$ 的列向量组的一个极大线性无关组为 $(1,0,2,3)^{\mathrm{T}}$, $(1,1,3,5)^{\mathrm{T}}$, $(1,b,3,5)^{\mathrm{T}}$.

若 $a\neq 1$ 且 $b=1$, 则 $\boldsymbol{A}\to\begin{pmatrix}1&1&1&1\\0&1&-1&1\\0&0&a-1&0\\0&0&0&0\end{pmatrix}$, 故 $r(A)=3$, $r(\boldsymbol{A}^*)=1$ 且 $\boldsymbol{A}$ 的列向量组的一个极大线性无关组为 $(1,0,2,3)^{\mathrm{T}}$, $(1,1,3,5)^{\mathrm{T}}$, $(1,-1,a,1)^{\mathrm{T}}$.

若 $a\neq 1$ 且 $b\neq 1$, 则 $\boldsymbol{A}\to\begin{pmatrix}1&1&1&1\\0&1&-1&b\\0&0&a-1&1-b\\0&0&0&2(1-b)\end{pmatrix}$, 故 $r(A)=4$, $r(\boldsymbol{A}^*)=4$ 且 $\boldsymbol{A}$ 的列向量组的一个极大线性无关组为 $(1,0,2,3)^{\mathrm{T}}$, $(1,1,3,5)^{\mathrm{T}}$, $(1,-1,a,1)^{\mathrm{T}}$, $(1,b,3,5)^{\mathrm{T}}$. □

例 3.35 (2005) 设 $\boldsymbol{A}$ 是 $n\ (n\geqslant 2)$ 阶可逆矩阵, 交换 $\boldsymbol{A}$ 的第 1 行与第 2 行得矩阵 $\boldsymbol{B}$. $\boldsymbol{A}^*,\boldsymbol{B}^*$ 分别为 $\boldsymbol{A},\boldsymbol{B}$ 的伴随矩阵, 则下列说法正确的是 (　　).

(A) 交换 $\boldsymbol{A}^*$ 的第 1 列与第 2 列得 $\boldsymbol{B}^*$

(B) 交换 $\boldsymbol{A}^*$ 的第 1 行与第 2 行得 $\boldsymbol{B}^*$

(C) 交换 $\boldsymbol{A}^*$ 的第 1 列与第 2 列得 $-\boldsymbol{B}^*$

(D) 交换 $\boldsymbol{A}^*$ 的第 1 行与第 2 行得 $-\boldsymbol{B}^*$

解: 设 $\boldsymbol{P}$ 是交换 n 阶单位矩阵 $\boldsymbol{I}$ 的第 1,2 两行得到的初等矩阵, 则 $\boldsymbol{PA}=\boldsymbol{B}$; 又 $\boldsymbol{A},\boldsymbol{B}$ 均可逆, 因此 $\boldsymbol{B}^*=|\boldsymbol{B}|\,\boldsymbol{B}^{-1}=-|\boldsymbol{A}|\,\boldsymbol{A}^{-1}\boldsymbol{P}^{-1}=-\boldsymbol{A}^*\boldsymbol{P}$, 即 $-\boldsymbol{B}^*=\boldsymbol{A}^*\boldsymbol{P}$, 从而 (C) 正确.[①] □

例 3.36 任意三维实列向量都可以由向量组 $\boldsymbol{\alpha}_1=(1,0,1)^{\mathrm{T}}$, $\boldsymbol{\alpha}_2=(1,-2,3)^{\mathrm{T}}$, $\boldsymbol{\alpha}_3=(t,1,2)^{\mathrm{T}}$ 线性表示, 则 t 的取值范围是________.

解: 因任意三维实列向量都可以由向量组 $\boldsymbol{\alpha}_1$, $\boldsymbol{\alpha}_2$, $\boldsymbol{\alpha}_3$ 线性表示, 从而 3 维初始单位向量组 $\boldsymbol{e}_1$, $\boldsymbol{e}_2$, $\boldsymbol{e}_3$ 可以由 $\boldsymbol{\alpha}_1$, $\boldsymbol{\alpha}_2$, $\boldsymbol{\alpha}_3$ 线性表示, 因此

$$r(\boldsymbol{\alpha}_1,\boldsymbol{\alpha}_2,\boldsymbol{\alpha}_3)=r(\boldsymbol{\alpha}_1,\boldsymbol{\alpha}_2,\boldsymbol{\alpha}_3,\boldsymbol{e}_1,\boldsymbol{e}_2,\boldsymbol{e}_3)=3,$$

即 $\begin{vmatrix}1&1&t\\0&-2&1\\1&3&2\end{vmatrix}=2(t-3)\neq 0$, 因此 t 的取值范围是 $(-\infty,3)\cup(3,+\infty)$. □

① 定理 3.1 和拉普拉斯定理的综合应用.

例 3.37 设向量组 $\boldsymbol{\beta}_1,\boldsymbol{\beta}_2,\boldsymbol{\beta}_3$ 和向量组 $\boldsymbol{\alpha}_1,\boldsymbol{\alpha}_2$ 满足 $\begin{cases}\boldsymbol{\beta}_1=\boldsymbol{\alpha}_1+\boldsymbol{\alpha}_2\\ \boldsymbol{\beta}_2=2\boldsymbol{\alpha}_1+3\boldsymbol{\alpha}_1\\ \boldsymbol{\beta}_3=3\boldsymbol{\alpha}_1-\boldsymbol{\alpha}_2\end{cases}$，证明 $\boldsymbol{\beta}_1,\boldsymbol{\beta}_2,\boldsymbol{\beta}_3$ 线性相关.

证明: 令 $\boldsymbol{A}=(\boldsymbol{\alpha}_1,\boldsymbol{\alpha}_2),\boldsymbol{B}=(\boldsymbol{\beta}_1,\boldsymbol{\beta}_2,\boldsymbol{\beta}_3),\boldsymbol{C}=\begin{pmatrix}1&2&3\\1&3&-1\end{pmatrix}$. 则 $\boldsymbol{AC}=\boldsymbol{B}$. 因

$$r(\boldsymbol{B})=r(\boldsymbol{AC})\leqslant\min\{r(\boldsymbol{A}),r(\boldsymbol{C})\}\leqslant 2,$$

从而 $\boldsymbol{\beta}_1,\boldsymbol{\beta}_2,\boldsymbol{\beta}_3$ 线性相关. □

例 3.38 设 $\boldsymbol{\alpha}_1,\boldsymbol{\alpha}_2,\boldsymbol{\alpha}_3$ 是非齐次线性方程组 $\boldsymbol{Ax}=\boldsymbol{b}$ 的解, 如果 $\sum\limits_{i=1}^{3}c_i\boldsymbol{\alpha}_i$ 也是 $\boldsymbol{Ax}=\boldsymbol{b}$ 的解, 则 $\sum\limits_{i=1}^{3}c_i=$ ________.

解: 因 $\sum\limits_{i=1}^{3}c_i\boldsymbol{\alpha}_i$ 也是 $\boldsymbol{Ax}=\boldsymbol{b}$ 的解, 所以 $\boldsymbol{A}\sum\limits_{i=1}^{3}c_i\boldsymbol{\alpha}_i=\sum\limits_{i=1}^{3}c_i\boldsymbol{A}\boldsymbol{\alpha}_i=\left(\sum\limits_{i=1}^{3}c_i\right)\boldsymbol{b}=\boldsymbol{b}$. 因为 $\boldsymbol{Ax}=\boldsymbol{b}$ 是非齐次线性方程组, 从而 $\boldsymbol{b}\neq\boldsymbol{0}$, 故 $\sum\limits_{i=1}^{3}c_i=1$. □

例 3.39 已知三阶方阵 $\boldsymbol{A}$ 的秩为 2, 设 $\boldsymbol{\alpha}_1=(2,2,0)^{\mathrm{T}},\boldsymbol{\alpha}_2=(3,3,1)^{\mathrm{T}}$ 是非齐次线性方程组 $\boldsymbol{Ax}=\boldsymbol{b}$ 的解, 则导出组 $\boldsymbol{Ax}=\boldsymbol{0}$ 的基础解系为 ________.

解: 因系数矩阵 $r(\boldsymbol{A})=2$, 从而 $\boldsymbol{Ax}=\boldsymbol{0}$ 的基础解系中向量个数为 1, 显然 $\boldsymbol{\alpha}_2-\boldsymbol{\alpha}_1=(1,1,1)^{\mathrm{T}}$ 是 $\boldsymbol{Ax}=\boldsymbol{0}$ 的一个非零解, 从而 $(1,1,1)^{\mathrm{T}}$ 是 $\boldsymbol{Ax}=\boldsymbol{0}$ 的一个基础解系. □

例 3.40 (1990) 已知 $\boldsymbol{\beta}_1,\boldsymbol{\beta}_2$ 是非齐次线性方程组 $\boldsymbol{Ax}=\boldsymbol{b}$ 的两个不同的解①, $\boldsymbol{\alpha}_1,\boldsymbol{\alpha}_2$ 是对应的齐次线性方程组 $\boldsymbol{Ax}=\boldsymbol{0}$ 的基础解系, k_1,k_2 为任意常数. 则方程组 $\boldsymbol{Ax}=\boldsymbol{b}$ 的通解必是 (　　).

(A) $k_1\boldsymbol{\alpha}_1+k_2(\boldsymbol{\alpha}_1+\boldsymbol{\alpha}_2)+\dfrac{\boldsymbol{\beta}_1-\boldsymbol{\beta}_2}{2}$　　(B) $k_1\boldsymbol{\alpha}_1+k_2(\boldsymbol{\alpha}_1-\boldsymbol{\alpha}_2)+\dfrac{\boldsymbol{\beta}_1+\boldsymbol{\beta}_2}{2}$

(C) $k_1\boldsymbol{\alpha}_1+k_2(\boldsymbol{\beta}_1+\boldsymbol{\beta}_2)+\dfrac{\boldsymbol{\beta}_1-\boldsymbol{\beta}_2}{2}$　　(D) $k_1\boldsymbol{\alpha}_1+k_2(\boldsymbol{\beta}_1-\boldsymbol{\beta}_2)+\dfrac{\boldsymbol{\beta}_1+\boldsymbol{\beta}_2}{2}$

解: 由 $\boldsymbol{A\beta}_1=\boldsymbol{b}$ 和 $\boldsymbol{A\beta}_2=\boldsymbol{b}$, 得 $\dfrac{\boldsymbol{\beta}_1+\boldsymbol{\beta}_2}{2}$ 是 $\boldsymbol{Ax}=\boldsymbol{b}$ 的一个解; 从而, 只可能是 (B) 或 (D); 虽然 $\boldsymbol{\beta}_1-\boldsymbol{\beta}_2$ 是导出组的解, 但未必与 $\boldsymbol{\alpha}_1$ 线性无关, 所以, 只能选 (B). □

例 3.41 (2000) 已知方程组 $\begin{pmatrix}1&2&1\\2&3&a+2\\1&a&-2\end{pmatrix}\begin{pmatrix}x_1\\x_2\\x_3\end{pmatrix}=\begin{pmatrix}1\\3\\0\end{pmatrix}$ 无解, 则 $a=$ ________.

① 线性方程组的矩阵形式.

解： 方法一: 对增广矩阵作初等行变换, 得

$$\begin{pmatrix}1&2&1&1\\2&3&a+2&3\\1&a&-2&0\end{pmatrix}\to\begin{pmatrix}1&2&1&1\\0&-1&a&1\\0&0&(a-3)(a+1)&a-3\end{pmatrix}.$$

所以, 当 $a\neq 3$ 且 $a\neq -1$ 时, 系数矩阵与增广矩阵的秩都等于 3, 此时线性方程组有唯一解.

当 $a=3$ 时, 系数矩阵与增广矩阵的秩都等于 2, 此时线性方程组有无穷多个解.

当 $a=-1$ 时, 系数矩阵的秩为 2, 增广矩阵的秩为 3, 此时线性方程组无解.

综上所述, $a=-1$.

方法二: 由 $\begin{vmatrix}1&2&1\\2&3&a+2\\1&a&-2\end{vmatrix}=-(a+1)(a-3)=0$, 得 $a=3$ 或 $a=-1$.①

当 $a=3$ 时, 系数矩阵与增广矩阵的秩都等于 2, 此时线性方程组有无穷多个解.

当 $a=-1$ 时, 系数矩阵的秩为 2, 增广矩阵的秩为 3, 此时线性方程组无解.

综上所述, $a=-1$.

□

例 3.42 线性方程组 $\boldsymbol{Ax}=\boldsymbol{\beta}_1+k\boldsymbol{\beta}_2$, 其中 $\boldsymbol{A}=\begin{pmatrix}1&1&-1\\-1&-2&1\\1&-1&-1\end{pmatrix}$, $\boldsymbol{\beta}_1=\begin{pmatrix}2\\1\\3\end{pmatrix}$, $\boldsymbol{\beta}_2=\begin{pmatrix}1\\3\\-1\end{pmatrix}$, 试讨论 k 为何值时, 方程组无解、有解; 若有解, 求出其通解.

解： 用高斯消元法把增广矩阵化为阶梯形矩阵, 得

$$\tilde{\boldsymbol{A}}=\begin{pmatrix}1&1&-1&k+2\\-1&-2&1&3k+1\\1&-1&-1&3-k\end{pmatrix}\to\begin{pmatrix}1&1&-1&k+2\\0&-1&0&4k+3\\0&0&0&-5(2k+1)\end{pmatrix},$$

因此原方程组有解当且仅当 $k=-\dfrac{1}{2}$; 无解当且仅当 $k\neq-\dfrac{1}{2}$.

当 $k=-\dfrac{1}{2}$ 时, 进一步把增广矩阵化为简化阶梯形矩阵, 得

$$\tilde{\boldsymbol{A}}\to\begin{pmatrix}1&1&-1&\frac{3}{2}\\0&-1&0&1\\0&0&0&0\end{pmatrix}\to\begin{pmatrix}1&0&-1&\frac{5}{2}\\0&1&0&-1\\0&0&0&0\end{pmatrix},$$

记 $\boldsymbol{\eta}=\left(\dfrac{5}{2},-1,0\right)^{\mathrm{T}}$, $\boldsymbol{\xi}=(1,0,1)^{\mathrm{T}}$, 此时原方程组的通解为 $\boldsymbol{\eta}+c\boldsymbol{\xi}$, 其中 c 是任意常数. □

① 如果此时系数矩阵的行列式不为 0, 则系数矩阵可逆, 从而有唯一解.

例 3.43 (1991) 设有三维列向量

$$\boldsymbol{\alpha}_1=(1+\lambda,1,1)^{\mathrm{T}},\quad \boldsymbol{\alpha}_2=(1,1+\lambda,1)^{\mathrm{T}},$$
$$\boldsymbol{\alpha}_3=(1,1,1+\lambda)^{\mathrm{T}},\quad \boldsymbol{\beta}=(0,\lambda,\lambda^2)^{\mathrm{T}}.$$

问 λ 取何值时:

(1) $\boldsymbol{\beta}$ 可由 $\boldsymbol{\alpha}_1,\boldsymbol{\alpha}_2,\boldsymbol{\alpha}_3$ 线性表出, 且表达式唯一;

(2) $\boldsymbol{\beta}$ 可由 $\boldsymbol{\alpha}_1,\boldsymbol{\alpha}_2,\boldsymbol{\alpha}_3$ 线性表出, 且表达式不唯一;

(3) $\boldsymbol{\beta}$ 不可由 $\boldsymbol{\alpha}_1,\boldsymbol{\alpha}_2,\boldsymbol{\alpha}_3$ 线性表出.

解: 该问题等价于判断非齐次线性方程组 $x_1\boldsymbol{\alpha}_1+x_2\boldsymbol{\alpha}_2+x_3\boldsymbol{\alpha}_3=\boldsymbol{\beta}$ 的解的存在性.

方法一: 把第 2, 3 列加到第 1 列, 可提出公因子 $\lambda+3$, 从而系数矩阵的行列式为①

$$|\boldsymbol{A}|=\begin{vmatrix}3+\lambda & 1 & 1\\ 3+\lambda & 1+\lambda & 1\\ 3+\lambda & 1 & 1+\lambda\end{vmatrix}=\lambda^2(3+\lambda).$$

所以, 当 $\lambda^2(\lambda+3)\neq 0$, 即 $\lambda\neq 0$ 且 $\lambda\neq -3$ 时, 系数矩阵可逆, 从而原方程组有唯一解, 即 $\boldsymbol{\beta}$ 可由 $\boldsymbol{\alpha}_1,\boldsymbol{\alpha}_2,\boldsymbol{\alpha}_3$ 线性表出, 且表达式唯一.

当 $\lambda=0$ 时, 用初等行变换把增广矩阵化为阶梯形矩阵, 得 $\widetilde{\boldsymbol{A}}\to\begin{pmatrix}1&1&1&0\\0&0&0&0\\0&0&0&0\end{pmatrix}$, 从而 $r(\boldsymbol{A})=r(\widetilde{\boldsymbol{A}})=1$, 故此时 $\boldsymbol{\beta}$ 可由 $\boldsymbol{\alpha}_1,\boldsymbol{\alpha}_2,\boldsymbol{\alpha}_3$ 线性表出, 且表达式不唯一.

当 $\lambda=-3$ 时, 用初等行变换把增广矩阵化为阶梯形矩阵, 得

$$\widetilde{\boldsymbol{A}}\to\begin{pmatrix}1&1&-2&9\\0&-3&3&-12\\0&0&0&6\end{pmatrix}.$$

从而 $r(\boldsymbol{A})=2<r(\widetilde{\boldsymbol{A}})=3$, 故此时 $\boldsymbol{\beta}$ 不可由 $\boldsymbol{\alpha}_1,\boldsymbol{\alpha}_2,\boldsymbol{\alpha}_3$ 线性表出.

方法二: 对增广矩阵作初等行变换, 得②

$$\widetilde{\boldsymbol{A}}=\begin{pmatrix}1+\lambda&1&1&0\\1&1+\lambda&1&\lambda\\1&1&1+\lambda&\lambda^2\end{pmatrix}$$
$$\to\begin{pmatrix}1&1&1+\lambda&\lambda^2\\0&\lambda&-\lambda&\lambda-\lambda^2\\0&0&-\lambda(\lambda+3)&\lambda(1-2\lambda-\lambda^2)\end{pmatrix}.$$

① 系数矩阵是方阵.

② 不要让未知参数出现在分母上. 可以先交换第 1, 3 行.

由此可知, 当 $\lambda^2(\lambda+3)\neq 0$, 即 $\lambda\neq 0$ 且 $\lambda\neq -3$ 时, 有 $r(\boldsymbol{A})=r(\widetilde{\boldsymbol{A}})=3$, 因此原方程组有唯一解, 即 $\boldsymbol{\beta}$ 可由 $\boldsymbol{\alpha}_1,\boldsymbol{\alpha}_2,\boldsymbol{\alpha}_3$ 线性表出, 且表达式唯一.

当 $\lambda=0$ 时, 用初等行变换把增广矩阵化为阶梯形矩阵, 得 $\widetilde{\boldsymbol{A}}\to\begin{pmatrix}1&1&1&0\\0&0&0&0\\0&0&0&0\end{pmatrix}$, 从而 $r(\boldsymbol{A})=r(\widetilde{\boldsymbol{A}})=1<3$, 故此时 $\boldsymbol{\beta}$ 可由 $\boldsymbol{\alpha}_1,\boldsymbol{\alpha}_2,\boldsymbol{\alpha}_3$ 线性表出, 且表达式不唯一.

当 $\lambda=-3$ 时, 用初等行变换把增广矩阵化为阶梯形矩阵, 得

$$\widetilde{\boldsymbol{A}}\to\begin{pmatrix}1&1&-2&9\\0&-3&3&-12\\0&0&0&6\end{pmatrix},$$

从而 $r(\boldsymbol{A})=2<r(\widetilde{\boldsymbol{A}})=3$, 故此时原方程组没有解, 即 $\boldsymbol{\beta}$ 不可由 $\boldsymbol{\alpha}_1,\boldsymbol{\alpha}_2,\boldsymbol{\alpha}_3$ 线性表出. □

例 3.44 设 $\boldsymbol{A}$ 是 $s\times n$ 型矩阵, 秩 $r(\boldsymbol{A})=n-1$, $\boldsymbol{\beta}$ 是 s 维非零列向量. 如果 $\boldsymbol{x}_1,\boldsymbol{x}_2$ 是线性方程组 $\boldsymbol{A}\boldsymbol{x}=\boldsymbol{\beta}$ 的两个不同的解, 证明:(1) $\boldsymbol{x}_1,\boldsymbol{x}_2$ 线性无关;(2) 写出 $\boldsymbol{A}\boldsymbol{x}=\boldsymbol{\beta}$ 的通解.

解: (1) 因为 $\boldsymbol{\beta}$ 是非零列向量, 显然 $\boldsymbol{x}_1,\boldsymbol{x}_2$ 都是非零向量. 若 $\boldsymbol{x}_1,\boldsymbol{x}_2$ 线性相关, 则两个向量成比例, 不妨设 $\boldsymbol{x}_1=k\boldsymbol{x}_2$, 显然 $k\neq 0$. 则 $\boldsymbol{\beta}=\boldsymbol{A}\boldsymbol{x}_1=\boldsymbol{A}(k\boldsymbol{x}_2)=k\boldsymbol{\beta}$, 因 $\boldsymbol{\beta}\neq\boldsymbol{0}$, 从而 $k=1$, 与 $\boldsymbol{x}_1\neq\boldsymbol{x}_2$ 矛盾. 从而 $\boldsymbol{x}_1,\boldsymbol{x}_2$ 线性无关.

(2) 因 $r(\boldsymbol{A})=n-1$, 从而 $\boldsymbol{A}\boldsymbol{x}=\boldsymbol{0}$ 的基础解系只有一个向量. 因此 $\boldsymbol{x}_1-\boldsymbol{x}_2$ 构成了该齐次方程的一个基础解系. 故 $\boldsymbol{A}\boldsymbol{x}=\boldsymbol{\beta}$ 的通解为 $\boldsymbol{x}_1+c(\boldsymbol{x}_1-\boldsymbol{x}_2)$, c 为任意常数. □

例 3.45 设 $\boldsymbol{\eta}$ 是线性方程组 $\boldsymbol{A}\boldsymbol{x}=\boldsymbol{b}(\boldsymbol{b}\neq\boldsymbol{0})$ 的一个解, $\boldsymbol{\xi}_1,\boldsymbol{\xi}_2$ 是导出组 $\boldsymbol{A}\boldsymbol{x}=\boldsymbol{0}$ 的一个基础解系, 证明 $\boldsymbol{\eta},\boldsymbol{\eta}+\boldsymbol{\xi}_1,\boldsymbol{\eta}+\boldsymbol{\xi}_2$ 线性无关.

解: 由题意知 $\boldsymbol{\xi}_1,\boldsymbol{\xi}_2$ 线性无关. 设 $\boldsymbol{\eta},\boldsymbol{\xi}_1,\boldsymbol{\xi}_2$ 线性相关, 则 $\boldsymbol{\eta}$ 可由 $\boldsymbol{\xi}_1,\boldsymbol{\xi}_2$ 唯一线性表出, 即存在 k_1,k_2 使得 $\boldsymbol{\eta}=k_1\boldsymbol{\xi}_1+k_2\boldsymbol{\xi}_2$, 因此 $\boldsymbol{A}\boldsymbol{\eta}=k_1\boldsymbol{A}\boldsymbol{\xi}_1+k_2\boldsymbol{A}\boldsymbol{\xi}_2=\boldsymbol{0}$, 与 $\boldsymbol{\eta}$ 是线性方程组 $\boldsymbol{A}\boldsymbol{x}=\boldsymbol{b}(\boldsymbol{b}\neq\boldsymbol{0})$ 的一个解矛盾. 因此假设不成立, 即 $\boldsymbol{\eta},\boldsymbol{\xi}_1,\boldsymbol{\xi}_2$ 线性无关.

因 $\begin{pmatrix}\boldsymbol{\eta}&\boldsymbol{\eta}+\boldsymbol{\xi}_1&\boldsymbol{\eta}+\boldsymbol{\xi}_2\end{pmatrix}=\begin{pmatrix}\boldsymbol{\eta}&\boldsymbol{\xi}_1&\boldsymbol{\xi}_2\end{pmatrix}\begin{pmatrix}1&1&1\\0&1&0\\0&0&1\end{pmatrix}$, 且 $\begin{pmatrix}1&1&1\\0&1&0\\0&0&1\end{pmatrix}$ 是可逆矩阵, 故

$$r\begin{pmatrix}\boldsymbol{\eta}&\boldsymbol{\eta}+\boldsymbol{\xi}_1&\boldsymbol{\eta}+\boldsymbol{\xi}_2\end{pmatrix}=r\begin{pmatrix}\boldsymbol{\eta}&\boldsymbol{\xi}_1&\boldsymbol{\xi}_2\end{pmatrix}=3,$$

因此 $\boldsymbol{\eta},\boldsymbol{\eta}+\boldsymbol{\xi}_1,\boldsymbol{\eta}+\boldsymbol{\xi}_2$ 线性无关. □

例 3.46 已知 $\boldsymbol{\alpha}_1,\boldsymbol{\alpha}_2,\boldsymbol{\alpha}_3\in\mathbb{R}^n, n\geqslant 4$ 是 $\boldsymbol{A}\boldsymbol{x}=\boldsymbol{0}$ 的一个基础解系, 且 $\boldsymbol{\beta}\in\mathbb{R}^n$ 不是 $\boldsymbol{A}\boldsymbol{x}=\boldsymbol{0}$ 的解. 证明 $\boldsymbol{\beta},\boldsymbol{\alpha}_1+\boldsymbol{\beta},\boldsymbol{\alpha}_2+\boldsymbol{\beta},\boldsymbol{\alpha}_3+\boldsymbol{\beta}$ 线性无关.

解: 因 $\boldsymbol{\alpha}_1,\boldsymbol{\alpha}_2,\boldsymbol{\alpha}_3$ 线性无关, 若 $\boldsymbol{\beta},\boldsymbol{\alpha}_1,\boldsymbol{\alpha}_2,\boldsymbol{\alpha}_3$ 线性相关, 则 $\boldsymbol{\beta}$ 可由 $\boldsymbol{\alpha}_1,\boldsymbol{\alpha}_2,\boldsymbol{\alpha}_3$ 线性表示. 从而 $\boldsymbol{\beta}$ 是 $\boldsymbol{Ax}=\boldsymbol{0}$ 的解. 与题目已知矛盾. 从而 $\boldsymbol{\beta},\boldsymbol{\alpha}_1,\boldsymbol{\alpha}_2,\boldsymbol{\alpha}_3$ 线性无关.

因 $(\boldsymbol{\beta},\boldsymbol{\alpha}_1+\boldsymbol{\beta},\boldsymbol{\alpha}_2+\boldsymbol{\beta},\boldsymbol{\alpha}_3+\boldsymbol{\beta})=(\boldsymbol{\beta},\boldsymbol{\alpha}_1,\boldsymbol{\alpha}_2,\boldsymbol{\alpha}_3)\begin{pmatrix}1&1&1&1\\0&1&0&0\\0&0&1&0\\0&0&0&1\end{pmatrix}$, 且 $\begin{pmatrix}1&1&1&1\\0&1&0&0\\0&0&1&0\\0&0&0&1\end{pmatrix}$ 可逆, 从而

$$r(\boldsymbol{\beta},\boldsymbol{\alpha}_1+\boldsymbol{\beta},\boldsymbol{\alpha}_2+\boldsymbol{\beta},\boldsymbol{\alpha}_3+\boldsymbol{\beta})=r(\boldsymbol{\beta},\boldsymbol{\alpha}_1,\boldsymbol{\alpha}_2,\boldsymbol{\alpha}_3)=4.$$

从而 $\boldsymbol{\beta},\boldsymbol{\alpha}_1+\boldsymbol{\beta},\boldsymbol{\alpha}_2+\boldsymbol{\beta},\boldsymbol{\alpha}_3+\boldsymbol{\beta}$ 线性无关. □

例 3.47 设 $\boldsymbol{A}$ 是一个 3 阶方阵且存在向量 $\boldsymbol{\alpha}_1,\boldsymbol{\alpha}_2,\boldsymbol{\alpha}_3$, 其中 $\boldsymbol{\alpha}_3\neq\boldsymbol{0}$, 使得 $\boldsymbol{A\alpha}_1=\boldsymbol{\alpha}_2$, $\boldsymbol{A\alpha}_2=\boldsymbol{\alpha}_3$, $\boldsymbol{A\alpha}_3=\boldsymbol{0}$. (1) 证明 $\boldsymbol{\alpha}_1,\boldsymbol{\alpha}_2,\boldsymbol{\alpha}_3$ 是线性无关的; (2) 证明 $\boldsymbol{A}^3=\boldsymbol{0}$.

解: (1) 不妨设存在数 k_1,k_2,k_3 使得 $k_1\boldsymbol{\alpha}_1+k_2\boldsymbol{\alpha}_2+k_3\boldsymbol{\alpha}_3=\boldsymbol{0}$, 则

$$\begin{aligned}\boldsymbol{0}=\boldsymbol{A}^2(k_1\boldsymbol{\alpha}_1+k_2\boldsymbol{\alpha}_2+k_3\boldsymbol{\alpha}_3)&=k_1\boldsymbol{A}^2\boldsymbol{\alpha}_1+k_2\boldsymbol{A}^2\boldsymbol{\alpha}_2+k_3\boldsymbol{A}^2\boldsymbol{\alpha}_3\\&=k_1\boldsymbol{A}^2\boldsymbol{\alpha}_1=k_1\boldsymbol{\alpha}_3.\end{aligned}$$

因 $\boldsymbol{\alpha}_3\neq\boldsymbol{0}$, 故 $k_1=0$. 进一步地,

$$\begin{aligned}\boldsymbol{0}=\boldsymbol{A}(k_1\boldsymbol{\alpha}_1+k_2\boldsymbol{\alpha}_2+k_3\boldsymbol{\alpha}_3)&=k_1\boldsymbol{A\alpha}_1+k_2\boldsymbol{A\alpha}_2+k_3\boldsymbol{A\alpha}_3\\&=k_1\boldsymbol{A\alpha}_1+k_2\boldsymbol{A\alpha}_2=k_2\boldsymbol{\alpha}_3.\end{aligned}$$

因此 $k_2=0$. 类似可得 $k_1=k_2=k_3=0$. 因此 $\boldsymbol{\alpha}_1,\boldsymbol{\alpha}_2,\boldsymbol{\alpha}_3$ 是线性无关的.

(2) 根据 (1) 中的结果, 可知 $\boldsymbol{\alpha}_1,\boldsymbol{\alpha}_2,\boldsymbol{\alpha}_3$ 是 $\boldsymbol{A}^3\boldsymbol{x}=\boldsymbol{0}$ 的 3 个线性无关的解, 显然是一个基础解系. 从而 $r(\boldsymbol{A}^3)=0$, 也就是 $\boldsymbol{A}^3=\boldsymbol{0}$.① □

例 3.48 (1994) 已知向量组 $\boldsymbol{\alpha}_1,\boldsymbol{\alpha}_2,\boldsymbol{\alpha}_3,\boldsymbol{\alpha}_4$ 线性无关. 则下列说法正确的是 ( ).

(A) 向量组 $\boldsymbol{\alpha}_1+\boldsymbol{\alpha}_2,\boldsymbol{\alpha}_2+\boldsymbol{\alpha}_3,\boldsymbol{\alpha}_3+\boldsymbol{\alpha}_4,\boldsymbol{\alpha}_4+\boldsymbol{\alpha}_1$ 线性无关

(B) 向量组 $\boldsymbol{\alpha}_1-\boldsymbol{\alpha}_2,\boldsymbol{\alpha}_2-\boldsymbol{\alpha}_3,\boldsymbol{\alpha}_3-\boldsymbol{\alpha}_4,\boldsymbol{\alpha}_4-\boldsymbol{\alpha}_1$ 线性无关

(C) 向量组 $\boldsymbol{\alpha}_1+\boldsymbol{\alpha}_2,\boldsymbol{\alpha}_2+\boldsymbol{\alpha}_3,\boldsymbol{\alpha}_3+\boldsymbol{\alpha}_4,\boldsymbol{\alpha}_4-\boldsymbol{\alpha}_1$ 线性无关

(D) 向量组 $\boldsymbol{\alpha}_1+\boldsymbol{\alpha}_2,\boldsymbol{\alpha}_2+\boldsymbol{\alpha}_3,\boldsymbol{\alpha}_3-\boldsymbol{\alpha}_4,\boldsymbol{\alpha}_4-\boldsymbol{\alpha}_1$ 线性无关

解: 由于 $\boldsymbol{\alpha}_1,\boldsymbol{\alpha}_2,\boldsymbol{\alpha}_3,\boldsymbol{\alpha}_4$ 线性无关, 所以, 对于各选项中的向量组, 只需考虑相应的矩阵的秩.②

---

① 因 $\boldsymbol{\alpha}_1$, $\boldsymbol{\alpha}_2$, $\boldsymbol{\alpha}_3$ 线性无关, 故 $\boldsymbol{B}=(\boldsymbol{\alpha}_1,\boldsymbol{\alpha}_2,\boldsymbol{\alpha}_3)$ 可逆, 且 $\boldsymbol{A}^3\boldsymbol{B}=(\boldsymbol{A}^3\boldsymbol{\alpha}_1,\boldsymbol{A}^3\boldsymbol{\alpha}_2,\boldsymbol{A}^3\boldsymbol{\alpha}_3)=\boldsymbol{0}$, 因此 $\boldsymbol{A}^3=\boldsymbol{0}$.

② 利用命题 2.13 较为简便.

对于 (A), 考虑矩阵 $\begin{pmatrix}1&0&0&1\\1&1&0&0\\0&1&1&0\\0&0&1&1\end{pmatrix}$, 直接按第 1 行展开即得其行列式等于 0, 从而, 其秩 $\leqslant 3$, 所以, (A) 中的向量组的秩最多是 3, 从而是线性相关的.①

用类似的方法, 逐个检查得: (C) 正确. □

例 3.49 设 $\boldsymbol{A}, \boldsymbol{P}$ 都是三阶矩阵, 且 $\boldsymbol{P}^{\mathrm{T}}\boldsymbol{AP} = \begin{pmatrix}1&0&0\\0&1&0\\0&0&2\end{pmatrix}$, 令 $\boldsymbol{P} = (\boldsymbol{\alpha}_1, \boldsymbol{\alpha}_2, \boldsymbol{\alpha}_3)$, 设 $\boldsymbol{Q} = (\boldsymbol{\alpha}_1 + \boldsymbol{\alpha}_2, \boldsymbol{\alpha}_2 + \boldsymbol{\alpha}_3, \boldsymbol{\alpha}_3 + \boldsymbol{\alpha}_1)$, 求 $\boldsymbol{Q}^{\mathrm{T}}\boldsymbol{AQ}$.

解: 因 $\boldsymbol{Q} = (\boldsymbol{\alpha}_1 + \boldsymbol{\alpha}_2, \boldsymbol{\alpha}_2 + \boldsymbol{\alpha}_3, \boldsymbol{\alpha}_3 + \boldsymbol{\alpha}_1) = (\boldsymbol{\alpha}_1, \boldsymbol{\alpha}_2, \boldsymbol{\alpha}_3)\begin{pmatrix}1&0&1\\1&1&0\\0&1&1\end{pmatrix} = \boldsymbol{PC}$, 故

$$\boldsymbol{Q}^{\mathrm{T}}\boldsymbol{AQ} = \boldsymbol{C}^{\mathrm{T}}\left(\boldsymbol{P}^{\mathrm{T}}\boldsymbol{AP}\right)\boldsymbol{C} = \begin{pmatrix}1&1&0\\0&1&1\\1&0&1\end{pmatrix}\begin{pmatrix}1&0&0\\0&1&0\\0&0&2\end{pmatrix}\begin{pmatrix}1&0&1\\1&1&0\\0&1&1\end{pmatrix}$$

$$= \begin{pmatrix}1&1&0\\0&1&2\\1&0&2\end{pmatrix}\begin{pmatrix}1&0&1\\1&1&0\\0&1&1\end{pmatrix} = \begin{pmatrix}2&1&1\\1&3&2\\1&2&3\end{pmatrix}.$$

□

例 3.50 计算行列式 $\begin{vmatrix}5&0&4&2\\1&-1&2&1\\4&1&2&0\\1&1&1&1\end{vmatrix} = $ ______.

解: 观察到第 2 列元素零相对较多, 把第 2 行的 1 倍加到第 3, 4 行, 则

$$\begin{vmatrix}5&0&4&2\\1&-1&2&1\\4&1&2&0\\1&1&1&1\end{vmatrix} = \begin{vmatrix}5&0&4&2\\1&-1&2&1\\5&0&4&1\\2&0&3&2\end{vmatrix} = -\begin{vmatrix}5&4&2\\5&4&1\\2&3&2\end{vmatrix}$$

$$\xlongequal{r_1-r_2} -\begin{vmatrix}0&0&1\\5&4&1\\2&3&2\end{vmatrix} = -\begin{vmatrix}5&4\\2&3\end{vmatrix} = -7.$$ □

① 这里用行列式去估计矩阵的秩, 更简便一些.

例 3.51 计算行列式 $D=\begin{vmatrix}3&1&-1&2\\-5&1&3&-4\\2&0&1&-1\\1&-5&3&-3\end{vmatrix}$.

解: 按行按列展开:

$$D\xlongequal{c_3+c_4}\begin{vmatrix}3&1&1&2\\-5&1&-1&-4\\2&0&0&-1\\1&-5&0&-3\end{vmatrix}\xlongequal{c_1+2c_4}\begin{vmatrix}7&1&1&2\\-13&1&-1&-4\\0&0&0&-1\\-5&-5&0&-3\end{vmatrix}$$

$$\xlongequal{\text{按第 3 行展开}}-1\times(-1)^{3+4}\begin{vmatrix}7&1&1\\-13&1&-1\\-5&-5&0\end{vmatrix}\xlongequal{r_2+r_1}\begin{vmatrix}7&1&1\\-6&2&0\\-5&-5&0\end{vmatrix}$$

$$\xlongequal{\text{按第 3 列展开}}1\times(-1)^{1+3}\begin{vmatrix}-6&2\\-5&-5\end{vmatrix}=40.$$

□

例 3.52 计算行列式 $D_4=\begin{vmatrix}1&1&1&1\\1&2&4&8\\1&3&9&27\\1&4&16&64\end{vmatrix}$.

解: 利用范德蒙行列式的结论可得

$$D_4=\begin{vmatrix}1&1&1^2&1^3\\1&2&2^2&2^3\\1&3&3^2&3^3\\1&4&4^2&4^3\end{vmatrix}=(2-1)(3-1)(4-1)(3-2)(4-2)(4-3)=12.$$

□

例 3.53 已知 $\boldsymbol{A}=\begin{pmatrix}a^2&2ab&b^2\\2a&a+b&2b\\1&1&1\end{pmatrix}$, 求 $|\boldsymbol{A}|$.

解: 按行按列展开计算 (展开过程中尽量凑出足够多的零)

$$|\boldsymbol{A}|\xlongequal[c_3-c_1]{c_2-c_1}\begin{vmatrix}a^2&2ab-a^2&b^2-a^2\\2a&b-a&2(b-a)\\1&0&0\end{vmatrix}$$

$$\xlongequal{\text{沿第 3 行展开}} 1\times(-1)^{3+1}\times\begin{vmatrix}2ab-a^2 & b^2-a^2\\ b-a & 2(b-a)\end{vmatrix}$$

$$\xlongequal{\text{第 2 行提出}(b-a)} (b-a)\times\begin{vmatrix}2ab-a^2 & b^2-a^2\\ 1 & 2\end{vmatrix}$$

$$=(b-a)(4ab-a^2-b^2).$$

或者将答案写为 $a^3-5a^2b+5ab^2-b^3$. □

例 3.54 行列式 $\begin{vmatrix}-ab & ac & ae\\ bd & -cd & de\\ bf & cf & -ef\end{vmatrix}=$________.

解: $\begin{vmatrix}-ab & ac & ae\\ bd & -cd & de\\ bf & cf & -ef\end{vmatrix}=adf\begin{vmatrix}-b & c & e\\ b & -c & e\\ b & c & -e\end{vmatrix}=abcdef\begin{vmatrix}-1 & 1 & 1\\ 1 & -1 & 1\\ 1 & 1 & -1\end{vmatrix}=4abcdef.$ □

例 3.55 行列式 $D=\begin{vmatrix}1 & a & 0 & 0\\ -1 & 2-a & a & 0\\ 0 & -2 & 3-a & a\\ 0 & 0 & -3 & 4-a\end{vmatrix}=$________

解: 原行列式为

$$D\xlongequal{r_2+r_1}\begin{vmatrix}1 & a & 0 & 0\\ 0 & 2 & a & 0\\ 0 & -2 & 3-a & a\\ 0 & 0 & -3 & 4-a\end{vmatrix}\xlongequal[r_4+r_3]{r_3+r_2}\begin{vmatrix}1 & a & 0 & 0\\ 0 & 2 & a & 0\\ 0 & 0 & 3 & a\\ 0 & 0 & 0 & 4\end{vmatrix}=24.$$

□

例 3.56 求方程 $\begin{vmatrix}3 & x+2 & x+1\\ x & 1 & 2\\ x^2 & 1 & 4\end{vmatrix}=0$ 的根.

解: 把第 2 行的 -1 倍加到第 3 行, 把第 2 行的 $-(x+2)$ 倍加到第 1 行, 则

$$\begin{vmatrix}3 & x+2 & x+1\\ x & 1 & 2\\ x^2 & 1 & 4\end{vmatrix}=\begin{vmatrix}-(x+3)(x-1) & 0 & -x-3\\ x & 1 & 2\\ x^2-x & 0 & 2\end{vmatrix}=(x-1)(x-2)(x+3),$$

因此原方程有三个单根 $-3, 1, 2$. □

例 3.57 (1999) 记行列式 $\begin{vmatrix}x-2 & x-1 & x-2 & x-3\\ 2x-2 & 2x-1 & 2x-2 & 2x-3\\ 3x-3 & 3x-2 & 4x-5 & 3x-5\\ 4x & 4x-3 & 5x-7 & 4x-3\end{vmatrix}$ 为 $f(x)$. 则方程 $f(x)=$

0 的根的个数为 ________.

解: 分别把第 1 列的 -1 倍加到第 2, 3, 4 列, 则

$$f(x)=\begin{vmatrix} x-2 & 1 & 0 & -1 \\ 2x-2 & 1 & 0 & -1 \\ 3x-3 & 1 & x-2 & -2 \\ 4x & -3 & x-7 & -3 \end{vmatrix} \xlongequal{c_4+c_2} \begin{vmatrix} x-2 & 1 & 0 & 0 \\ 2x-2 & 1 & 0 & 0 \\ 3x-3 & 1 & x-2 & -1 \\ 4x & -3 & x-7 & -6 \end{vmatrix}$$

$$=\begin{vmatrix} x-2 & 1 \\ 2x-2 & 1 \end{vmatrix}\begin{vmatrix} x-2 & -1 \\ x-7 & -6 \end{vmatrix}=5x(x-1).\text{①}$$

因此 $f(x)=0$ 的根的个数为 2. □

例 3.58 设 $f(x)=\begin{vmatrix} x-1 & 1 & -1 & 1 \\ -1 & x+1 & -1 & 1 \\ -1 & 1 & x-1 & 1 \\ -1 & 1 & -1 & x+1 \end{vmatrix}$. 求 $f(x)=0$ 的根.

解: 把第 1 行的 -1 倍分别加到第 2, 3, 4 行

$$f(x) \xlongequal[r_4-r_1]{r_2-r_1,r_3-r_1} \begin{vmatrix} x-1 & 1 & -1 & 1 \\ -x & x & 0 & 0 \\ -x & 0 & x & 0 \\ -x & 0 & 0 & x \end{vmatrix} \xlongequal{c_1+c_2+c_3+c_4} \begin{vmatrix} x & 1 & -1 & 1 \\ 0 & x & 0 & 0 \\ 0 & 0 & x & 0 \\ 0 & 0 & 0 & x \end{vmatrix}=x^4.$$

因此 $f(x)=0$ 的根为 $x=0$ (重数为 4). □

例 3.59 求 $f(\lambda)=\begin{vmatrix} \lambda & -2 & 2 \\ -2 & \lambda-4 & -4 \\ 2 & -4 & \lambda+3 \end{vmatrix}=0$ 的根.

解: 方法一: 由行列式的定义, 得

$$\begin{aligned} f(\lambda) &= \lambda(\lambda-4)(\lambda+3)+16+16-4(\lambda-4) \\ &\quad -16\lambda-4(\lambda+3) \\ &= \lambda^3-\lambda^2-36\lambda+36=\lambda^2(\lambda-1)-36(\lambda-1) \\ &= (\lambda-1)(\lambda-6)(\lambda+6), \end{aligned}$$

所以, $f(\lambda)$ 的根为 $\lambda_1=-6, \lambda_2=1, \lambda_3=6$.

---

① 参见推论 3.5.

方法二:

$$D \xlongequal{c_3-2c_1} \begin{vmatrix} \lambda & -2 & 2-2\lambda \\ -2 & \lambda-4 & 0 \\ 2 & -4 & \lambda-1 \end{vmatrix} = (\lambda-1)\begin{vmatrix} \lambda & -2 & -2 \\ -2 & \lambda-4 & 0 \\ 2 & -4 & 1 \end{vmatrix}$$

$$\xlongequal{r_1+2r_3} (\lambda-1)\begin{vmatrix} \lambda+4 & -10 & 0 \\ -2 & \lambda-4 & 0 \\ 2 & -4 & 1 \end{vmatrix} = (\lambda-1)(\lambda-6)(\lambda+6).$$

$f(\lambda)$ 的根为 $\lambda_1=-6, \lambda_2=1, \lambda_3=6$. □

例 3.60 设 $f(x)=\begin{vmatrix} 2x & x & 1 & 2 \\ 1 & x-1 & 1 & -1 \\ 3 & 2 & x & 1 \\ 1 & 1 & 1 & x \end{vmatrix}$. 求 $f(x)$ 中 x^3 的系数.

解: 考虑把 $f(x)$ 按第 1 行展开. 注意到, (1, 3)- 元和 (1, 4)- 元的代数余子式中不可能含有 x^3, 所以, 只需考虑 (1, 1)- 元和 (1, 2)- 元的代数余子式, 即

$$\begin{aligned} f(x) &= (-1)^{1+1}2x\begin{vmatrix} x-1 & 1 & -1 \\ 2 & x & 1 \\ 1 & 1 & x \end{vmatrix} + (-1)^{1+2}x\begin{vmatrix} 1 & 1 & -1 \\ 3 & x & 1 \\ 1 & 1 & x \end{vmatrix} \\ &\quad +(\text{其他不含 } x^3 \text{ 的项}) \\ &= 2x\cdot(x-1)\cdot x\cdot x - x\cdot 1\cdot x\cdot x + (\text{其他不含 } x^3 \text{ 的项}) \\ &= 2x^4-3x^3+(\text{其他不含 } x^3 \text{ 的项}), \end{aligned}$$

所以, $f(x)$ 中 x^3 的系数为 -3.

注: 也可以用行列式的定义去计算. □

例 3.61 设 $f(x)=\begin{vmatrix} 2x & 3 & 1 & 2 \\ x & x & -2 & 1 \\ 2 & 1 & x & 4 \\ x & 2 & 1 & 4x \end{vmatrix}$, 求 x^3 的系数以及常数项.

解: 显然 $f(x)$ 的常数项为

$$f(0)=\begin{vmatrix} 0 & 3 & 1 & 2 \\ 0 & 0 & -2 & 1 \\ 2 & 1 & 0 & 4 \\ 0 & 2 & 1 & 0 \end{vmatrix} = 14.$$

进一步地, 沿第 4 列展开, 得

$$f(x)=-2\begin{vmatrix}x & x & -2\\ 2 & 1 & x\\ x & 2 & 1\end{vmatrix}+\begin{vmatrix}2x & 3 & 1\\ 2 & 1 & x\\ x & 2 & 1\end{vmatrix}-4\begin{vmatrix}2x & 3 & 1\\ x & x & -2\\ x & 2 & 1\end{vmatrix}+4x\begin{vmatrix}2x & 3 & 1\\ x & x & -2\\ 2 & 1 & x\end{vmatrix}$$
$$=-2x^3+4x(2x^3-3x^2)+\text{低阶项}=8x^4-14x^3+\text{低阶项},$$

因此 x^3 的系数为 -14. □

例 3.62 若行列式 $D=\begin{vmatrix}1 & 2 & 3 & 4\\ 0 & 3 & 4 & 6\\ 3 & 4 & 1 & 2\\ 2 & 2 & 2 & 2\end{vmatrix}$, 求 $A_{11}+2A_{21}+A_{31}+2A_{41}$, 其中 A_{ij} 是 a_{ij} 的代数余子式.

解: 利用行列式按行按列展开易得

$$A_{11}+2A_{21}+A_{31}+2A_{41}=\begin{vmatrix}1 & 2 & 3 & 4\\ 2 & 3 & 4 & 6\\ 1 & 4 & 1 & 2\\ 2 & 2 & 2 & 2\end{vmatrix}=2\begin{vmatrix}1 & 2 & 3 & 4\\ 2 & 3 & 4 & 6\\ 1 & 4 & 1 & 2\\ 1 & 1 & 1 & 1\end{vmatrix}=-2\begin{vmatrix}1 & 1 & 1 & 1\\ 1 & 2 & 3 & 4\\ 2 & 3 & 4 & 6\\ 1 & 4 & 1 & 2\end{vmatrix}$$
$$=-2\begin{vmatrix}1 & 1 & 1 & 1\\ 0 & 1 & 2 & 3\\ 0 & 1 & 2 & 4\\ 0 & 3 & 0 & 1\end{vmatrix}=-2\begin{vmatrix}1 & 1 & 1 & 1\\ 0 & 1 & 2 & 3\\ 0 & 0 & 0 & 1\\ 0 & 3 & 0 & 0\end{vmatrix}=-6\begin{vmatrix}1 & 1 & 1 & 1\\ 0 & 0 & 2 & 3\\ 0 & 0 & 0 & 1\\ 0 & 1 & 0 & 0\end{vmatrix}$$
$$=-6\begin{vmatrix}1 & 1 & 1 & 1\\ 0 & 1 & 0 & 0\\ 0 & 0 & 2 & 3\\ 0 & 0 & 0 & 1\end{vmatrix}=-12.$$ □

例 3.63 设 M_{ij} 是 $\begin{vmatrix}0 & 4 & 0\\ 2 & 2 & 2\\ 2 & 0 & 0\end{vmatrix}$ 的第 i 行第 j 列元素的余子式, 则 $M_{11}+M_{12}=$ ______

解: 因 $M_{11}+M_{12}=A_{11}-A_{12}+0A_{13}$, 从而

$$M_{11}+M_{12}=\begin{vmatrix}1 & -1 & 0\\ 2 & 2 & 2\\ 2 & 0 & 0\end{vmatrix}=-4.$$ □

例 3.64 已知 $\boldsymbol{A}=(a_{ij})$ 是三阶的非零矩阵, 设 A_{ij} 是 a_{ij} 的代数余子式, 且对任意 i,j 有 $a_{ij}+A_{ij}=0$, 求 $\boldsymbol{A}$ 的行列式.

解: 因为 $AA^* = |A|I$, 即

$$|A|I = A\begin{pmatrix} A_{11} & A_{21} & A_{31} \\ A_{12} & A_{22} & A_{32} \\ A_{13} & A_{23} & A_{33} \end{pmatrix} = A\begin{pmatrix} -a_{11} & -a_{21} & -a_{31} \\ -a_{12} & -a_{22} & -a_{32} \\ -a_{13} & -a_{23} & -a_{33} \end{pmatrix} = -AA^{\mathrm{T}}.$$

从而 $|A|^3 = (-1)^3|A|\left|A^{\mathrm{T}}\right| = -|A|^2$. 又因 $A = (a_{ij})$ 是三阶非零矩阵, 不妨设第 1 行不全为零, 则 $|A| = a_{11}A_{11} + a_{12}A_{12} + a_{13}A_{13} = -\left(a_{11}^2 + a_{12}^2 + a_{13}^2\right) < 0$, 因此 $|A| = -1$. □

例 3.65 (1988) 设四阶矩阵 $A = (\alpha\ \gamma_2\ \gamma_3\ \gamma_4)$, $B = (\beta\ \gamma_2\ \gamma_3\ \gamma_4)$, 其中 $\alpha, \beta, \gamma_2, \gamma_3, \gamma_4$ 均为四维列向量, 且已知行列式 $|A| = 4$, $|B| = 1$. 则行列式 $|A + B| =$ ________.

解: 利用行列式的性质, 沿第 1 列拆开计算, 得

$$\begin{aligned} |A+B| &= |\alpha+\beta\ \ 2\gamma_2\ \ 2\gamma_3\ \ 2\gamma_4| \\ &= 8\left(|\alpha\ \ \gamma_2\ \ \gamma_3\ \ \gamma_4| + |\beta\ \ \gamma_2\ \ \gamma_3\ \ \gamma_4|\right) = 8(|A| + |B|) = 40. \end{aligned}$$

□

例 3.66 设 $\gamma_1, \gamma_2, \gamma_3, \gamma_4$ 及 β 均为四维列向量. 记

$$A = (\gamma_1, \gamma_2, \gamma_3, \gamma_4), B = (\beta, \gamma_2, \gamma_3, \gamma_4),$$

已知 $|A| = m$, $|B| = n$, 求 (1) $|A + B|$; (2) $\left|A^2 + AB\right|$.

解: (1) 因 $A + B = (\gamma_1 + \beta, 2\gamma_2, 2\gamma_3, 2\gamma_4)$, 故

$$\begin{aligned} |A+B| &= 8\,|\gamma_1+\beta, \gamma_2, \gamma_3, \gamma_4| \\ &= 8\,|\gamma_1, \gamma_2, \gamma_3, \gamma_4| + 8\,|\beta, \gamma_2, \gamma_3, \gamma_4| = 8(m+n). \end{aligned}$$

(2) $\left|A^2 + AB\right| = |A|\,|A + B| = 8m(m + n)$. □

例 3.67 (1992) 设 A 是 m 阶方阵, B 是 n 阶方阵, 且 $|A| = a$, $|B| = b$, $C = \begin{pmatrix} 0 & A \\ B & 0 \end{pmatrix}$, 求 $|C|$.

解: 设 A 的列向量组为 $\alpha_1, \cdots, \alpha_m$. 先交换 C 的第 $n+1$ 列与第 n 列, 再交换第 n 列与第 $n-1$ 列, $\cdots$, 再交换第 2 列与第 1 列, 即

$$|C| = (-1)^n \begin{vmatrix} \alpha_1 & 0 & \alpha_2 & \cdots & \alpha_m \\ 0 & B & 0 & \cdots & 0 \end{vmatrix}.$$

重复上述操作最后化为分块的对角阵的行列式, 得

$$\begin{aligned} |C| &= (-1)^{2n} \begin{vmatrix} \alpha_1 & \alpha_2 & 0 & \alpha_3 & \cdots & \alpha_m \\ 0 & 0 & B & 0 & \cdots & 0 \end{vmatrix} \\ &= \cdots = (-1)^{mn} \begin{vmatrix} A & 0 \\ 0 & B \end{vmatrix} = (-1)^{mn}ab. \end{aligned}$$

□

例 3.68 (2003) 设三阶方阵 $\boldsymbol{A},\boldsymbol{B}$ 满足 $\boldsymbol{A}^2\boldsymbol{B}-\boldsymbol{A}-\boldsymbol{B}=\boldsymbol{I}$, 其中 $\boldsymbol{I}$ 为三阶单位矩阵. 若 $\boldsymbol{A}=\begin{pmatrix}1&0&1\\0&2&0\\-2&0&1\end{pmatrix}$, 则 $|\boldsymbol{B}|=$ ________.

解: 由 $\boldsymbol{A}^2\boldsymbol{B}-\boldsymbol{A}-\boldsymbol{B}=\boldsymbol{I}$ 得 $(\boldsymbol{A}+\boldsymbol{I})(\boldsymbol{A}-\boldsymbol{I})\boldsymbol{B}=\boldsymbol{A}+\boldsymbol{I}$.① 由于 $|\boldsymbol{A}+\boldsymbol{I}|=\begin{vmatrix}2&0&1\\0&3&0\\-2&0&2\end{vmatrix}=18\neq 0$, 所以 $\boldsymbol{A}+\boldsymbol{I}$ 可逆, 从而 $(\boldsymbol{A}-\boldsymbol{I})\boldsymbol{B}=\boldsymbol{I}$. 两边取行列式, 得 $|\boldsymbol{B}|=\dfrac{1}{|\boldsymbol{A}-\boldsymbol{I}|}=\dfrac{1}{2}$. □

例 3.69 设 $\boldsymbol{A}=\begin{pmatrix}2&0\\1&4\end{pmatrix}$, 若 $\boldsymbol{B}=2\boldsymbol{B}\boldsymbol{A}-3\boldsymbol{I}$, 其中 $\boldsymbol{I}$ 是单位矩阵, 则 $|\boldsymbol{B}|=$ ________.

解: $\boldsymbol{B}=2\boldsymbol{B}\boldsymbol{A}-3\boldsymbol{I}$ 变形得 $\boldsymbol{B}(\boldsymbol{I}-2\boldsymbol{A})=-3\boldsymbol{I}$, 因此 $|\boldsymbol{B}|\,|\boldsymbol{I}-2\boldsymbol{A}|=|-3\boldsymbol{I}|$, 即

$$|\boldsymbol{B}|\begin{vmatrix}-3&0\\-2&-7\end{vmatrix}=\begin{vmatrix}-3&0\\0&-3\end{vmatrix},$$

从而 $|\boldsymbol{B}|=\dfrac{3}{7}$. □

例 3.70 (2005) 设 $\boldsymbol{\alpha}_1,\boldsymbol{\alpha}_2,\boldsymbol{\alpha}_3$ 均为三维列向量, 记矩阵 $\boldsymbol{A}=(\boldsymbol{\alpha}_1,\boldsymbol{\alpha}_2,\boldsymbol{\alpha}_3)$, $\boldsymbol{B}=(\boldsymbol{\alpha}_1+\boldsymbol{\alpha}_2+\boldsymbol{\alpha}_3,\boldsymbol{\alpha}_1+2\boldsymbol{\alpha}_2+4\boldsymbol{\alpha}_3,\boldsymbol{\alpha}_1+3\boldsymbol{\alpha}_2+9\boldsymbol{\alpha}_3)$. 如果 $|\boldsymbol{A}|=1$, 则 $|\boldsymbol{B}|=$ ________.

解: $\boldsymbol{B}$ 的第 1 列为:

$$\boldsymbol{\alpha}_1+\boldsymbol{\alpha}_2+\boldsymbol{\alpha}_3=(\boldsymbol{\alpha}_1,\boldsymbol{\alpha}_2,\boldsymbol{\alpha}_3)\begin{pmatrix}1\\1\\1\end{pmatrix}=\boldsymbol{A}\begin{pmatrix}1\\1\\1\end{pmatrix}\text{②},$$

类似地, $\boldsymbol{B}$ 的第 2, 3 列分别为:

$$\boldsymbol{\alpha}_1+2\boldsymbol{\alpha}_2+4\boldsymbol{\alpha}_3=\boldsymbol{A}\begin{pmatrix}1\\2\\4\end{pmatrix},\boldsymbol{\alpha}_1+3\boldsymbol{\alpha}_2+9\boldsymbol{\alpha}_3=\boldsymbol{A}\begin{pmatrix}1\\3\\9\end{pmatrix},$$

即 $\boldsymbol{B}=\boldsymbol{A}\begin{pmatrix}1&1&1\\1&2&3\\1&4&9\end{pmatrix}$, 从而, $|\boldsymbol{B}|=|\boldsymbol{A}|\begin{vmatrix}1&1&1\\1&2&3\\1&4&9\end{vmatrix}=2$. □

---

① 这里必须验证 $\boldsymbol{A}+\boldsymbol{I}$ 可逆, 因为矩阵的乘法不满足消去律.

② 矩阵乘积的向量形式, $(\boldsymbol{\alpha}_1\ \cdots\ \boldsymbol{\alpha}_n)\begin{pmatrix}b_{11}&\cdots&b_{1s}\\\vdots&&\vdots\\b_{n1}&\cdots&b_{ns}\end{pmatrix}=(b_{11}\boldsymbol{\alpha}_1+\cdots+b_{n1}\boldsymbol{\alpha}_n\ \cdots\ b_{1s}\boldsymbol{\alpha}_1+\cdots+b_{ns}\boldsymbol{\alpha}_n)$.

例 3.71 设三阶矩阵 $\boldsymbol{A}=(\boldsymbol{\alpha}_1,\boldsymbol{\alpha}_2,\boldsymbol{\alpha}_3)$ 且 $|\boldsymbol{A}|=3$, 令 $\boldsymbol{B}=(\boldsymbol{\alpha}_2,2\boldsymbol{\alpha}_3,-\boldsymbol{\alpha}_1)$, 计算 $|\boldsymbol{A}-\boldsymbol{B}|$.

解: 因 $\boldsymbol{A}-\boldsymbol{B}=(\boldsymbol{\alpha}_1-\boldsymbol{\alpha}_2,\boldsymbol{\alpha}_2-2\boldsymbol{\alpha}_3,\boldsymbol{\alpha}_1+\boldsymbol{\alpha}_3)=(\boldsymbol{\alpha}_1,\boldsymbol{\alpha}_2,\boldsymbol{\alpha}_3)\begin{pmatrix}1&0&1\\-1&1&0\\0&-2&1\end{pmatrix}$, 从而

$$|\boldsymbol{A}-\boldsymbol{B}|=|\boldsymbol{A}|\begin{vmatrix}1&0&1\\-1&1&0\\0&-2&1\end{vmatrix}=3\times 3=9.$$

□

例 3.72 设三维列向量 $\boldsymbol{\alpha}_1,\boldsymbol{\alpha}_2,\boldsymbol{\alpha}_3$ 线性无关, 三阶方阵 $\boldsymbol{A}$ 满足 $\boldsymbol{A}\boldsymbol{\alpha}_1=-\boldsymbol{\alpha}_1$, $\boldsymbol{A}\boldsymbol{\alpha}_2=\boldsymbol{\alpha}_2$, $\boldsymbol{A}\boldsymbol{\alpha}_3=\boldsymbol{\alpha}_2+\boldsymbol{\alpha}_3$. 则行列式 $|\boldsymbol{A}|=$________.

解: 因 $\boldsymbol{\alpha}_1,\boldsymbol{\alpha}_2,\boldsymbol{\alpha}_3$ 线性无关, 从而 $\boldsymbol{P}=(\boldsymbol{\alpha}_1,\boldsymbol{\alpha}_2,\boldsymbol{\alpha}_3)$ 可逆, 因

$$\boldsymbol{A}(\boldsymbol{\alpha}_1,\boldsymbol{\alpha}_2,\boldsymbol{\alpha}_3)=(\boldsymbol{A}\boldsymbol{\alpha}_1,\boldsymbol{A}\boldsymbol{\alpha}_2,\boldsymbol{A}\boldsymbol{\alpha}_3)=(-\boldsymbol{\alpha}_1,\boldsymbol{\alpha}_2,\boldsymbol{\alpha}_2+\boldsymbol{\alpha}_3)=(\boldsymbol{\alpha}_1,\boldsymbol{\alpha}_2,\boldsymbol{\alpha}_3)\begin{pmatrix}-1&0&0\\0&1&1\\0&0&1\end{pmatrix},$$

从而 $\boldsymbol{A}=\boldsymbol{P}\begin{pmatrix}-1&0&0\\0&1&1\\0&0&1\end{pmatrix}\boldsymbol{P}^{-1}$, 进一步地, $|\boldsymbol{A}|=\begin{vmatrix}-1&0&0\\0&1&1\\0&0&1\end{vmatrix}=-1$. □

例 3.73 若 $\boldsymbol{A}$ 为四阶方阵, $\boldsymbol{A}^*$ 为 $\boldsymbol{A}$ 的伴随矩阵, $|\boldsymbol{A}|=\dfrac{1}{2}$, 则 $\left|\left(\dfrac{1}{4}\boldsymbol{A}\right)^{-1}-\boldsymbol{A}^*\right|=$________.

解: 因 $|\boldsymbol{A}|=\dfrac{1}{2}$, 从而 $\boldsymbol{A}$ 可逆, 又因 $\boldsymbol{A}^*\boldsymbol{A}=|\boldsymbol{A}|\boldsymbol{I}$, 从而 $\boldsymbol{A}^*=|\boldsymbol{A}|\boldsymbol{A}^{-1}$. 故

$$\left|\left(\frac{1}{4}\boldsymbol{A}\right)^{-1}-\boldsymbol{A}^*\right|=\left|4\boldsymbol{A}^{-1}-|\boldsymbol{A}|\boldsymbol{A}^{-1}\right|=\left|\frac{7}{2}\boldsymbol{A}^{-1}\right|=\left(\frac{7}{2}\right)^4\left|\boldsymbol{A}^{-1}\right|=\frac{2\,401}{8}.$$ □

例 3.74 设 $\boldsymbol{A},\boldsymbol{B}$ 为三阶方阵且 $|\boldsymbol{A}|=3$, $|\boldsymbol{B}|=2$. 记 $\boldsymbol{A}^*$ 为 $\boldsymbol{A}$ 的伴随矩阵.

(1) 若记交换 $\boldsymbol{A}$ 的第 1 行与第 2 行得到的矩阵为 $\boldsymbol{C}$, 求 $|\boldsymbol{C}\boldsymbol{A}^*|$.

(2) 若 $|\boldsymbol{A}^{-1}+\boldsymbol{B}|=2$, 求 $|\boldsymbol{A}+\boldsymbol{B}^{-1}|$.

解: (1) 因 $|\boldsymbol{A}|=3$, 从而 $\boldsymbol{A}$ 可逆, 又因 $\boldsymbol{A}^*\boldsymbol{A}=|\boldsymbol{A}|\boldsymbol{I}$, 从而 $\boldsymbol{A}^*=|\boldsymbol{A}|\boldsymbol{A}^{-1}$ 且 $|\boldsymbol{A}^*|=|\boldsymbol{A}|^2=9$. 因此 $|\boldsymbol{C}\boldsymbol{A}^*|=|\boldsymbol{C}||\boldsymbol{A}^*|=-|\boldsymbol{A}||\boldsymbol{A}|^2=-27$.

(2) 因 $|\boldsymbol{A}^{-1}+\boldsymbol{B}|=|\boldsymbol{A}^{-1}||\boldsymbol{I}+\boldsymbol{A}\boldsymbol{B}|=2$, 故 $|\boldsymbol{I}+\boldsymbol{A}\boldsymbol{B}|=2|\boldsymbol{A}|=6$. 故

$$|\boldsymbol{A}+\boldsymbol{B}^{-1}|=|\boldsymbol{A}\boldsymbol{B}+\boldsymbol{I}|\left|\boldsymbol{B}^{-1}\right|=3.$$ □

例 3.75 设实数 a, b, c 满足方程 $\begin{vmatrix} 1 & a & b & c \\ a & 1 & 0 & 0 \\ b & 0 & 1 & 0 \\ c & 0 & 0 & 1 \end{vmatrix} = 1$, 则 $abc =$ ________.

解: 这是典型的"爪"形行列式. 分别把第 2, 3, 4 列的 $-a, -b, -c$ 倍加到第 1 列. 则

$$1 = \begin{vmatrix} 1-a^2-b^2-c^2 & a & b & c \\ 0 & 1 & 0 & 0 \\ 0 & 0 & 1 & 0 \\ 0 & 0 & 0 & 1 \end{vmatrix},$$

解得 $a^2+b^2+c^2=0$, 故 $a=b=c=0$. 因此 $abc=0$. □

例 3.76 计算 n 阶行列式 $D_n = \begin{vmatrix} 5 & 3 & & & \\ 2 & 5 & 3 & & \\ & 2 & 5 & \ddots & \\ & & \ddots & \ddots & 3 \\ & & & 2 & 5 \end{vmatrix}$.[①]

解: 按第 1 行展开, 得

$$D_n = 5\begin{vmatrix} 5 & 3 & & \\ 2 & 5 & \ddots & \\ & \ddots & \ddots & 3 \\ & & 2 & 5 \end{vmatrix}_{n-1} - 3\begin{vmatrix} 2 & 3 & & \\ & 5 & \ddots & \\ & \ddots & \ddots & 3 \\ & & 2 & 5 \end{vmatrix}_{n-1} = 5D_{n-1} - 6D_{n-2}.$$

因此 $D_n - 2D_{n-1} = 3(D_{n-1} - 2D_{n-2})$, 从而

$$D_n - 2D_{n-1} = 3^{n-2}(D_2 - 2D_1) = 3^{n-2}(19-10) = 3^n.$$

故

$$\begin{aligned} D_n &= 3^n + 2D_{n-1} = 3^n + 2(3^{n-1} + 2D_{n-2}) \\ &= 3^n + 2\times 3^{n-1} + 2^2 D_{n-2} = 3^n + 2\times 3^{n-1} + 2^2(3^{n-2} + 2D_{n-3}) \\ &= \cdots = \sum_{i=0}^{n-2} 2^i 3^{n-i} + 2^{n-1}D_1 = \sum_{i=0}^{n-2} 2^i 3^{n-i} + 2^{n-1}\times 3 + 2^n \\ &= \sum_{i=0}^{n} 2^i 3^{n-i} \xlongequal{\text{等比数列}} 3^{n+1} - 2^{n+1}. \end{aligned}$$

□

① D_n 中其他未显示的元素是 0.

例 3.77 设 n 阶行列式 D_n, $n=1, 2, 3, \cdots, n$. 其中 $D_1=|1|$, $D_2=\begin{vmatrix}1 & 1\\ 1 & 1\end{vmatrix}$, $D_3=$

$$\begin{vmatrix}1 & 1 & 0\\ 1 & 1 & 1\\ 0 & 1 & 1\end{vmatrix}, D_4=\begin{vmatrix}1 & 1 & 0 & 0\\ 1 & 1 & 1 & 0\\ 0 & 1 & 1 & 1\\ 9 & 0 & 1 & 1\end{vmatrix}, \cdots, D_n=\begin{vmatrix}1 & 1 & 0 & \cdots & 0 & 0\\ 1 & 1 & 1 & \cdots & 0 & 0\\ 0 & 1 & 1 & \cdots & 0 & 0\\ \vdots & \vdots & \vdots & \ddots & \vdots & \vdots\\ 0 & 0 & 0 & \cdots & 1 & 1\\ 0 & 0 & 0 & \cdots & 1 & 1\end{vmatrix}.$$

(1) 给出 D_n, D_{n-1}, D_{n-2} 的递推关系.

(2) 利用 (1) 中的递推关系以及 $D_1=1, D_2=0$ 计算 $D_3, D_4, \cdots, D_8$.

(3) 进一步计算 $D_{2\,018}$.

解: (1) 按第 1 行展开可得

$$D_n=D_{n-1}-\begin{vmatrix}1 & 1 & \cdots & 0 & 0\\ 0 & 1 & \cdots & 0 & 0\\ \vdots & \vdots & \ddots & \vdots & \vdots\\ 0 & 0 & \cdots & 1 & 1\\ 0 & 0 & \cdots & 1 & 1\end{vmatrix}=D_{n-1}-D_{n-2}.$$

(2) $D_3=D_2-D_1=-1$, $D_4=D_3-D_2=-1$, $D_5=D_4-D_3=0$, $D_6=D_5-D_4=1$, $D_7=D_6-D_5=1$, $D_8=D_7-D_6=0$.

(3) 由递推公式以及前 8 项的值可以观察到 $D_{n+6}=D_n$, 因 $2\,018=336\times 6+2$, 故 $D_{2\,018}=D_2=0$. □

例 3.78 记 $2n$ 阶方阵 $\boldsymbol{A}_n=\begin{pmatrix}a_n & & & & & & & b_n\\ & a_{n-1} & & & & & b_{n-1} & \\ & & \ddots & & & \iddots & & \\ & & & a_1 & b_1 & & & \\ & & & c_1 & d_1 & & & \\ & & \iddots & & & \ddots & & \\ & c_{n-1} & & & & & d_{n-1} & \\ c_n & & & & & & & d_n\end{pmatrix}$, 求 $|\boldsymbol{A}_n|$.

解: $|\boldsymbol{A}_1| = \begin{vmatrix} a_1 & b_1 \\ c_1 & d_1 \end{vmatrix} = a_1d_1 - c_1b_1.$

$$|\boldsymbol{A}_2| = \begin{vmatrix} a_2 & 0 & 0 & b_2 \\ 0 & a_1 & b_1 & 0 \\ 0 & c_1 & d_1 & 0 \\ c_2 & 0 & 0 & d_2 \end{vmatrix} = a_2 \begin{vmatrix} a_1 & b_1 & 0 \\ c_1 & d_1 & 0 \\ 0 & 0 & d_2 \end{vmatrix} - b_2 \begin{vmatrix} 0 & a_1 & b_1 \\ 0 & c_1 & d_1 \\ c_2 & 0 & 0 \end{vmatrix}$$

$$= (a_1d_1 - c_1b_1)(a_2d_2 - c_2b_2).$$

按第 1 行展开

$$|\boldsymbol{A}| = a_n \begin{vmatrix} \boldsymbol{A}_{n-1} & \boldsymbol{0} \\ \boldsymbol{0} & d_n \end{vmatrix} - b_n \begin{vmatrix} \boldsymbol{0} & \boldsymbol{A}_{n-1} \\ c_n & \boldsymbol{0} \end{vmatrix} = a_nd_n\,|\boldsymbol{A}_{n-1}| - b_nc_n\,|\boldsymbol{A}_{n-1}|,$$

即 $|\boldsymbol{A}_n| = (a_nd_n - b_nc_n)\,|\boldsymbol{A}_{n-1}|$, 因此

$$|\boldsymbol{A}_n| = (a_nd_n - b_nc_n)\cdots(a_2d_2 - b_2c_2)\,|\boldsymbol{A}_1| = \prod_{i=1}^{n}(a_id_i - b_ic_i).$$ □

注: 亦可以用初等变换化为分块的对角阵来计算行列式. □

例 3.79 计算 n 阶行列式 $D = \begin{vmatrix} x & y & y & \cdots & y \\ y & x & y & \cdots & y \\ y & y & x & \cdots & y \\ \vdots & \vdots & \vdots & \ddots & \vdots \\ y & y & y & \cdots & x \end{vmatrix}$.

解: 把第 $2, 3, \cdots, n$ 列全部加到第 1 列, 则

$$D = \begin{vmatrix} x+(n-1)y & y & y & \cdots & y \\ x+(n-1)y & x & y & \cdots & y \\ x+(n-1)y & y & x & \cdots & y \\ \vdots & \vdots & \ddots & \ddots & \vdots \\ x+(n-1)y & y & y & \cdots & x \end{vmatrix} = \begin{vmatrix} x+(n-1)y & y & y & \cdots & y \\ 0 & x-y & 0 & \cdots & 0 \\ 0 & 0 & x-y & \cdots & 0 \\ \vdots & \vdots & \ddots & \ddots & \vdots \\ 0 & 0 & 0 & \cdots & x-y \end{vmatrix}$$

$$= (x+(n-1)y)\,(x-y)^{n-1}.$$ □

例 3.80 设方程组 $\begin{cases} 2x_1 - x_2 + x_3 = 0 \\ x_1 + kx_2 - x_3 = 0 \\ kx_1 + x_2 + x_3 = 0 \end{cases}$ 有非零解, 求 k.

解: 由克莱姆法则知该方程组有非零解当且仅当系数矩阵行列式为零, 即

$$\begin{vmatrix} 2 & -1 & 1 \\ 1 & k & -1 \\ k & 1 & 1 \end{vmatrix} \xlongequal[r_3-r_1]{r_2+r_1} \begin{vmatrix} 2 & -1 & 1 \\ 3 & k-1 & 0 \\ k-2 & 2 & 0 \end{vmatrix} = \begin{vmatrix} 3 & k-1 \\ k-2 & 2 \end{vmatrix}$$

$$= 6 - k^2 + 3k - 2 = -(k-4)(k+1) = 0.$$

因此 $k=-1$ 或 $k=4$. □

3.3 教材习题解答

习题 3.1 解答 (矩阵的运算)

1. 解

$$-2\begin{pmatrix} a & 1 & a \\ 1 & b & -1 \end{pmatrix} + 3\begin{pmatrix} 1 & a & 0 \\ b & 1 & 0 \end{pmatrix}$$

$$= \begin{pmatrix} -2a & -2 & -2a \\ -2 & -2b & 2 \end{pmatrix} + \begin{pmatrix} 3 & 3a & 0 \\ 3b & 3 & 0 \end{pmatrix} = \begin{pmatrix} -2a+3 & -2+3a & -2a \\ -2+3b & -2b+3 & 2 \end{pmatrix}.$$ □

2. 解:

$$\begin{pmatrix} -1 & 0 & 1 \\ 1 & 1 & -1 \end{pmatrix} \begin{pmatrix} 1 & 0 & 0 \\ 0 & -1 & 2 \\ 0 & 0 & 1 \end{pmatrix}^{\mathrm{T}} \begin{pmatrix} 1 & -1 \\ 0 & 1 \\ 2 & -2 \end{pmatrix}$$

$$= \begin{pmatrix} -1 & 0 & 1 \\ 1 & 1 & -1 \end{pmatrix} \begin{pmatrix} 1 & 0 & 0 \\ 0 & -1 & 0 \\ 0 & 2 & 1 \end{pmatrix} \begin{pmatrix} 1 & -1 \\ 0 & 1 \\ 2 & -2 \end{pmatrix}$$

$$= \begin{pmatrix} -1 & 2 & 1 \\ 1 & -3 & -1 \end{pmatrix} \begin{pmatrix} 1 & -1 \\ 0 & 1 \\ 2 & -2 \end{pmatrix} = \begin{pmatrix} 1 & 1 \\ -1 & 2 \end{pmatrix}.$$ □

3. 解 (1) 错误. 因为 $\boldsymbol{A}+\boldsymbol{B}$ 是 2×3 型矩阵, 所以, $r(\boldsymbol{A}+\boldsymbol{B}) \leqslant \min(2,3) = 2$, 从而 $r(\boldsymbol{A}+\boldsymbol{B})$ 最多是 2.①

(2) 正确. 因为 $\boldsymbol{A}$ 的第 2 行是零行, 所以, 对任意 $\boldsymbol{X}$, 即使 $\boldsymbol{A}$ 与 $\boldsymbol{X}$ 可以相乘, 乘积 $\boldsymbol{AX}$ 的第 2 行也必然是零行.

① 一般地, $r(\boldsymbol{A}+\boldsymbol{B}) \leqslant r(\boldsymbol{A}) + r(\boldsymbol{B})$.

(3) 错误. 矩阵的乘法不满足消去律. 例如,

$$\begin{pmatrix}1 & 1\\ 0 & 0\end{pmatrix}\begin{pmatrix}3 & 1\\ 2 & 4\end{pmatrix}=\begin{pmatrix}5 & 5\\ 0 & 0\end{pmatrix},$$
$$\begin{pmatrix}1 & 1\\ 0 & 0\end{pmatrix}\begin{pmatrix}2 & 4\\ 3 & 1\end{pmatrix}=\begin{pmatrix}5 & 5\\ 0 & 0\end{pmatrix},$$

但 $\begin{pmatrix}3 & 1\\ 2 & 4\end{pmatrix}\neq\begin{pmatrix}2 & 4\\ 3 & 1\end{pmatrix}$②.

(4) 错误. 一般地,

$$(\boldsymbol{A}+\boldsymbol{B})(\boldsymbol{A}-\boldsymbol{B})=\boldsymbol{A}^2-\boldsymbol{AB}+\boldsymbol{BA}-\boldsymbol{B}^2.$$

但是, $\boldsymbol{A}$, $\boldsymbol{B}$ 未必可交换, 例如,

$$\begin{pmatrix}1 & 1\\ 0 & 1\end{pmatrix}\begin{pmatrix}1 & 1\\ 1 & 1\end{pmatrix}=\begin{pmatrix}2 & 2\\ 1 & 1\end{pmatrix};$$
$$\begin{pmatrix}1 & 1\\ 1 & 1\end{pmatrix}\begin{pmatrix}1 & 1\\ 0 & 1\end{pmatrix}=\begin{pmatrix}1 & 2\\ 1 & 2\end{pmatrix},$$

二者不相等.

(5) 正确. 由题设可得, 齐次线性方程组 $\boldsymbol{Ax}=\boldsymbol{0}$ 的解集中含有全部基本向量, 而基本向量线性无关, 即其基础解系必然含有 n 个线性无关的向量, 所以, $n-r(\boldsymbol{A})=n$, 即 $r(\boldsymbol{A})=0$, 从而 $\boldsymbol{A}=\boldsymbol{0}$.

或者, 任取 n 阶可逆阵 $\boldsymbol{B}=(\boldsymbol{\beta}_1\ \ \cdots\ \ \boldsymbol{\beta}_n)$. 由题设可知, $\boldsymbol{A\beta}_i=\boldsymbol{0}$, 于是

$$\boldsymbol{AB}=(\boldsymbol{A\beta}_1\ \ \cdots\ \ \boldsymbol{A\beta}_n)=(\boldsymbol{0}\ \ \cdots\ \ \boldsymbol{0})=\boldsymbol{0},$$

因此, $\boldsymbol{A}=\boldsymbol{0}\boldsymbol{B}^{-1}=\boldsymbol{0}$. □

4. 证明: 设非齐次线性方程组为 $\boldsymbol{Ax}=\boldsymbol{\beta}$, $\boldsymbol{\beta}\neq\boldsymbol{0}$; 其导出组为 $\boldsymbol{Ax}=\boldsymbol{0}$.

设 $\boldsymbol{\gamma}_0$ 是 $\boldsymbol{Ax}=\boldsymbol{\beta}$ 的一个解, 即 $\boldsymbol{A\gamma}_0=\boldsymbol{\beta}$.

任取 $\boldsymbol{Ax}=\boldsymbol{0}$ 的一个解 $\boldsymbol{\gamma}$, 即 $\boldsymbol{A\gamma}=\boldsymbol{0}$.

则 $\boldsymbol{A}(\boldsymbol{\gamma}_0+\boldsymbol{\gamma})=\boldsymbol{\beta}+\boldsymbol{0}=\boldsymbol{\beta}$, 即 $\boldsymbol{\gamma}_0+\boldsymbol{\gamma}$ 是 $\boldsymbol{Ax}=\boldsymbol{\beta}$ 的一个解.

反之 (要证 $\boldsymbol{Ax}=\boldsymbol{\beta}$ 的任意解都具有 $\boldsymbol{\gamma}_0+\boldsymbol{\gamma}$ 的形式, 其中, $\boldsymbol{\gamma}$ 是 $\boldsymbol{Ax}=\boldsymbol{0}$ 的解), 任取 $\boldsymbol{Ax}=\boldsymbol{\beta}$ 的一个解 $\boldsymbol{\gamma}_1$, 即 $\boldsymbol{A\gamma}_1=\boldsymbol{\beta}$.

于是 $\boldsymbol{A}(\boldsymbol{\gamma}_1-\boldsymbol{\gamma}_0)=\boldsymbol{\beta}-\boldsymbol{\beta}=\boldsymbol{0}$, 即 $\boldsymbol{\gamma}=\boldsymbol{\gamma}_1-\boldsymbol{\gamma}_0$ 是 $\boldsymbol{Ax}=\boldsymbol{0}$ 的一个解, 且 $\boldsymbol{\gamma}_1=\boldsymbol{\gamma}_0+\boldsymbol{\gamma}$.

② 加上条件 $\boldsymbol{A}$ 可逆, 则结论正确.

5. 证明: (1)

$$\begin{aligned} tr(\boldsymbol{A}+\boldsymbol{B}) &= (\boldsymbol{A}+\boldsymbol{B})(1,1)+\cdots+(\boldsymbol{A}+\boldsymbol{B})(n,n) \\ &= (\boldsymbol{A}(1,1)+\cdots+\boldsymbol{A}(i,i)) \\ &\quad +(\boldsymbol{B}(1,1)+\cdots+\boldsymbol{B}(n,n)) \\ &= tr(\boldsymbol{A})+tr(\boldsymbol{B}). \end{aligned}$$

$$\begin{aligned} tr(k\boldsymbol{A}) &= (k\boldsymbol{A})(1,1)+\cdots+(k\boldsymbol{A})(n,n) \\ &= k\boldsymbol{A}(1,1)+\cdots+k\boldsymbol{A}(n,n) \\ &= k(\boldsymbol{A}(1,1)+\cdots+\boldsymbol{A}(n,n)) = ktr(\boldsymbol{A}). \end{aligned}$$

由矩阵乘法的定义可得:

$$\begin{aligned} tr(\boldsymbol{AB}) &= (\boldsymbol{AB})(1,1)+\cdots+(\boldsymbol{AB})(n,n) \\ &= \boldsymbol{A}(1,1)\boldsymbol{B}(1,1)+\cdots+\boldsymbol{A}(1,n)\boldsymbol{B}(n,1) \\ &\quad +\cdots \\ &\quad +\boldsymbol{A}(n,1)\boldsymbol{B}(1,n)+\cdots+\boldsymbol{A}(n,n)\boldsymbol{B}(n,n) \end{aligned}$$

是所有的 $\boldsymbol{A}(i,j)\boldsymbol{B}(j,i)$ 的和, $1 \leqslant i,j \leqslant n$. 同理, $tr(\boldsymbol{BA})$ 也是所有的 $\boldsymbol{A}(i,j)\boldsymbol{B}(j,i)$ 的和, $1 \leqslant i,j \leqslant n$, 所以, $tr(\boldsymbol{AB}) = tr(\boldsymbol{BA})$.

注: 用和号 $\sum$ 书写较为简洁:

$$\begin{aligned} tr(\boldsymbol{AB}) &= \sum_{i=1}^{n}(\boldsymbol{AB})(i,i) \\ &= \sum_{i=1}^{n}\left(\sum_{j=1}^{n}\boldsymbol{A}(i,j)\boldsymbol{B}(j,i)\right) \\ &= \sum_{i,j=1}^{n}\boldsymbol{A}(i,j)\boldsymbol{B}(j,i). \end{aligned}$$

(2) 由 (1) 中的计算可知, $tr(\boldsymbol{A}^{\mathrm{T}}\boldsymbol{A})$ 等于所有的

$$\boldsymbol{A}(i,j)\boldsymbol{A}^{\mathrm{T}}(j,i) \quad (1 \leqslant i,j \leqslant n)$$ □

的和. 而 $\boldsymbol{A}^{\mathrm{T}}(j,i) = \boldsymbol{A}(i,j)$, 所以, $tr(\boldsymbol{A}^{\mathrm{T}}\boldsymbol{A})$ 等于 $\boldsymbol{A}$ 的所有 (i,j)- 元的平方和. 因此, 如果 $tr(\boldsymbol{A}^{\mathrm{T}}\boldsymbol{A}) = 0$, 而每个 $\boldsymbol{A}(i,j)$ 都是实数, 那么, 每个 $\boldsymbol{A}(i,j)$ 都等于 0, 即 $\boldsymbol{A} = \boldsymbol{0}$.

习题 3.2 解答 (方阵、分块矩阵、可逆矩阵)

1. 解: 直接计算得: $\boldsymbol{A}^2 - 2\boldsymbol{A} + 3\boldsymbol{I}_3 = \begin{pmatrix} 2 & -1 & 2 \\ 0 & 3 & -1 \\ -1 & -2 & 7 \end{pmatrix}$. □

2. 解: 由于 $\boldsymbol{A}$ 是三阶方阵, 所以, 与 $\boldsymbol{A}$ 可交换的矩阵必然是三阶方阵. 设 $\boldsymbol{X}=\begin{pmatrix}x_{11}&x_{12}&x_{13}\\x_{21}&x_{22}&x_{23}\\x_{31}&x_{32}&x_{33}\end{pmatrix}$. 则

$$\boldsymbol{AX}=\boldsymbol{XA}\Leftrightarrow\begin{pmatrix}0&1&0\\0&0&1\\0&0&0\end{pmatrix}\begin{pmatrix}x_{11}&x_{12}&x_{13}\\x_{21}&x_{22}&x_{23}\\x_{31}&x_{32}&x_{33}\end{pmatrix}=\begin{pmatrix}x_{11}&x_{12}&x_{13}\\x_{21}&x_{22}&x_{23}\\x_{31}&x_{32}&x_{33}\end{pmatrix}\begin{pmatrix}0&1&0\\0&0&1\\0&0&0\end{pmatrix}$$

$$\Leftrightarrow\begin{pmatrix}x_{21}&x_{22}&x_{23}\\x_{31}&x_{32}&x_{33}\\0&0&0\end{pmatrix}=\begin{pmatrix}0&x_{11}&x_{12}\\0&x_{21}&x_{22}\\0&x_{31}&x_{32}\end{pmatrix}$$

$$\Leftrightarrow x_{21}=x_{31}=x_{32}=0;\ x_{11}=x_{22}=x_{33};\ x_{12}=x_{23}.$$

所以, 与 $\boldsymbol{A}$ 可交换的全部矩阵为 $\begin{pmatrix}a&b&c\\0&a&b\\0&0&a\end{pmatrix}$, 其中 a, b, c 是任意数. □

3. 与教材例 3.2.23 类似. 略. $\boldsymbol{M}$ 可逆时, $\boldsymbol{M}^{-1}=\begin{pmatrix}\boldsymbol{A}&\boldsymbol{0}\\\boldsymbol{C}&\boldsymbol{B}\end{pmatrix}^{-1}=\begin{pmatrix}\boldsymbol{A}^{-1}&\boldsymbol{0}\\-\boldsymbol{B}^{-1}\boldsymbol{C}\boldsymbol{A}^{-1}&\boldsymbol{B}^{-1}\end{pmatrix}$.

4. 解: 对 $(\boldsymbol{A}\,\vdots\,\boldsymbol{I}_3)$ 作初等行变换, 得①

$$\left(\begin{array}{ccc:ccc}0&2&-1&1&0&0\\1&-3&2&0&1&0\\1&-1&2&0&0&1\end{array}\right)\to\left(\begin{array}{ccc:ccc}1&-1&2&0&0&1\\0&-2&0&0&1&-1\\0&0&-1&1&1&-1\end{array}\right),$$

所以, $r(\boldsymbol{A})=3$, 即 $\boldsymbol{A}$ 可逆. 继续作初等行变换, 得 $\left(\begin{array}{ccc:ccc}1&0&0&2&\frac{3}{2}&-\frac{1}{2}\\0&1&0&0&-\frac{1}{2}&\frac{1}{2}\\0&0&1&-1&-1&1\end{array}\right)$, 即

$$\boldsymbol{A}^{-1}=\begin{pmatrix}2&\frac{3}{2}&-\frac{1}{2}\\0&-\frac{1}{2}&\frac{1}{2}\\-1&-1&1\end{pmatrix}.$$ □

5. 解: 由于 $r(\boldsymbol{A})=3$②, 所以 $\boldsymbol{A}$ 可逆, 从而

$$\boldsymbol{X}=\boldsymbol{A}^{-1}\boldsymbol{B}=\begin{pmatrix}1&-1&0\\0&1&-2\\0&0&1\end{pmatrix}^{-1}\begin{pmatrix}-1&1\\2&0\\1&-3\end{pmatrix}=\begin{pmatrix}3&-5\\4&-6\\1&-3\end{pmatrix}.$$ □

① 可以通过验证 $\boldsymbol{AA}^{-1}=\boldsymbol{I}_3$ 以保证得到的答案正确.

② 这里的 $\boldsymbol{A}$ 已经是阶梯形矩阵了.

6. 证明: 方法一: (用反证法.) 假设 $\boldsymbol{A}-2\boldsymbol{I}_n$ 不可逆. 则齐次线性方程组 $(\boldsymbol{A}-2\boldsymbol{I}_n)\boldsymbol{x}=\boldsymbol{0}$ 有非零解. 任取一个非零解 $\boldsymbol{\alpha}$. 则 $\boldsymbol{A}\boldsymbol{\alpha}=2\boldsymbol{\alpha}$, 从而 $\boldsymbol{0}=\boldsymbol{A}^3\boldsymbol{\alpha}=2^3\boldsymbol{\alpha}=8\boldsymbol{\alpha}\neq\boldsymbol{0}$, 矛盾.

方法二: (利用立方差公式①) 由于 $(\boldsymbol{A}-2\boldsymbol{I}_n)(\boldsymbol{A}^2+2\boldsymbol{A}+4\boldsymbol{I}_n)=\boldsymbol{A}^3-8\boldsymbol{I}_n=-8\boldsymbol{I}_n$, 所以, $\boldsymbol{A}-2\boldsymbol{I}_n$ 可逆, 且

$$(\boldsymbol{A}-2\boldsymbol{I}_n)^{-1}=-\frac{1}{8}(\boldsymbol{A}^2+2\boldsymbol{A}+4\boldsymbol{I}_n).$$ □

7. 解: 由于 $\boldsymbol{A}$ 是 3×3 型矩阵, 而 $\boldsymbol{B}_1$ 是 2×3 型矩阵, 所以 $\boldsymbol{A}$ 不可能与 $\boldsymbol{B}_1$ 相抵.

由于 $r(\boldsymbol{A})=2$, $r(\boldsymbol{B}_2)=r(\boldsymbol{B}_3)=r(\boldsymbol{B}_4)=2$②, 且它们都是 3×3 型矩阵, 所以 $\boldsymbol{A}$ 与 $\boldsymbol{B}_i\ (i=2,3,4)$ 都是相抵的. □

8. 解: (1) 错误. 例如 $\boldsymbol{A}=\begin{pmatrix}0&1\\1&0\end{pmatrix}$ 满足 $\boldsymbol{A}^2=\boldsymbol{I}_2$ 但是 $\boldsymbol{A}\neq\pm\boldsymbol{I}_2$.③

(2) 错误. 例如, $\boldsymbol{A}=\begin{pmatrix}0&0\\1&0\end{pmatrix}$, $\boldsymbol{B}=\begin{pmatrix}0&1\\0&0\end{pmatrix}$.④

(3) 错误. 例如, $\boldsymbol{A}=\begin{pmatrix}0&0\\0&0\end{pmatrix}$, $\boldsymbol{B}=\begin{pmatrix}1&1\\2&3\end{pmatrix}$, $\boldsymbol{C}=\begin{pmatrix}1&1\\1&1\end{pmatrix}$. 则 $\boldsymbol{M}=\begin{pmatrix}0&0&1&1\\0&0&2&3\\0&0&1&1\\0&0&1&1\end{pmatrix}$, 且⑤

$$r(\boldsymbol{M})=2,\ r(\boldsymbol{A})=0,\ r(\boldsymbol{C})=1.$$

注: $r\begin{pmatrix}\boldsymbol{A}&\boldsymbol{B}\\\boldsymbol{0}&\boldsymbol{C}\end{pmatrix}\geqslant r(\boldsymbol{A})+r(\boldsymbol{C})$ 成立.

(4) 正确. $\Rightarrow$: 设 $\boldsymbol{A},\boldsymbol{B}$ 可交换: $\boldsymbol{AB}=\boldsymbol{BA}$. 两边取逆, 得 $\boldsymbol{B}^{-1}\boldsymbol{A}^{-1}=(\boldsymbol{AB})^{-1}=(\boldsymbol{BA})^{-1}=\boldsymbol{A}^{-1}\boldsymbol{B}^{-1}$, 所以, $\boldsymbol{A}^{-1}$, $\boldsymbol{B}^{-1}$ 可交换.

$\Leftarrow$: 类似地, 在 $\boldsymbol{A}^{-1}\boldsymbol{B}^{-1}=\boldsymbol{B}^{-1}\boldsymbol{A}^{-1}$ 两边取逆即得.

(5) 错误.⑥ 例如, 设 $\boldsymbol{A}$ 是 4×3 型矩阵, $\boldsymbol{B}$ 是 3×2 型矩阵. 考虑 $\boldsymbol{A}$ 的一个分块矩阵

$$\boldsymbol{A}=(\boldsymbol{A}_1\ \ \boldsymbol{A}_2),\ \text{其中 } \boldsymbol{A}_1 \text{ 是 } 4\times 2 \text{ 型矩阵}$$

和 $\boldsymbol{B}$ 的一个分块矩阵

$$\boldsymbol{B}=\begin{pmatrix}\boldsymbol{B}_1\\\boldsymbol{B}_2\end{pmatrix},\ \text{其中 } \boldsymbol{B}_1 \text{ 是 } 2\times 1 \text{ 型矩阵}.$$

① 这里涉及的方阵可交换.
② 利用初等行变换化为阶梯形矩阵求秩.
③ 矩阵的乘法不满足消去律.
④ 矩阵的乘法不满足交换律.
⑤ 线性相关的向量组的伸长组可能是线性无关的.
⑥ 只有当左边分块矩阵的列的分组方式与右边分块矩阵的行的分组方式相同时, 才能相乘.

则分块矩阵 $(\boldsymbol{A}_1\ \ \boldsymbol{A}_2)$ 不能与 $\begin{pmatrix}\boldsymbol{B}_1\\ \boldsymbol{B}_2\end{pmatrix}$ 相乘. □

9. 证明: 由 $\boldsymbol{A}^2-6\boldsymbol{A}+5\boldsymbol{I}_n=\boldsymbol{0}$, 得

$$(\boldsymbol{A}-5\boldsymbol{I}_n)(\boldsymbol{A}-\boldsymbol{I}_n)=\boldsymbol{0},$$

所以, $r(\boldsymbol{A}-5\boldsymbol{I}_n)+r(\boldsymbol{A}-\boldsymbol{I}_n)\leqslant n$.①

另外, 由于 $4\boldsymbol{I}_n=(\boldsymbol{A}-\boldsymbol{I}_n)-(\boldsymbol{A}-5\boldsymbol{I}_n)$, 所以

$$\begin{aligned}n=r(4\boldsymbol{I}_n)&\geqslant r(\boldsymbol{A}-\boldsymbol{I}_n)+r(-(\boldsymbol{A}-5\boldsymbol{I}_n))\\&=r(\boldsymbol{A}-\boldsymbol{I}_n)+r(\boldsymbol{A}-5\boldsymbol{I}_n).②\end{aligned}$$

综上所述, 结论成立. □

10. 证明: $\Leftarrow$: 设 $a\neq 2,3$. 假设 $\boldsymbol{A}-a\boldsymbol{I}_n$ 不可逆, 则齐次线性方程组 $(\boldsymbol{A}-a\boldsymbol{I}_n)\boldsymbol{x}=\boldsymbol{0}$ 有非零解. 任取一个非零解 $\boldsymbol{\alpha}$, 即 $\boldsymbol{A\alpha}=a\boldsymbol{\alpha}$, 从而 $\boldsymbol{0}=(\boldsymbol{A}^2-5\boldsymbol{A}+6\boldsymbol{I}_n)\boldsymbol{\alpha}=(a^2-5a+6)\boldsymbol{\alpha}$. 由 $\boldsymbol{\alpha}\neq\boldsymbol{0}$ 得 $a^2-5a+6=0$, 即 $a=2$ 或 3, 矛盾.

$\Rightarrow$ 设 $\boldsymbol{A}-a\boldsymbol{I}_n$ 可逆. 假设 $a=2$. 则由 $\boldsymbol{A}^2-5\boldsymbol{A}+6\boldsymbol{I}_n=\boldsymbol{0}$ 得 $(\boldsymbol{A}-2\boldsymbol{I}_n)(\boldsymbol{A}-3\boldsymbol{I}_n)=\boldsymbol{0}$. 由于 $\boldsymbol{A}-2\boldsymbol{I}_n$ 可逆, 所以, $\boldsymbol{A}-3\boldsymbol{I}_3=\boldsymbol{0}$, 与 $\boldsymbol{A}$ 不是数量阵矛盾. 所以, $a\neq 2$. 类似地可以证明 $a\neq 3$. □

习题 3.3 解答 (行列式)

1. 解: (1) 正确. 由于数的乘法满足交换律, 而 $i_1i_2\cdots i_n$ 是行指标的一个排列, 所以,

$$\boldsymbol{A}(i_1,j_1)\boldsymbol{A}(i_2,j_2)\cdots\boldsymbol{A}(i_n,j_n)=\boldsymbol{A}(1,k_1)\boldsymbol{A}(2,k_2)\cdots\boldsymbol{A}(n,k_n),$$

其中, $k_1k_2\cdots k_n$ 是列指标的一个排列. 因此, 结论成立, 且乘积在行列式的定义式中带符号 $(-1)^{\tau(k_1k_2\cdots k_n)}$.

(2) 正确. 例如, 考虑 n 阶对角阵 $\boldsymbol{D}$, 其对角元为 a, 1, $\cdots$, 1.

(3) 正确. 由于每个 $\boldsymbol{A}(i,j)$ 都是整数, 所以, $|\boldsymbol{A}|$ 的定义式中的每一项都是整数, 因此它们的和也是整数.

(4) 错误. 因为 $-\boldsymbol{A}$ 等于 $(-1)\boldsymbol{A}$, 即 $-\boldsymbol{A}$ 的每一行都是 $\boldsymbol{A}$ 的相应行的 -1 倍, 所以, $|-\boldsymbol{A}|=(-1)^n|\boldsymbol{A}|$. (或者, 用行列式的定义式加以说明.)

(5) 错误. 例如: $\boldsymbol{A}=\begin{pmatrix}1&0\\0&1\end{pmatrix}$, $\boldsymbol{B}=\begin{pmatrix}1&1\\0&1\end{pmatrix}$, 则 $\boldsymbol{A}\neq\boldsymbol{B}$ 但 $|\boldsymbol{A}|=|\boldsymbol{B}|=1$. □

2. 解: 考虑 $|\boldsymbol{A}|$ 的定义式中的任意一项:

$$(-1)^{\tau(i_1i_2\cdots i_n)}\boldsymbol{A}(1,i_1)\boldsymbol{A}(2,i_2)\cdots\boldsymbol{A}(n,i_n),$$

① 参见命题 3.3.
② 参见命题 3.1.

其中, $i_1i_2\cdots i_n$ 为 $12\cdots n$ 的一个排列.

根据题设, 如果 $i_n\neq 1$, 则该项一定为 0; 所以, 设 $i_n=1$, 从而, 当 $j\geqslant 2$ 时有 $i_j\in\{2,3,\cdots,n\}$.

如果 $i_{n-1}\neq 2$, 则该项一定为 0, 所以, 设 $i_{n-1}=2$, 从而, 当 $j\geqslant 3$ 时有 $i_j\in\{3,4,\cdots,n\}$.

重复上述讨论, 得到: 如果 $i_1i_2\cdots i_n\neq n(n-1)\cdots 321$, 则该项一定为 0. 所以,

$$\begin{aligned}|\boldsymbol{A}|&=(-1)^{\tau(n(n-1)\cdots 321)}a_{1n}a_{2,n-1}\cdots a_{n1}\\&=(-1)^{\frac{n(n-1)}{2}}a_{1n}a_{2,n-1}\cdots a_{n1}.\end{aligned}$$

□

3. 证明: 由 $|\boldsymbol{A}|=|\boldsymbol{A}^{\mathrm{T}}|=|-\boldsymbol{A}|=(-1)^n|\boldsymbol{A}|$ 和 $|\boldsymbol{A}|\neq 0$ 得 $(-1)^n=1$, 所以, n 必然是偶数.①　□

4. 解: (1) 错误. 例如: $\boldsymbol{A}=\begin{pmatrix}-2&0&0\\0&-1&0\\0&0&1\end{pmatrix}$, $\boldsymbol{B}=\boldsymbol{I}_3$. 则 $|\boldsymbol{A}|=2>0$, $|\boldsymbol{B}|=1>0$, 但是 $|\boldsymbol{A}+\boldsymbol{B}|=0$.

(2) 错误. 例如: $\boldsymbol{A}=\begin{pmatrix}2&1\\0&3\end{pmatrix}$, $\boldsymbol{B}=\begin{pmatrix}2&0\\0&1\end{pmatrix}$. 则 $|\boldsymbol{A}-\boldsymbol{B}|=0$, 但 $|\boldsymbol{A}|=6\neq|\boldsymbol{B}|=2$.

(3) 错误. 例如, 当 $k=-1$ 时对任意奇数 n 都有 $|(-1)\boldsymbol{A}|=(-1)^n|\boldsymbol{A}|=(-1)|\boldsymbol{A}|$.

(4) 错误. 因为 $|\boldsymbol{AB}|=|\boldsymbol{A}||\boldsymbol{B}|$; $|\boldsymbol{BA}|=|\boldsymbol{B}||\boldsymbol{A}|$, 且 $|\boldsymbol{A}|$, $|\boldsymbol{B}|$ 是数, 所以, $|\boldsymbol{AB}|=|\boldsymbol{BA}|$ 对任意 n 阶方阵 $\boldsymbol{A}$, $\boldsymbol{B}$ 都成立.

(5) 错误. 当 $n>1$ 时, $\boldsymbol{Ax}=\boldsymbol{0}$ 的两边没有行列式. 而应该利用 $\boldsymbol{A}$ 可逆得到 $r(\boldsymbol{A})=n$, 从而 $\boldsymbol{Ax}=\boldsymbol{0}$ 只有零解; 或者 $\boldsymbol{x}=\boldsymbol{A}^{-1}\boldsymbol{0}=\boldsymbol{0}$.　□

5. 证明: 由于 $\boldsymbol{A}$ 是 n 阶方阵, 所以,

$$\begin{aligned}\boldsymbol{Ax}=\boldsymbol{0}\ \text{有非零解}&\Leftrightarrow r(\boldsymbol{A})<n\Leftrightarrow|\boldsymbol{A}|=0\\&\Leftrightarrow|\boldsymbol{A}|^k=0\Leftrightarrow|\boldsymbol{A}^k|=0\\&\Leftrightarrow r(\boldsymbol{A}^k)<n\\&\Leftrightarrow \boldsymbol{A}^k\boldsymbol{x}=\boldsymbol{0}\ \text{有非零解}.\end{aligned}$$

□

6. 解: (1) 错误.② 例如: $\boldsymbol{A}\begin{pmatrix}0&1\\1&0\end{pmatrix}\to\boldsymbol{J}=\begin{pmatrix}1&0\\0&1\end{pmatrix}$. 但是 $|\boldsymbol{A}|=-1$ 而 $\boldsymbol{J}$ 的全部对角元的乘积为 1.

① 奇数阶反对称阵一定不可逆.

② 比较推论 3.3.

(2) 错误.① 例如, $\boldsymbol{A}=\begin{pmatrix}1&0&0&0\\0&1&0&0\\0&0&1&0\\0&0&0&0\end{pmatrix}$ 的秩为 3, 但是 $\boldsymbol{A}$ 的由第 2, 3, 4 行和第 1, 2, 3 列所给出的 3 阶子式为 0.

(3) 错误.② 例如, $\boldsymbol{A}=\begin{pmatrix}1&0&0&0\\0&1&0&0\\0&0&0&0\\0&0&0&0\end{pmatrix}$ 的所有 4 阶子式都等于 0, 但 $r(\boldsymbol{A})=2$.

(4) 错误. 例如 $\boldsymbol{A}=\begin{pmatrix}1&0&0\\0&0&0\\0&0&0\end{pmatrix}$, $\boldsymbol{B}=\begin{pmatrix}0&0&0\\0&1&0\\0&0&0\end{pmatrix}$, 则 $\boldsymbol{A}\neq\boldsymbol{B}$, 但是, $\boldsymbol{A}^*=\boldsymbol{B}^*=\boldsymbol{0}$.

(5) 错误.③ 如果 $r(\boldsymbol{A})=3$, 则 $r(\boldsymbol{A}^*)=3$; 如果 $r(\boldsymbol{A})=2$, 则 $r(\boldsymbol{A}^*)=1$; 如果 $r(\boldsymbol{A})\leqslant 1$, 则 $\boldsymbol{A}^*=\boldsymbol{0}$.

(6) 正确. 由于 $\boldsymbol{A}$ 可逆, 所以由 $\boldsymbol{A}\boldsymbol{x}=\boldsymbol{\beta}$ 得: $\boldsymbol{x}=\boldsymbol{A}^{-1}\boldsymbol{\beta}=\dfrac{1}{|\boldsymbol{A}|}\boldsymbol{A}^*\boldsymbol{\beta}$.

(7) 错误. 因为 $|\boldsymbol{A}|=0$ 时 $r(\boldsymbol{A})=r(\boldsymbol{A}\ \ \boldsymbol{\beta})$ 仍然可能成立. □

7. 解: (1) $-52$④; (2) $(a^2-b^2)^2$. □

8. 解: 由于 $|\boldsymbol{A}|=2\neq 0$, 所以, $\boldsymbol{A}$ 可逆, 且 $|\boldsymbol{A}^{-1}|=\dfrac{1}{2}$.

由 $\boldsymbol{A}^{-1}(\boldsymbol{A}^{-1})^*=|\boldsymbol{A}^{-1}|\boldsymbol{I}_3$ 得 $|\boldsymbol{A}^{-1}||(\boldsymbol{A}^{-1})^*|=|\boldsymbol{A}^{-1}|^3$, 即 $|(\boldsymbol{A}^{-1})^*|=|\boldsymbol{A}^{-1}|^2=\dfrac{1}{4}$;

由 $\boldsymbol{A}\boldsymbol{A}^*=|\boldsymbol{A}|\boldsymbol{I}_3$, 得 $|\boldsymbol{A}||\boldsymbol{A}^*|=|\boldsymbol{A}|^3$, 即 $|\boldsymbol{A}^*|=|\boldsymbol{A}|^2=4\neq 0$.

由 $\boldsymbol{A}^*(\boldsymbol{A}^*)^*=|\boldsymbol{A}^*|\boldsymbol{I}_3$, 得 $|\boldsymbol{A}^*||(\boldsymbol{A}^*)^*|=|\boldsymbol{A}^*|^3$, 而 $|\boldsymbol{A}^*|=4$, 所以, $|(\boldsymbol{A}^*)^*|=|\boldsymbol{A}^*|^2=16$.□

9. 解: 首先⑤, 由于 $\boldsymbol{A}^*$ 的各列成比例, 且 $\boldsymbol{A}^*\neq\boldsymbol{0}$, 所以, $r(\boldsymbol{A}^*)=1$, 从而必然有 $r(\boldsymbol{A})=2<3$, 因此, 齐次线性方程组 $\boldsymbol{A}\boldsymbol{x}=\boldsymbol{0}$ 有无穷多个解, 且其任意基础解系所包含的解向量的个数为 $n-r(\boldsymbol{A})=3-2=1$.

其次, 由于 $\boldsymbol{A}\boldsymbol{A}^*=|\boldsymbol{A}|\boldsymbol{I}_3=\boldsymbol{0}$ (因为 $|\boldsymbol{A}|=0$), 所以, $\boldsymbol{A}^*$ 的列向量就是 $\boldsymbol{A}\boldsymbol{x}=\boldsymbol{0}$ 的解. 取 $\boldsymbol{A}^*$ 的第 1 列 $\boldsymbol{\gamma}=\begin{pmatrix}1\\-1\\3\end{pmatrix}\neq\boldsymbol{0}$. 则 $\boldsymbol{\gamma}$ 构成了 $\boldsymbol{A}\boldsymbol{x}=\boldsymbol{0}$ 的一个基础解系⑥, 从而其通解

---

① 参见定理 3.4.
② 这里只能得到 $r(\boldsymbol{A})\leqslant 3$.
③ 参见命题 3.9.
④ 建议用至少三种方法来计算 (1).
⑤ 参见命题 3.9.
⑥ 参见命题 2.14.

为: $t\gamma=\begin{pmatrix}t\\-t\\3t\end{pmatrix}$, t 为任意数. □

10. 解: 原方程组的系数矩阵是三阶方阵, 其行列式为:[①] $|\boldsymbol{A}|=\begin{vmatrix}a&1&1\\a&1&2\\1&1&b\end{vmatrix}=-(a-1)$.

(1) 设 $|\boldsymbol{A}|\neq 0$, 即 $a\neq 1$. 由 $D_1=\begin{vmatrix}4&1&1\\2&1&2\\1&1&b\end{vmatrix}=2b-5$, $D_2=\begin{vmatrix}a&4&1\\a&2&2\\1&1&b\end{vmatrix}=-(a+2ab-6)$,

$D_3=\begin{vmatrix}a&1&4\\a&1&2\\1&1&1\end{vmatrix}=2(a-1)$, 得原方程组的唯一解为: $\dfrac{1}{|\boldsymbol{A}|}\begin{pmatrix}D_1\\D_2\\D_3\end{pmatrix}=\begin{pmatrix}-\dfrac{2b-5}{a-1}\\\dfrac{a+2ab-6}{a-1}\\-2\end{pmatrix}$.

(2) 当 $|\boldsymbol{A}|=0$, 即 $a=1$ 时, 对原方程组的增广矩阵作初等行变换, 得:

$$\widetilde{\boldsymbol{A}}=\begin{pmatrix}1&1&1&4\\1&1&2&2\\1&1&b&1\end{pmatrix}\to\begin{pmatrix}1&1&1&4\\0&0&1&-2\\0&0&0&2b-5\end{pmatrix}.$$

所以, 当 $2b-5\neq 0$, 即 $b\neq\dfrac{5}{2}$ 时, $r(\boldsymbol{A})=2$, $r(\widetilde{\boldsymbol{A}})=3$, 从而原方程组无解.

当 $2b-5=0$, 即 $b=\dfrac{5}{2}$ 时, $r(\boldsymbol{A})=r(\widetilde{\boldsymbol{A}})=2<3$, 原方程组有无穷多个解. 继续作初等行变换, 把此时的增广矩阵变为行简化阶梯形矩阵: $\begin{pmatrix}1&1&0&6\\0&0&1&-2\\0&0&0&0\end{pmatrix}$, 通解为[②] $\begin{pmatrix}6-t\\t\\-2\end{pmatrix}$, 其中, t 为任意数.

综上所述, 当 $a\neq 1$ 时, 原方程组有唯一解: $\begin{pmatrix}-\dfrac{2b-5}{a-1}\\\dfrac{a+2ab-6}{a-1}\\-2\end{pmatrix}$; 当 $a=1$ 且 $b\neq\dfrac{5}{2}$ 时, 原

① 比较习题 2.3 的第 9 题. 克莱姆法则只适用于系数矩阵是方阵且可逆的线性方程组.
② 取自由变量 x_2 为任意数 t.

方程组无解; 当 $a=1$ 且 $b=\dfrac{5}{2}$ 时, 原方程组有无穷多个解, 且其通解为 $\begin{pmatrix} 6-t \\ t \\ -2 \end{pmatrix}$, 其中, t 为任意数. □

第 4 章　矩阵的相似

4.1 知识点小结

4.1.1 矩阵的相似

• 基本概念: 矩阵的相似.

定义 4.1　设 $\boldsymbol{A}, \boldsymbol{B}$ 是阶数相同的方阵. 如果存在可逆阵 $\boldsymbol{P}$ 使得 $\boldsymbol{A} = \boldsymbol{P}^{-1}\boldsymbol{B}\boldsymbol{P}$, 则称 $\boldsymbol{A}$ 相似于 $\boldsymbol{B}$, 记为 $\boldsymbol{A} \sim \boldsymbol{B}$.

• 基本结论:

(1) 矩阵的“相似”关系具有对称性、反身性和传递性.

(2) 两个 n 阶方阵相似的一些必要条件.

命题 4.1　设 $\boldsymbol{A} \sim \boldsymbol{B}$, 则$|\boldsymbol{A}| = |\boldsymbol{B}|$ 且 $r(\boldsymbol{A}) = r(\boldsymbol{B})$.

逆命题不成立. 当 $|\boldsymbol{A}| = |\boldsymbol{B}|$ 且 $r(\boldsymbol{A}) = r(\boldsymbol{B})$ 时, 有可能 $\boldsymbol{A} \nsim \boldsymbol{B}$.

(3) 两个 n 阶对角阵相似的充分必要条件.

命题 4.2　设 $\boldsymbol{D}_1, \boldsymbol{D}_2$ 是 n 阶对角阵. 则

(i) 如果 $\boldsymbol{D}_1, \boldsymbol{D}_2$ 的对角元除了在对角线上的顺序不同外完全相同, 则 $\boldsymbol{D}_1 \sim \boldsymbol{D}_2$.

(ii) 反之, 设 $\boldsymbol{D}_1 \sim \boldsymbol{D}_2$. 则 $\boldsymbol{D}_1, \boldsymbol{D}_2$ 的对角元除了在对角线上的顺序不同外完全相同.

(4) 设 $\boldsymbol{A} \sim \boldsymbol{B}$, $f(x)$ 是一元 m 次多项式, 则 $f(\boldsymbol{A}) \sim f(\boldsymbol{B})$.

(5) 设 $\boldsymbol{A}_1 \sim \boldsymbol{B}_1, \boldsymbol{A}_2 \sim \boldsymbol{B}_2$, 则 $\begin{pmatrix} \boldsymbol{A}_1 & \boldsymbol{0} \\ \boldsymbol{0} & \boldsymbol{A}_2 \end{pmatrix} \sim \begin{pmatrix} \boldsymbol{B}_1 & \boldsymbol{0} \\ \boldsymbol{0} & \boldsymbol{B}_2 \end{pmatrix}$.

• 基本计算: 利用矩阵相似的定义或必要条件验证矩阵之间的相似或不相似.

4.1.2 可对角化、特征值与特征向量

• 基本概念: 方阵 $\boldsymbol{A}$ 的可对角化问题指的是 $\boldsymbol{A}$ 是否能与一个对角阵相似; 方阵的特征值; 方阵的特征向量; 方阵的特征多项式.

定义 4.2 设 $\boldsymbol{A}$ 是 n 阶方阵. 如果非零的 n 维列向量 $\boldsymbol{\xi}$ 满足: 存在数 λ 使得 $\boldsymbol{A\xi} = \lambda\boldsymbol{\xi}$, 则称 $\boldsymbol{\xi}$ 是 $\boldsymbol{A}$ 的属于 λ 的一个特征向量①, 并称 λ 为 $\boldsymbol{A}$ 的一个特征值.

• 基本结论:

(1) 如果 n 阶方阵 $\boldsymbol{A}$ 可对角化, 则与 $\boldsymbol{A}$ 相似的对角阵是唯一的 (对角元的顺序可能不同).

(2) 数 a 是方阵 $\boldsymbol{A}$ 的特征值 $\Leftrightarrow a\boldsymbol{I}_n - \boldsymbol{A}$ 不可逆.

(3) n 阶方阵 $\boldsymbol{A}$ 可对角化 $\Leftrightarrow \boldsymbol{A}$ 有 n 个线性无关的特征向量. 特别地, 当 $\boldsymbol{A}$ 有 n 个互不相同的特征值时, $\boldsymbol{A}$ 可对角化.

推论 4.1 设 n 阶方阵 $\boldsymbol{A}$ 有 n 个互不相同的特征值, 则 $\boldsymbol{A}$ 可对角化.②

(4) 方阵的特征值、特征向量的基本性质.

命题 4.3 设 $\boldsymbol{A}$ 是 n 阶方阵.

(i) 属于 $\boldsymbol{A}$ 的特征值 λ 的特征向量的任意非零线性组合仍然是 $\boldsymbol{A}$ 的属于 λ 的特征向量.

(ii) $\boldsymbol{A}$ 的任意一个特征向量 $\boldsymbol{\xi}$ 只能属于一个特征值, 即如果 $\boldsymbol{A\xi} = \lambda\boldsymbol{\xi}$ 且 $\boldsymbol{A\xi} = \mu\boldsymbol{\xi}$, 则 $\lambda = \mu$.

(iii) $\boldsymbol{A}$ 的属于不同特征值的线性无关的特征向量组线性无关.

推论 4.2 设 $\boldsymbol{A}$ 是 n 阶方阵. 则 a 是 $\boldsymbol{A}$ 的特征值 $\Leftrightarrow$ a 是 $\boldsymbol{A}$ 的特征多项式的根, 且 $\boldsymbol{A}$ 的属于 a 的所有特征向量就是齐次线性方程组 $(a\boldsymbol{I}_n - \boldsymbol{A})\boldsymbol{x} = \boldsymbol{0}$ 的所有非零解, 从而 $\boldsymbol{A}$ 的属于 a 的线性无关的特征向量的个数是 $n - r(a\boldsymbol{I}_n - \boldsymbol{A})$.

命题 4.4 设 n 阶方阵 $\boldsymbol{A}, \boldsymbol{B}$ 满足 $\boldsymbol{A} \sim \boldsymbol{B}$. 则 $\boldsymbol{A}$ 和 $\boldsymbol{B}$ 的特征多项式相等, 从而, $\boldsymbol{A}$ 与 $\boldsymbol{B}$ 的特征值相同.

(5) 方阵的行列式与特征值的关系, 方阵的多项式的特征值.

---

① 有的书也称 $\boldsymbol{\xi}$ 是 $\boldsymbol{A}$ 的对应于特征值 λ 的一个特征向量.

② 反过来不成立. 即 $\boldsymbol{A}$ 可对角化, 但 $\boldsymbol{A}$ 未必有 n 个互不相同的特征值.

命题 4.5 设 $\boldsymbol{A}$ 是 n 阶方阵, 其特征多项式为

$$f(\lambda)=|\lambda\boldsymbol{I}_n-\boldsymbol{A}|=(\lambda-\lambda_1)(\lambda-\lambda_2)\cdots(\lambda-\lambda_n),$$

其中, λ_i 中可能有相同的. 则

(i) $|\boldsymbol{A}|=\lambda_1\cdots\lambda_n$.

(ii) 对任意多项式 $g(x)=a_0+a_1x+a_2x^2+\cdots+a_mx^m$, n 阶方阵

$$g(\boldsymbol{A})=a_0\boldsymbol{I}_n+a_1\boldsymbol{A}+a_2\boldsymbol{A}^2+\cdots+a_m\boldsymbol{A}^m$$

的全部特征值为: $g(\lambda_1), g(\lambda_2), \cdots, g(\lambda_n)$, 特别地,

$$|g(\boldsymbol{A})|=g(\lambda_1)g(\lambda_2)\cdots g(\lambda_n).$$

(iii) 如果 $\boldsymbol{A}$ 可逆, 则 $\boldsymbol{A}^{-1}$ 的全部特征值为 $\dfrac{1}{\lambda_1}, \cdots, \dfrac{1}{\lambda_n}$.

• 基本计算:

(1) 求方阵的特征多项式、特征值和特征向量.

(2) 利用特征值计算行列式.

(3) 利用定义讨论特征值、特征向量.

(4) 给定 n 阶方阵 $\boldsymbol{A}$, 判断 $\boldsymbol{A}$ 是否可对角化; 如果能对角化, 求可逆阵 $\boldsymbol{P}$ 使得 $\boldsymbol{P}^{-1}\boldsymbol{A}\boldsymbol{P}$ 是对角阵.

算法 4.1 (设 $\boldsymbol{A}$ 是 n 阶方阵. 判断 $\boldsymbol{A}$ 是否可对角化; 如果可对角化, 求可逆阵 $\boldsymbol{P}$ 使得 $\boldsymbol{P}^{-1}\boldsymbol{A}\boldsymbol{P}$ 是对角阵.)

(i) 求出 $\boldsymbol{A}$ 的特征多项式 $f(\lambda)=|\lambda\boldsymbol{I}_n-\boldsymbol{A}|$, 在此基础上求出 $f(\lambda)$ 的全部互不相同的根 $\lambda_i\ (1\leqslant i\leqslant s)$, 即得到 $\boldsymbol{A}$ 的全部互不相同的特征值.

(ii) 对每个 $\lambda_i\ (1\leqslant i\leqslant s)$, 求出齐次线性方程组 $(\lambda_i\boldsymbol{I}_n-\boldsymbol{A})\boldsymbol{x}=\boldsymbol{0}$ 的一个基础解系: $\boldsymbol{\xi}_{i1}, \boldsymbol{\xi}_{i2}, \cdots, \boldsymbol{\xi}_{it_i}$.

(iii) 判断: 如果 $t_1+\cdots+t_s<n$, 则 $\boldsymbol{A}$ 不可对角化, 算法结束;

(iv) 如果 $t_1+\cdots+t_s=n$, 则 $\boldsymbol{A}$ 可对角化; 此时, 把所有基础解系中的解向量

$\boldsymbol{\xi}_{11},\cdots,\boldsymbol{\xi}_{1t_1}$ (属于 λ_1 的), $\cdots$, $\boldsymbol{\xi}_{s1},\cdots,\boldsymbol{\xi}_{st_s}$ (属于 λ_s 的) 拼成一个方阵 $\boldsymbol{P}$, 则①

$$\boldsymbol{P}^{-1}\boldsymbol{A}\boldsymbol{P}=\begin{pmatrix}\lambda_1&&&&&&&&\\&\ddots&&&&&&&\\&&\lambda_1&&&&&&\\&&&\lambda_2&&&&&\\&&&&\ddots&&&&\\&&&&&\lambda_2&&&\\&&&&&&\ddots&&\\&&&&&&&\lambda_s&\\&&&&&&&&\ddots&\\&&&&&&&&&\lambda_s\end{pmatrix}$$

其中, λ_i 在对角线上出现的次数是 t_i. (为简便起见, 非对角线上的 0 未显示.)

(5) 利用可对角化计算方阵的幂或多项式.

4.1.3 内积、正交阵与实对称阵

- 基本概念: 内积; 正交; 单位化; 标准正交基; 正交阵; 实对称阵.
- 基本结论:

(1) 内积具有对称性 ($(\boldsymbol{\xi},\boldsymbol{\eta})=(\boldsymbol{\eta},\boldsymbol{\xi})$) 和线性性质 ($(a\boldsymbol{\xi}+b\boldsymbol{\eta},\boldsymbol{\gamma})=a(\boldsymbol{\xi},\boldsymbol{\gamma})+b(\boldsymbol{\eta},\boldsymbol{\gamma})$, a, b 为任意数).

(2) 由两两正交的非零向量组成的向量组线性无关.

(3) 由施密特正交化方法得到的向量组是两两正交的.

(4) 正交阵的基本性质.

命题 4.6 (i) 如果 $\boldsymbol{P}$ 是正交阵, 则 $\boldsymbol{P}$ 可逆, 且 $\boldsymbol{P}^{-1}$ 也是正交阵.

(ii) 任意正交阵的行列式是 1 或 -1.

(iii) 正交阵的乘积仍然是正交阵.

(iv) 若 $\boldsymbol{P}_1,\boldsymbol{P}_2$ 分别是 m,n 阶正交阵, 则准对角阵

$$\begin{pmatrix}\boldsymbol{P}_1&\boldsymbol{0}\\\boldsymbol{0}&\boldsymbol{P}_2\end{pmatrix}$$

也是正交阵.

推论 4.3 方阵 $\boldsymbol{P}$ 是正交阵 $\Leftrightarrow$ $\boldsymbol{P}$ 的列向量构成一个标准正交基.

命题 4.7 设 $\boldsymbol{P}$ 是 n 阶正交阵. 则对任意 n 维向量 $\boldsymbol{\xi},\boldsymbol{\eta}$ 有 $(\boldsymbol{\xi},\boldsymbol{\eta})=(\boldsymbol{P}\boldsymbol{\xi},\boldsymbol{P}\boldsymbol{\eta})$.

① 由命题 4.3 (iii), $\boldsymbol{P}$ 一定可逆.

(5) 实对称阵的特征值全是实数, 且属于不同特征值的特征向量是正交的.

命题 4.8 设 $\boldsymbol{A}$ 是实对称阵, $\boldsymbol{\xi}$, $\boldsymbol{\eta}$ 是 $\boldsymbol{A}$ 的分别属于特征值 λ, μ 的特征向量, 且 $\lambda \neq \mu$, 则 $(\boldsymbol{\xi}, \boldsymbol{\eta}) = 0$.

(6) 任意实对称阵都是可对角化的, 特别地, 可以用正交阵得到与该实对称阵相似的对角阵.

定理 4.1 设 $\boldsymbol{A}$ 是任意实对称阵. 则存在正交阵 $\boldsymbol{P}$ 使得 $\boldsymbol{P}^{\mathrm{T}}\boldsymbol{A}\boldsymbol{P} = \boldsymbol{P}^{-1}\boldsymbol{A}\boldsymbol{P}$ 是对角阵, 且该对角阵的对角元恰好是 $\boldsymbol{A}$ 的全部特征值.

(7) 两个 n 阶实对称阵相似 $\Leftrightarrow$ 它们的特征多项式相同.

• 基本计算:

(1) 计算向量的内积.

(2) 施密特正交化方法: 利用一个线性无关的向量组, 构造一个与之等价的正交向量组.

算法 4.2 (施密特 (Schmidt) 正交化方法.) 任意给定 m 个线性无关的 n 维向量 $\boldsymbol{\xi}_1, \cdots, \boldsymbol{\xi}_m$. (必然有 $m \leqslant n$.)

(i) 设 $\boldsymbol{\eta}_1 = \boldsymbol{\xi}_1$. ($\boldsymbol{\eta}_1 \neq \boldsymbol{0}$, 因此可以进行下一步.)

(ii) 设 $\boldsymbol{\eta}_2 = \boldsymbol{\xi}_2 - \dfrac{(\boldsymbol{\xi}_2, \boldsymbol{\eta}_1)}{\|\boldsymbol{\eta}_1\|^2}\boldsymbol{\eta}_1$. ($\boldsymbol{\eta}_2 \neq \boldsymbol{0}$, 因此可以进行下一步.)

(ii) 设 $\boldsymbol{\eta}_3 = \boldsymbol{\xi}_3 - \dfrac{(\boldsymbol{\xi}_3, \boldsymbol{\eta}_2)}{\|\boldsymbol{\eta}_2\|^2}\boldsymbol{\eta}_2 - \dfrac{(\boldsymbol{\xi}_3, \boldsymbol{\eta}_1)}{\|\boldsymbol{\eta}_1\|^2}\boldsymbol{\eta}_1$. ($\boldsymbol{\eta}_3 \neq \boldsymbol{0}$, 因此可以进行下一步.)

(iv) ……

(v) 设 $\boldsymbol{\eta}_k = \boldsymbol{\xi}_k - \dfrac{(\boldsymbol{\xi}_k, \boldsymbol{\eta}_{k-1})}{\|\boldsymbol{\eta}_{k-1}\|^2}\boldsymbol{\eta}_{k-1} - \cdots - \dfrac{(\boldsymbol{\xi}_k, \boldsymbol{\eta}_1)}{\|\boldsymbol{\eta}_1\|^2}\boldsymbol{\eta}_1$.

(vi) ……

(vii) 设 $\boldsymbol{\eta}_m = \boldsymbol{\xi}_m - \dfrac{(\boldsymbol{\xi}_m, \boldsymbol{\eta}_{m-1})}{\|\boldsymbol{\eta}_{m-1}\|^2}\boldsymbol{\eta}_{m-1} - \cdots - \dfrac{(\boldsymbol{\xi}_m, \boldsymbol{\eta}_1)}{\|\boldsymbol{\eta}_1\|^2}\boldsymbol{\eta}_1$.

(3) 给定实对称阵 $\boldsymbol{A}$, 求正交阵 $\boldsymbol{P}$ 使得 $\boldsymbol{P}^{-1}\boldsymbol{A}\boldsymbol{P} = \boldsymbol{P}^{\mathrm{T}}\boldsymbol{A}\boldsymbol{P}$ 是对角阵.

算法 4.3 给定 n 阶实对称阵 $\boldsymbol{A}$, 求正交阵 $\boldsymbol{P}$ 使得

$$\boldsymbol{P}^{-1}\boldsymbol{A}\boldsymbol{P} = \boldsymbol{P}^{\mathrm{T}}\boldsymbol{A}\boldsymbol{P}$$

是对角阵.

(i) 求出 $\boldsymbol{A}$ 的特征多项式 $f(\lambda) = |\lambda \boldsymbol{I}_n - \boldsymbol{A}|$, 在此基础上得到 $\boldsymbol{A}$ 的所有互不相同的特征值 $\lambda_1, \cdots, \lambda_s$ $(s \leqslant n)$;

(ii) 对每个 λ_i $(1 \leqslant i \leqslant s)$, 求出齐次线性方程组 $(\lambda_i \boldsymbol{I}_n - \boldsymbol{A})\boldsymbol{x} = \boldsymbol{0}$ 的一个基础解系: $\boldsymbol{\xi}_{i1}, \boldsymbol{\xi}_{i2}, \cdots, \boldsymbol{\xi}_{it_i}$. 并对 $\boldsymbol{\xi}_{i1}, \boldsymbol{\xi}_{i2}, \cdots, \boldsymbol{\xi}_{it_i}$ 作施密特正交化, 再单位化得到 $\gamma_{i1}, \gamma_{i2}, \cdots, \gamma_{it_i}$.

(iii) 把 (ii) 中得到的所有向量 $\gamma_{11},\cdots,\gamma_{1t_1}$ (属于 λ_1 的), $\cdots$, $\gamma_{s1},\cdots,\gamma_{st_s}$ (属于 λ_s 的) 拼成一个方阵 $\boldsymbol{P}$, 则 $\boldsymbol{P}$ 是正交阵, 且

$$\boldsymbol{P}^{-1}\boldsymbol{AP}=\begin{pmatrix}\lambda_1\boldsymbol{I}_{t_1} & \boldsymbol{0} & \cdots & \boldsymbol{0}\\ \boldsymbol{0} & \lambda_2\boldsymbol{I}_{t_2} & \cdots & \boldsymbol{0}\\ \vdots & \vdots & \ddots & \vdots\\ \boldsymbol{0} & \boldsymbol{0} & \cdots & \lambda_s\boldsymbol{I}_{t_s}\end{pmatrix},$$

其中, $\boldsymbol{I}_{t_i}$ 是 t_i 阶单位阵.

4.2 例题讲解

例 4.1 (2000) 若四阶矩阵 $\boldsymbol{A}$ 与 $\boldsymbol{B}$ 相似, 矩阵 $\boldsymbol{A}$ 的特征值为 $\dfrac{1}{2},\dfrac{1}{3},\dfrac{1}{4},\dfrac{1}{5}$, 则行列式 $|\boldsymbol{B}^{-1}-\boldsymbol{I}|=$ ________. [1] ($\boldsymbol{I}$ 是单位阵.)

解: 由 $\boldsymbol{A}\sim\boldsymbol{B}$ 得 $\dfrac{1}{2},\dfrac{1}{3},\dfrac{1}{4},\dfrac{1}{5}$ 是 $\boldsymbol{B}$ 的特征值, 从而, $\boldsymbol{B}^{-1}$ 的特征值是 $2,3,4,5$, 因此 $\boldsymbol{B}^{-1}-\boldsymbol{I}$ 的特征值是 $1,2,3,4$, 于是 $|\boldsymbol{B}^{-1}-\boldsymbol{I}|=1\cdot2\cdot3\cdot4=24$.[2] □

例 4.2 已知 $\boldsymbol{\alpha}=(1,1,1)^{\mathrm{T}}$ 是矩阵 $\boldsymbol{A}=\begin{pmatrix}1&2&3\\0&a&2\\2&2&b\end{pmatrix}$ 的一个特征向量, 则 $a-b=$ ________.

解: 因为 $\boldsymbol{\alpha}=(1,1,1)^{\mathrm{T}}$ 是 $\boldsymbol{A}$ 的特征向量, 从而 $\boldsymbol{A\alpha}=\lambda\boldsymbol{\alpha}$, 即

$$\boldsymbol{A\alpha}=\begin{pmatrix}1&2&3\\0&a&2\\2&2&b\end{pmatrix}\begin{pmatrix}1\\1\\1\end{pmatrix}=\begin{pmatrix}6\\a+2\\4+b\end{pmatrix}=\lambda\begin{pmatrix}1\\1\\1\end{pmatrix},$$

从而 $\lambda=6,a=4,b=2$, 进一步地, $a-b=2$.

例 4.3 已知三阶方阵 $\boldsymbol{A}$ 的特征值为 $-1,3,2$, $\boldsymbol{A}^*$ 是 $\boldsymbol{A}$ 的伴随矩阵, 求矩阵 $\boldsymbol{A}^3+2\boldsymbol{A}^*$ 的主对角线元素之和与行列式.

解: 因 $\boldsymbol{A}$ 的特征值为 $-1,3,2$, 从而 $\boldsymbol{A}$ 可逆且 $|\boldsymbol{A}|=-1\times3\times2=-6$. $\boldsymbol{A}^*=|\boldsymbol{A}|\,\boldsymbol{A}^{-1}$, 因此 $\boldsymbol{A}^3+2\boldsymbol{A}^*=\boldsymbol{A}^3+2\,|\boldsymbol{A}|\,\boldsymbol{A}^{-1}$, 令 $f(x)=x^3+\dfrac{2\,|\boldsymbol{A}|}{x}$, 则 $f(\boldsymbol{A})=\boldsymbol{A}^3+2\,|\boldsymbol{A}|\,\boldsymbol{A}^{-1}$, 从而

① 参见命题 4.5.
② $\boldsymbol{B}^{-1}-\boldsymbol{I}$ 是 $\boldsymbol{B}^{-1}$ 的多项式: 取 $h(x)=x-1$.

A^3+2A^* 的特征值为 $f(-1)=(-1)^3-12(-1)=11, f(3)=23, f(2)=2$, 从而 A^3+2A^* 的主对角线元素之和为 $11+23+2=36$, 并且 $\left|A^3+2A^*\right|=11\times 23\times 2=506$.

例 4.4 (2002) 矩阵 $A=\begin{pmatrix}0&-2&-2\\2&2&-2\\-2&-2&2\end{pmatrix}$ 的非零特征值是 ________.

解: A 的特征多项式为

$$f(\lambda)=\begin{vmatrix}\lambda&2&2\\-2&\lambda-2&2\\2&2&\lambda-2\end{vmatrix}=\lambda\begin{vmatrix}\lambda&2&2\\0&1&1\\2&2&\lambda-2\end{vmatrix}^{①}$$

$$=\lambda\begin{vmatrix}\lambda&0&0\\0&1&1\\2&2&\lambda-4\end{vmatrix}=\lambda^2(\lambda-4).$$

因此 A 的非零特征值为 $\lambda=4$.

例 4.5 已知 n 阶方阵 A 对应于特征值 λ 的全部的特征向量为 $c\alpha$, 其中 c 为非零常数, 设 n 阶方阵 P 可逆, 则 $P^{-1}AP$ 对应于特征值 λ 的全部的特征向量为 ________.

解: $P^{-1}AP$ 对应于特征值 λ 的全部的特征向量为 $cP^{-1}\alpha$, 其中 c 为非零常数.

例 4.6 已知 $A=(\alpha_1,\alpha_2,\alpha_3)$ 是三阶正交阵, 若 $\alpha_1=\left(\frac{1}{\sqrt{2}},0,-\frac{1}{\sqrt{2}}\right)^{\mathrm{T}}$, $\alpha_2=(0,1,0)^{\mathrm{T}}$, 则 $\alpha_3=$ ________.

解: 因 A 是正交矩阵, 因此 α_1, α_2, α_3 是单位正交向量组. 记 $\alpha_3=(x_1,x_2,x_3)^{\mathrm{T}}$, 则 $\alpha_1\cdot\alpha_3=\frac{1}{\sqrt{2}}(x_1-x_3)=0$, $\alpha_2\cdot\alpha_3=x_2=0$, $x_1^2+x_2^2+x_3^2=1$, 解得 $x_1=x_3=\pm\frac{1}{\sqrt{2}}$, $x_2=0$, 亦即 $\alpha_3=\pm\left(\frac{1}{\sqrt{2}},0,\frac{1}{\sqrt{2}}\right)^{\mathrm{T}}$.

例 4.7 (1995) 设 A 为 n 阶矩阵, 满足 $AA^{\mathrm{T}}=I$ (I 是 n 阶单位矩阵, A^{T} 是 A 的转置矩阵), $|A|<0$, 求 $|A+I|$.

解: 因 $AA^{\mathrm{T}}=I$, 故 A 是正交阵, 从而 $A^{-1}=A^{\mathrm{T}}$, 故 $1=|A|\left|A^{\mathrm{T}}\right|=|A|^2$, 则 $|A|=\pm1$, 又因 $|A|<0$, 故 $|A|=-1$. 进一步地,

$$|A+I|=\left|A+AA^{\mathrm{T}}\right|=|A|\left|I+A^{\mathrm{T}}\right|=-|I+A|,$$

因此 $|A+I|=0$.

例 4.8 设 $\alpha_1=(a,1,1)^{\mathrm{T}}$, $\alpha_2=(1,b,-1)^{\mathrm{T}}$, $\alpha_3=(1,-2,c)^{\mathrm{T}}$ 是正交向量组, 求 $a+b+c$.

① 把第 3 行加到第 2 行, 可以提出 λ.

解: 因 $\boldsymbol{\alpha}_1,\boldsymbol{\alpha}_2,\boldsymbol{\alpha}_3$ 是正交向量组, 因此 $\boldsymbol{\alpha}_1\cdot\boldsymbol{\alpha}_2=0,\boldsymbol{\alpha}_1\cdot\boldsymbol{\alpha}_3=0,\boldsymbol{\alpha}_2\cdot\boldsymbol{\alpha}_3=0$, 即

$$a+b-1=0,a-2+c=0,1-2b-c=0.$$

因此 $a=1,b=0,c=1$, 从而 $a+b+c=2$.

例 4.9 设线性无关的向量组 $\boldsymbol{\alpha}_1=(1,1,1,1)^{\mathrm{T}},\boldsymbol{\alpha}_2=(3,a,-1,-1)^{\mathrm{T}},\boldsymbol{\alpha}_3=(-2,0,6,b)^{\mathrm{T}}$, 经过施密特正交化方法化为正交向量组为 $\boldsymbol{\beta}_1=(1,1,1,1)^{\mathrm{T}},\boldsymbol{\beta}_2=(2,2,-2,-2)^{\mathrm{T}},\boldsymbol{\beta}_3=(-1,1,-1,1)^{\mathrm{T}}$. 求 a,b 的值.

解: 因为 $\{\boldsymbol{\alpha}_1,\boldsymbol{\alpha}_2,\boldsymbol{\alpha}_3\}$ 与 $\{\boldsymbol{\beta}_1,\boldsymbol{\beta}_2,\boldsymbol{\beta}_3\}$ 可以相互线性表出, 因此

$$r(\boldsymbol{\alpha}_1,\boldsymbol{\alpha}_2,\boldsymbol{\alpha}_3)=r(\boldsymbol{\alpha}_1,\boldsymbol{\alpha}_2,\boldsymbol{\alpha}_3,\boldsymbol{\beta}_1,\boldsymbol{\beta}_2,\boldsymbol{\beta}_3)=r(\boldsymbol{\beta}_1,\boldsymbol{\beta}_2,\boldsymbol{\beta}_3)=3.$$

利用初等行变换化为阶梯形矩阵

$$(\boldsymbol{\beta}_1,\boldsymbol{\beta}_2,\boldsymbol{\beta}_3,\boldsymbol{\alpha}_1,\boldsymbol{\alpha}_2,\boldsymbol{\alpha}_3)\rightarrow\begin{pmatrix}1&2&-1&1&3&-2\\0&1&0&0&1&-2\\0&0&2&0&a-3&2\\0&0&0&0&3-a&b-8\end{pmatrix}$$

从而 $a=3,b=8$.

例 4.10 设 n 维向量 $\boldsymbol{\alpha}_1,\boldsymbol{\alpha}_2,\cdots,\boldsymbol{\alpha}_{n-1}$ 线性无关, 且都与非零向量 $\boldsymbol{\beta}_1,\boldsymbol{\beta}_2$ 正交. (1) 证明 $\boldsymbol{\beta}_1,\boldsymbol{\beta}_2$ 线性相关; (2) 证明 $\boldsymbol{\alpha}_1,\boldsymbol{\alpha}_2,\cdots,\boldsymbol{\alpha}_{n-1},\boldsymbol{\beta}_1$ 线性无关.

证明: 方法一: (1) 记 $\boldsymbol{A}=(\boldsymbol{\alpha}_1,\boldsymbol{\alpha}_2,\cdots,\boldsymbol{\alpha}_{n-1})$, 则 $\boldsymbol{A}$ 是 $n\times(n-1)$ 型矩阵, 记 $\boldsymbol{B}=\begin{pmatrix}\boldsymbol{\beta}_1^{\mathrm{T}}\\\boldsymbol{\beta}_2^{\mathrm{T}}\end{pmatrix}$, 则 $\boldsymbol{BA}=\boldsymbol{0}$, 故 $r(\boldsymbol{A})+r(\boldsymbol{B})\leqslant n$, 又因 $\boldsymbol{\alpha}_1,\boldsymbol{\alpha}_2,\cdots,\boldsymbol{\alpha}_{n-1}$ 线性无关, 故 $r(\boldsymbol{A})=n-1$, 因此 $1\leqslant r(\boldsymbol{B})\leqslant n-r(\boldsymbol{A})=1$, 故 $r(\boldsymbol{B})=1$, 亦即 $\boldsymbol{\beta}_1,\boldsymbol{\beta}_2$ 线性相关.

(2) 设 $k_1\boldsymbol{\alpha}_1+\cdots+k_{n-1}\boldsymbol{\alpha}_{n-1}+k\boldsymbol{\beta}_1=\boldsymbol{0}$, 等式两边同时与 $\boldsymbol{\beta}_1$ 取内积可得

$$(k_1\boldsymbol{\alpha}_1+\cdots+k_{n-1}\boldsymbol{\alpha}_{n-1}+k\boldsymbol{\beta}_1)\cdot\boldsymbol{\beta}_1=k\boldsymbol{\beta}_1\cdot\boldsymbol{\beta}_1=0,$$

因此 $k=0$, 从而 $k_1\boldsymbol{\alpha}_1+\cdots+k_{n-1}\boldsymbol{\alpha}_{n-1}=\boldsymbol{0}$, 又因 $\boldsymbol{\alpha}_1,\boldsymbol{\alpha}_2,\cdots,\boldsymbol{\alpha}_{n-1}$ 线性无关, 从而 $k_1=k_2=\cdots=k_{n-1}=0$, 因此 $\boldsymbol{\alpha}_1,\boldsymbol{\alpha}_2,\cdots,\boldsymbol{\alpha}_{n-1},\boldsymbol{\beta}_1$ 线性无关.

方法二: (1) 记 $\boldsymbol{A}=\begin{pmatrix}\boldsymbol{\alpha}_1^{\mathrm{T}}\\\boldsymbol{\alpha}_2^{\mathrm{T}}\\\vdots\\\boldsymbol{\alpha}_{n-1}^{\mathrm{T}}\end{pmatrix}$, 则 $\boldsymbol{\beta}_1,\boldsymbol{\beta}_2$ 都是 $\boldsymbol{Ax}=\boldsymbol{0}$ 的非零解, 又因 $n-r(\boldsymbol{A})=1$, 从而 $\boldsymbol{Ax}=\boldsymbol{0}$ 的基础解系含 1 个向量, 从而 $\boldsymbol{\beta}_1,\boldsymbol{\beta}_2$ 线性相关.

(2) 设 $\boldsymbol{\alpha}_1, \boldsymbol{\alpha}_2, \cdots, \boldsymbol{\alpha}_{n-1}, \boldsymbol{\beta}_1$ 线性相关, 因 $\boldsymbol{\alpha}_1, \boldsymbol{\alpha}_2, \cdots, \boldsymbol{\alpha}_{n-1}$ 线性无关, 则 $\boldsymbol{\beta}_1$ 可由 $\boldsymbol{\alpha}_1, \boldsymbol{\alpha}_2, \cdots, \boldsymbol{\alpha}_{n-1}$ 线性表出, 不妨设 $\boldsymbol{\beta}_1 = k_1\boldsymbol{\alpha}_1 + \cdots + k_{n-1}\boldsymbol{\alpha}_{n-1}$, 则

$$\boldsymbol{\beta}_1 \cdot \boldsymbol{\beta}_1 = \boldsymbol{\beta}_1 \cdot (k_1\boldsymbol{\alpha}_1 + \cdots + k_{n-1}\boldsymbol{\alpha}_{n-1}) = 0,$$

与 $\boldsymbol{\beta}_1$ 非零矛盾. 因此 $\boldsymbol{\alpha}_1, \boldsymbol{\alpha}_2, \cdots, \boldsymbol{\alpha}_{n-1}, \boldsymbol{\beta}_1$ 线性无关.

方法三: 由施密特正交化方法, 存在正交向量组 $\boldsymbol{\gamma}_1, \boldsymbol{\gamma}_2, \cdots, \boldsymbol{\gamma}_{n-1}$ 与 $\boldsymbol{\alpha}_1, \boldsymbol{\alpha}_2, \cdots, \boldsymbol{\alpha}_{n-1}$ 等价. 从而 $\boldsymbol{\gamma}_1, \boldsymbol{\gamma}_2, \cdots, \boldsymbol{\gamma}_{n-1}$ 与 $\boldsymbol{\beta}_1, \boldsymbol{\beta}_2$ 均正交. 因此 $\boldsymbol{\gamma}_1, \boldsymbol{\gamma}_2, \cdots, \boldsymbol{\gamma}_{n-1}, \boldsymbol{\beta}_1$ 是正交向量组, 从而线性无关, 又因为 $\boldsymbol{\alpha}_1, \boldsymbol{\alpha}_2, \cdots, \boldsymbol{\alpha}_{n-1}, \boldsymbol{\beta}_1$ 与 $\boldsymbol{\gamma}_1, \boldsymbol{\gamma}_2, \cdots, \boldsymbol{\gamma}_{n-1}, \boldsymbol{\beta}_1$ 等价, 从而也线性无关.

因 $\boldsymbol{\gamma}_1, \boldsymbol{\gamma}_2, \cdots, \boldsymbol{\gamma}_{n-1}, \boldsymbol{\beta}_1$ 线性无关, 但是 $\boldsymbol{\gamma}_1, \boldsymbol{\gamma}_2, \cdots, \boldsymbol{\gamma}_{n-1}, \boldsymbol{\beta}_1, \boldsymbol{\beta}_2$ 线性相关, 从而 $\boldsymbol{\beta}_2$ 可由 $\boldsymbol{\gamma}_1, \boldsymbol{\gamma}_2, \cdots, \boldsymbol{\gamma}_{n-1}, \boldsymbol{\beta}_1$ 线性表出, 因此 $\boldsymbol{\beta}_2 = k_1\boldsymbol{\gamma}_1 + \cdots + k_{n-1}\boldsymbol{\gamma}_{n-1} + k\boldsymbol{\beta}_1$, 等式两边同时与 $\boldsymbol{\gamma}_1$ 作内积, 得

$$0 = \boldsymbol{\beta}_2 \cdot \boldsymbol{\gamma}_1 = (k_1\boldsymbol{\gamma}_1 + \cdots + k_{n-1}\boldsymbol{\gamma}_{n-1} + k\boldsymbol{\beta}_1) \cdot \boldsymbol{\gamma}_1 = k_1\boldsymbol{\gamma}_1 \cdot \boldsymbol{\gamma}_1,$$

从而 $k_1 = 0$, 类似可得 $k_2 = \cdots = k_{n-1} = 0$, 因此 $\boldsymbol{\beta}_2 = k\boldsymbol{\beta}_1$, 即 $\boldsymbol{\beta}_1, \boldsymbol{\beta}_2$ 线性相关. □

例 4.11 设 $\boldsymbol{A}, \boldsymbol{B}$ 均为 n 阶方阵, 证明: 若 $\boldsymbol{A}, \boldsymbol{B}$ 相似, 则 $|\boldsymbol{A}| = |\boldsymbol{B}|$, 举例说明反过来不成立.

解: 因为 $\boldsymbol{A}, \boldsymbol{B}$ 相似, 从而存在可逆矩阵 $\boldsymbol{P}$, 使得 $\boldsymbol{A} = \boldsymbol{P}\boldsymbol{B}\boldsymbol{P}^{-1}$, 从而

$$|\boldsymbol{A}| = \left|\boldsymbol{P}\boldsymbol{B}\boldsymbol{P}^{-1}\right| = |\boldsymbol{P}|\,|\boldsymbol{B}|\,\left|\boldsymbol{P}^{-1}\right| = |\boldsymbol{P}|\,\left|\boldsymbol{P}^{-1}\right|\,|\boldsymbol{B}| = |\boldsymbol{B}|.$$

反过来显然不成立, 比如当 $n = 2$ 时, $\boldsymbol{A} = \begin{pmatrix} 0 & 0 \\ 0 & 0 \end{pmatrix}$, $\boldsymbol{B} = \begin{pmatrix} 1 & 0 \\ 0 & 0 \end{pmatrix}$, 显然 $|\boldsymbol{A}| = |\boldsymbol{B}| = 0$, 但是 $\boldsymbol{A}$ 与 $\boldsymbol{B}$ 显然不相似, 因为零矩阵只和自己相似.

例 4.12 (1989) 设矩阵 $\boldsymbol{A} = \begin{pmatrix} -1 & 2 & 2 \\ 2 & -1 & -2 \\ 2 & -2 & -1 \end{pmatrix}$.

(1) 试求矩阵 $\boldsymbol{A}$ 的特征值;

(2) 利用 (1) 的结果, 求矩阵 $\boldsymbol{I} + \boldsymbol{A}^{-1}$ 的特征值, 其中 $\boldsymbol{I}$ 是三阶单位矩阵.

(3) 利用 (1) 的结果, 求矩阵 $\boldsymbol{I} + \boldsymbol{A}^*$ 的特征值, 其中 $\boldsymbol{A}^*$ 是 $\boldsymbol{A}$ 的伴随矩阵.

解: (1) 把第 3 行的 -1 倍加到第 2 行, 可以提出 $\lambda-1$, 故 $\boldsymbol{A}$ 的特征多项式为

$$f(\lambda)=\begin{vmatrix}\lambda+1 & -2 & -2\\ -2 & \lambda+1 & 2\\ -2 & 2 & \lambda+1\end{vmatrix}=\begin{vmatrix}\lambda+1 & -2 & -2\\ 0 & \lambda-1 & 1-\lambda\\ -2 & 2 & \lambda+1\end{vmatrix}$$

$$=(\lambda-1)\begin{vmatrix}\lambda+1 & -2 & -2\\ 0 & 1 & -1\\ -2 & 2 & \lambda+1\end{vmatrix}$$

$$=(\lambda-1)\begin{vmatrix}\lambda+1 & -4 & -2\\ 0 & 0 & -1\\ -2 & \lambda+3 & \lambda+1\end{vmatrix}=(\lambda-1)^2(\lambda+5).$$

所以, $\boldsymbol{A}$ 的特征值为 $\lambda_1=\lambda_2=1, \lambda_3=-5$.

(2) 由 (1), $\boldsymbol{A}^{-1}$ 的全部特征值为 $1,1,-\dfrac{1}{5}$, 所以, $\boldsymbol{I}+\boldsymbol{A}^{-1}$ 的全部特征值为 $2, 2, \dfrac{4}{5}$.

(3) 由 $|\boldsymbol{A}|=-5\neq 0$ 得 $\boldsymbol{A}^*=|\boldsymbol{A}|\,\boldsymbol{A}^{-1}=-5\boldsymbol{A}^{-1}$, 所以, 由 (2) 得 $\boldsymbol{A}^*$ 的全部特征值为 $-5,-5,1$, 从而 $\boldsymbol{I}+\boldsymbol{A}^*$ 的全部特征值为 $-4, -4, 2$.①

例 4.13 (2003) 设 $\boldsymbol{A}=\begin{pmatrix}3&2&2\\2&3&2\\2&2&3\end{pmatrix}$, $\boldsymbol{P}=\begin{pmatrix}0&1&0\\1&0&1\\0&0&1\end{pmatrix}$, $\boldsymbol{B}=\boldsymbol{P}^{-1}\boldsymbol{A}^*\boldsymbol{P}$, 其中 $\boldsymbol{A}^*$ 为 $\boldsymbol{A}$ 的伴随矩阵, $\boldsymbol{I}$ 为三阶单位矩阵. 求 $\boldsymbol{B}+2\boldsymbol{I}$ 的特征值与特征向量.

解: 首先求出

$$\boldsymbol{P}^{-1}=\begin{pmatrix}0&1&-1\\1&0&0\\0&0&1\end{pmatrix},\quad \boldsymbol{A}^*=\begin{pmatrix}5&-2&-2\\-2&5&-2\\-2&-2&5\end{pmatrix}.②$$

由此即得 $\boldsymbol{B}+2\boldsymbol{I}=\begin{pmatrix}9&0&0\\-2&7&-4\\-2&-2&5\end{pmatrix}$, 其特征多项式为③

$$|\lambda\boldsymbol{I}-(\boldsymbol{B}+2\boldsymbol{I})|=\begin{vmatrix}\lambda-9&0&0\\2&\lambda-7&4\\2&2&\lambda-5\end{vmatrix}=(\lambda-9)^2(\lambda-3),$$

所以 $\boldsymbol{B}+2\boldsymbol{I}$ 的全部特征值为 $\lambda_1=\lambda_2=9$, $\lambda_3=3$.

---

① $\boldsymbol{A}^*+\boldsymbol{I}$ 是 $\boldsymbol{A}^*$ 的多项式: 取 $h(x)=x+1$.
② 直接用定义求伴随矩阵; 利用 $\boldsymbol{P}^*$ 求 $\boldsymbol{P}^{-1}$ 较简便.
③ 也可以利用 $\boldsymbol{A}^*+2\boldsymbol{I}$ 的特征值和特征向量来计算.

对于特征值 9, $(9\boldsymbol{I}-(\boldsymbol{B}+2\boldsymbol{I}))\boldsymbol{x}=\boldsymbol{0}$ 的系数矩阵为

$$\begin{pmatrix}0&0&0\\2&2&4\\2&2&4\end{pmatrix}\to\begin{pmatrix}1&1&2\\0&0&0\\0&0&0\end{pmatrix},$$

由此得到一个基础解系: $\boldsymbol{\alpha}_1=(-1,1,0)^{\mathrm{T}}$, $\boldsymbol{\alpha}_2=(-2,0,1)^{\mathrm{T}}$. 因此 $\boldsymbol{B}+2\boldsymbol{I}$ 的属于 9 的全部特征向量为 $c_1\boldsymbol{\alpha}_1+c_2\boldsymbol{\alpha}_2$, 其中 c_1, c_2 是不全为零的任意数.

对于特征值 3, $(3\boldsymbol{I}-(\boldsymbol{B}+2\boldsymbol{I}))\boldsymbol{x}=\boldsymbol{0}$ 的系数矩阵为

$$\begin{pmatrix}-6&0&0\\2&-4&4\\2&2&-2\end{pmatrix}\to\begin{pmatrix}1&0&0\\0&1&-1\\0&0&0\end{pmatrix},$$

由此得到一个基础解系: $\boldsymbol{\alpha}_3=(0,1,1)^{\mathrm{T}}$, 即 $\boldsymbol{B}+2\boldsymbol{I}$ 的属于 3 的全部特征向量为 $c_3\boldsymbol{\alpha}_3$, 其中, c_3 是任意的非零数.

例 4.14 (1998) 设 $\boldsymbol{\alpha}=(a_1,\cdots,a_n)^{\mathrm{T}}$, $\boldsymbol{\beta}=(b_1,\cdots,b_n)^{\mathrm{T}}$ 都是非零向量, 且满足条件 $\boldsymbol{\alpha}^{\mathrm{T}}\boldsymbol{\beta}=0$. 记 n 阶矩阵 $\boldsymbol{A}=\boldsymbol{\alpha}\boldsymbol{\beta}^{\mathrm{T}}$. 求:

(1) $\boldsymbol{A}^2$;

(2) 矩阵 $\boldsymbol{A}$ 的特征值和特征向量.

解: (1) 由 $\boldsymbol{\alpha}^{\mathrm{T}}\boldsymbol{\beta}=0$ 得 $\boldsymbol{\beta}^{\mathrm{T}}\boldsymbol{\alpha}=0$①, 从而

$$\boldsymbol{A}^2=\boldsymbol{\alpha}\boldsymbol{\beta}^{\mathrm{T}}\boldsymbol{\alpha}\boldsymbol{\beta}^{\mathrm{T}}=\boldsymbol{\alpha}\left(\boldsymbol{\beta}^{\mathrm{T}}\boldsymbol{\alpha}\right)\boldsymbol{\beta}^{\mathrm{T}}=\boldsymbol{0}.$$

(2) 设 λ 是 $\boldsymbol{A}$ 的任意特征值, 则 λ^2 是 $\boldsymbol{A}^2$ 的特征值, 从而由 (1) 可知, $\lambda=0$. 所以, $\boldsymbol{A}$ 的全部特征值都是 0.

由于 $\boldsymbol{\alpha}$, $\boldsymbol{\beta}$ 都是非零向量, 所以, $\boldsymbol{A}=\boldsymbol{\alpha}\boldsymbol{\beta}^{\mathrm{T}}$ 是非零矩阵, 从而 $1\leqslant r(\boldsymbol{A})\leqslant\min(r(\boldsymbol{\alpha}), r(\boldsymbol{\beta}^{\mathrm{T}}))=1$, 即 $r(\boldsymbol{A})=1$, 从而 $\boldsymbol{A}$ 的属于特征值 0 的线性无关的特征向量的个数为 $n-1$.② (由题设, 必然有 $n>1$.)

设 $\boldsymbol{\xi}$ 是方程组

$$\boldsymbol{\beta}^{\mathrm{T}}\boldsymbol{x}=b_1x_1+\cdots+b_nx_n=0 \tag{$*$}$$

的任意非零解. 则 $\boldsymbol{A}\boldsymbol{\xi}=\boldsymbol{\alpha}\boldsymbol{\beta}^{\mathrm{T}}\boldsymbol{\xi}=0\boldsymbol{\alpha}=\boldsymbol{0}$, 即 $\boldsymbol{\xi}$ 是 $\boldsymbol{A}$ 的属于特征值 0 的特征向量. 所以, 式 $(*)$ 的任意非零解都是 $\boldsymbol{A}$ 的属于特征值 0 的特征向量.

而式 $(*)$ 的系数矩阵为 $\boldsymbol{\beta}^{\mathrm{T}}$, 其秩为 1, 所以, 它的基础解系含有 $n-1$ 个线性无关的向量.

---

① 两边取转置; 矩阵乘法满足结合律.

② 参见推论 4.2.

综上所述, 任取式 (*) 的一个基础解系: $\boldsymbol{\xi}_1, \cdots, \boldsymbol{\xi}_{n-1}$, 则 $\boldsymbol{A}$ 的属于特征值 0 的全部特征向量为 $c_1\boldsymbol{\xi}_1 + \cdots + c_{n-1}\boldsymbol{\xi}_{n-1}$, 其中, $c_1, \cdots, c_{n-1}$ 是不全为 0 的任意数.

例 4.15 设三阶方阵 $\boldsymbol{A} = \boldsymbol{I} + \boldsymbol{\alpha}^{\mathrm{T}}\boldsymbol{\beta}$, 其中 $\boldsymbol{\alpha} = (a_1, a_2, a_3)$, $\boldsymbol{\beta} = (b_1, b_2, b_3)$, $b_1 \neq 0$, $\boldsymbol{I}$ 是三阶单位矩阵且 $\boldsymbol{\beta}\boldsymbol{\alpha}^{\mathrm{T}} = 2$.

(1) 求 $\boldsymbol{A}$ 的全部特征值与特征向量;

(2) 试分析 $\boldsymbol{A}$ 能否相似对角化. 如果能, 求可逆矩阵 $\boldsymbol{P}$, 使得 $\boldsymbol{P}^{-1}\boldsymbol{A}\boldsymbol{P}$ 是对角阵; 如果不能, 请说明原因.

解: 方法一: (1) 易得 $\boldsymbol{A}\boldsymbol{\alpha}^{\mathrm{T}} = \boldsymbol{\alpha}^{\mathrm{T}} + \boldsymbol{\alpha}^{\mathrm{T}}\boldsymbol{\beta}\boldsymbol{\alpha}^{\mathrm{T}} = 3\boldsymbol{\alpha}^{\mathrm{T}}$, 从而 $\boldsymbol{\alpha}^{\mathrm{T}}$ 是 $\boldsymbol{A}$ 的对应于特征值 3 的一个特征向量.

记 $\boldsymbol{x} = (x_1, x_2, x_3)^{\mathrm{T}}$, 解 $\boldsymbol{\beta}\boldsymbol{x} = 0$ 可得基础解系 $\boldsymbol{\xi}_1 = (-b_2, b_1, 0)^{\mathrm{T}}$, $\boldsymbol{\xi}_2 = (-b_3, 0, b_1)^{\mathrm{T}}$. 因此 $\boldsymbol{\xi}_1$, $\boldsymbol{\xi}_2$ 是 $\boldsymbol{A}$ 的对应于特征值 1 的两个线性无关的特征向量.

综上所述, $\boldsymbol{\alpha}^{\mathrm{T}}$, $\boldsymbol{\xi}_1$, $\boldsymbol{\xi}_2$ 是 $\boldsymbol{A}$ 的 3 个线性无关的特征向量, 因此 $\boldsymbol{A}$ 一定可以相似对角化且 $\boldsymbol{A}$ 全部的特征值为 3, 1, 1.

$\boldsymbol{A}$ 的对应于特征值 3 的全部特征向量为 $c\boldsymbol{\alpha}^{\mathrm{T}}$, 其中 c 是任意非零常数.

$\boldsymbol{A}$ 的对应于特征值 1 的全部特征向量为 $c_1\boldsymbol{\xi}_1 + c_2\boldsymbol{\xi}_2$, 其中 c_1, c_2 是任意的不全为零的常数.

(2) 由 (1) 中分析知 $\boldsymbol{A}$ 一定可以相似对角化. 取 $\boldsymbol{P} = (\boldsymbol{\alpha}^{\mathrm{T}}, \boldsymbol{\xi}_1, \boldsymbol{\xi}_2)$, 则 $\boldsymbol{P}^{-1}\boldsymbol{A}\boldsymbol{P} = \begin{pmatrix} 3 & 0 & 0 \\ 0 & 1 & 0 \\ 0 & 0 & 1 \end{pmatrix}$.

方法二: (1) $\boldsymbol{A}$ 的特征方程为

$$|\lambda \boldsymbol{I} - \boldsymbol{A}| = \begin{vmatrix} \lambda - 1 - a_1b_1 & -a_1b_2 & -a_1b_3 \\ -a_2b_1 & \lambda - 1 - a_2b_2 & -a_2b_3 \\ -a_3b_1 & -a_3b_2 & \lambda - 1 - a_3b_3 \end{vmatrix}$$

$$= b_1 \begin{vmatrix} \dfrac{\lambda - 1}{b_1} - a_1 & -a_1b_2 & -a_1b_3 \\ -a_2 & \lambda - 1 - a_2b_2 & -a_2b_3 \\ -a_3 & -a_3b_2 & \lambda - 1 - a_3b_3 \end{vmatrix}$$

$$= b_1 \begin{vmatrix} \dfrac{\lambda - 1}{b_1} - a_1 & -b_2\dfrac{\lambda - 1}{b_1} & -b_3\dfrac{\lambda - 1}{b_1} \\ -a_2 & \lambda - 1 & 0 \\ -a_3 & 0 & \lambda - 1 \end{vmatrix}$$

$$= \begin{vmatrix} \lambda-1-a_1b_1 & -b_2(\lambda-1) & -b_3(\lambda-1) \\ -a_2 & \lambda-1 & 0 \\ -a_3 & 0 & \lambda-1 \end{vmatrix}$$

$$= \begin{vmatrix} \lambda-1-\sum_{i=1}^{3} a_ib_i & 0 & 0 \\ -a_2 & \lambda-1 & 0 \\ -a_3 & 0 & \lambda-1 \end{vmatrix} = \left(\lambda-1-\sum_{i=1}^{3} a_ib_i\right)(\lambda-1)^2,$$

因此 $\boldsymbol{A}$ 全部的特征值为 $\lambda_1 = 1+\sum_{i=1}^{3} a_ib_i = 3, \lambda_2 = \lambda_3 = 1.$

易得 $\boldsymbol{A}\boldsymbol{\alpha}^{\mathrm{T}} = \boldsymbol{\alpha}^{\mathrm{T}} + \boldsymbol{\alpha}^{\mathrm{T}}\boldsymbol{\beta}\boldsymbol{\alpha}^{\mathrm{T}} = 3\boldsymbol{\alpha}^{\mathrm{T}}$, 从而 $\boldsymbol{A}$ 的对应于特征值 3 的全部特征向量为 $c\boldsymbol{\alpha}^{\mathrm{T}}$, 其中 c 是任意非零常数.

记 $\boldsymbol{x} = (x_1, x_2, x_3)^{\mathrm{T}}$, 解 $(\boldsymbol{I}-\boldsymbol{A})\boldsymbol{x} = \boldsymbol{\alpha}^{\mathrm{T}}\boldsymbol{\beta}\boldsymbol{x} = \boldsymbol{0}$ 可得基础解系 $\boldsymbol{\xi}_1 = (-b_2, b_1, 0)^{\mathrm{T}}$, $\boldsymbol{\xi}_2 = (-b_3, 0, b_1)^{\mathrm{T}}$. 从而 $\boldsymbol{A}$ 的对应于特征值 1 的全部特征向量为 $c_1\boldsymbol{\xi}_1 + c_2\boldsymbol{\xi}_2$, 其中 c_1, c_2 是任意的不全为零的常数.

(2) 的解答与方法一相同, 此处省略.

例 4.16 令 $\boldsymbol{\alpha} = (1,1,0)^{\mathrm{T}}$, 实对称矩阵 $\boldsymbol{A} = \boldsymbol{\alpha}\boldsymbol{\alpha}^{\mathrm{T}}$.

(1) 求可逆阵 $\boldsymbol{P}$ 使得 $\boldsymbol{P}^{-1}\boldsymbol{A}\boldsymbol{P}$ 是对角阵, 并写出这个对角阵;

(2) 求 $|\boldsymbol{I}-\boldsymbol{A}^{2\,017}|$. 其中 $\boldsymbol{I}$ 是三阶方阵.

解: 方法一: (1) $\boldsymbol{A} = \boldsymbol{\alpha}\boldsymbol{\alpha}^{\mathrm{T}} = \begin{pmatrix} 1 \\ 1 \\ 0 \end{pmatrix} (1\ \ 1\ \ 0) = \begin{pmatrix} 1 & 1 & 0 \\ 1 & 1 & 0 \\ 0 & 0 & 0 \end{pmatrix}$, 从而 $f(\lambda) = |\lambda\boldsymbol{I}-\boldsymbol{A}| = \begin{vmatrix} \lambda-1 & -1 & 0 \\ -1 & \lambda-1 & 0 \\ 0 & 0 & \lambda \end{vmatrix} = \lambda^2(\lambda-2)$, 即 $\boldsymbol{A}$ 的全部特征值为 $0, 0, 2$.

对于特征值 0, $(0\boldsymbol{I}-\boldsymbol{A})\boldsymbol{x} = \boldsymbol{0}$ 的系数矩阵为

$$\begin{pmatrix} -1 & -1 & 0 \\ -1 & -1 & 0 \\ 0 & 0 & 0 \end{pmatrix} \to \begin{pmatrix} 1 & 1 & 0 \\ 0 & 0 & 0 \\ 0 & 0 & 0 \end{pmatrix},$$

由此得到一个基础解系: $\boldsymbol{\xi}_1 = (-1,1,0)^{\mathrm{T}}, \boldsymbol{\xi}_2 = (0,0,1)^{\mathrm{T}}$.

对于特征值 2, $(2\boldsymbol{I}-\boldsymbol{A})\boldsymbol{x} = \boldsymbol{0}$ 的系数矩阵为

$$\begin{pmatrix} 1 & -1 & 0 \\ -1 & 1 & 0 \\ 0 & 0 & 1 \end{pmatrix} \to \begin{pmatrix} 1 & -1 & 0 \\ 0 & 0 & 1 \\ 0 & 0 & 0 \end{pmatrix},$$

由此得到一个基础解系 $\boldsymbol{\xi}_3=(1,1,0)^{\mathrm{T}}$.

令 $\boldsymbol{P}=(\boldsymbol{\xi}_1\ \ \boldsymbol{\xi}_2\ \ \boldsymbol{\xi}_3)$. 则 $\boldsymbol{P}^{-1}\boldsymbol{A}\boldsymbol{P}=\begin{pmatrix}0&0&0\\0&0&0\\0&0&2\end{pmatrix}$.

(2) 由 (1) 得: $\boldsymbol{I}-\boldsymbol{A}^{2\,017}$ 的全部特征值为 $1,1,1-2^{2\,017}$, 所以, $|\boldsymbol{I}-\boldsymbol{A}^{2\,017}|=1-2^{2\,017}$.①

方法二: 由于 $\boldsymbol{A}\boldsymbol{\alpha}=\boldsymbol{\alpha}\boldsymbol{\alpha}^{\mathrm{T}}\boldsymbol{\alpha}=2\boldsymbol{\alpha}$, 而 $\boldsymbol{\alpha}\neq\boldsymbol{0}$, 所以, 2 是 $\boldsymbol{A}$ 的一个特征值.

由于 $\boldsymbol{A}$ 是实对称阵, 所以 $\boldsymbol{A}$ 可对角化, 即 $\boldsymbol{A}\sim\boldsymbol{D}=\begin{pmatrix}2&0&0\\0&\lambda_1&0\\0&0&\lambda_2\end{pmatrix}$, 其中, λ_1, λ_2 是 $\boldsymbol{A}$ 的特征值.

由于 $1\leqslant r(\boldsymbol{A})\leqslant\min(r(\boldsymbol{\alpha}),r(\boldsymbol{\alpha}^{\mathrm{T}}))=1$, 所以, $r(\boldsymbol{A})=1$, 从而 $r(\boldsymbol{D})=1$, 因此, $\lambda_1=\lambda_2=0$.

综上所述, $\boldsymbol{A}$ 的全部特征值是 2, 0, 0.

考虑 $\boldsymbol{\alpha}^{\mathrm{T}}\boldsymbol{x}=x_1+x_2=0$. 其基础解系为 $\boldsymbol{\eta}_1=(-1,1,0)^{\mathrm{T}}$, $\boldsymbol{\eta}_2=(0,0,1)^{\mathrm{T}}$. 由于 $\boldsymbol{A}\boldsymbol{\eta}_i=\boldsymbol{\alpha}\boldsymbol{\alpha}^{\mathrm{T}}\boldsymbol{\eta}_i=\boldsymbol{0}$, 所以, $\boldsymbol{\eta}_1$, $\boldsymbol{\eta}_2$ 是 $\boldsymbol{A}$ 的属于 0 的线性无关的特征向量.

综上所述, 令 $\boldsymbol{P}=(\boldsymbol{\alpha}\ \ \boldsymbol{\eta}_1\ \ \boldsymbol{\eta}_2)$. 则 $\boldsymbol{P}^{-1}\boldsymbol{A}\boldsymbol{P}=\begin{pmatrix}2&0&0\\0&0&0\\0&0&0\end{pmatrix}$.

(2) 同方法一.

例 4.17 (1995) 已知 $\boldsymbol{\xi}=\begin{pmatrix}1\\1\\-1\end{pmatrix}$ 是 $\boldsymbol{A}=\begin{pmatrix}2&-1&2\\5&a&3\\-1&b&-2\end{pmatrix}$ 的一个特征向量.

(1) 试确定参数 a,b 及特征向量 $\boldsymbol{\xi}$ 所对应的特征值;

(2) 问 $\boldsymbol{A}$ 能否相似于对角阵? 说明理由.

解: (1) 设 $\boldsymbol{\xi}$ 对应的特征值为 λ, 即 $\boldsymbol{A}\boldsymbol{\xi}=\lambda\boldsymbol{\xi}$, 从而, $\begin{cases}2-1-2=\lambda\\5+a-3=\lambda\\-1+b+2=-\lambda\end{cases}$, 因此, $\lambda=-1$, $a=-3$, $b=0$.

(2) 由 (1) 得 $\boldsymbol{A}$ 的特征多项式为

$$|\lambda\boldsymbol{I}-\boldsymbol{A}|=\begin{vmatrix}\lambda-2&1&-2\\-5&\lambda+3&-3\\1&0&\lambda+2\end{vmatrix}=(\lambda+1)^3,$$

因此 $\boldsymbol{A}$ 的全部特征值为 $-1,-1,-1$.

① 多项式 $h(x)=1-x^{2\,017}$.

对于 -1, $(-\boldsymbol{I}-\boldsymbol{A})\boldsymbol{x}=0$ 的系数矩阵为

$$\begin{pmatrix}-3&1&-2\\-5&2&-3\\1&0&1\end{pmatrix}\rightarrow\begin{pmatrix}1&0&1\\0&1&1\\0&0&0\end{pmatrix},$$

因此其基础解系只包含 $3-r(-\boldsymbol{I}-\boldsymbol{A})=3-2=1$ 个解向量, 从而 $\boldsymbol{A}$ 的线性无关的特征向量只有 1 个, 因此不能对角化.

例 4.18 (1988) 已知矩阵 $\boldsymbol{A}=\begin{pmatrix}2&0&0\\0&0&1\\0&1&x\end{pmatrix}$ 与对角矩阵 $\boldsymbol{B}=\begin{pmatrix}2&0&0\\0&y&0\\0&0&-1\end{pmatrix}$ 相似.

(1) 求 x,y 的值;

(2) 求一个满足 $\boldsymbol{P}^{-1}\boldsymbol{A}\boldsymbol{P}=\boldsymbol{B}$ 的可逆矩阵 $\boldsymbol{P}$.

解: (1) 由 $tr(\boldsymbol{A})=tr(\boldsymbol{B})$①和 $|\boldsymbol{A}|=|\boldsymbol{B}|$ 得 $2+x=1+y$, $-2=-2y$, 即 $x=0$, $y=1$.

(2) 由 $\boldsymbol{P}$ 是对角阵且 $\boldsymbol{A}\sim\boldsymbol{P}$ 可知 $\boldsymbol{A}$ 的全部特征值为 $-1,1,2$.

对于特征值 -1, $(-\boldsymbol{I}-\boldsymbol{A})\boldsymbol{x}=0$ 的系数矩阵为

$$\begin{pmatrix}-3&0&0\\0&-1&-1\\0&-1&-1\end{pmatrix}\rightarrow\begin{pmatrix}1&0&0\\0&1&1\\0&0&0\end{pmatrix},$$

由此得到一个基础解系: $\boldsymbol{\alpha}_1=(0,-1,1)^{\mathrm{T}}$.

对于特征值 1, $(\boldsymbol{I}-\boldsymbol{A})\boldsymbol{x}=0$ 的系数矩阵为

$$\begin{pmatrix}-1&0&0\\0&1&-1\\0&-1&1\end{pmatrix}\rightarrow\begin{pmatrix}1&0&0\\0&1&-1\\0&0&0\end{pmatrix},$$

由此得到一个基础解系: $\boldsymbol{\alpha}_2=(0,1,1)^{\mathrm{T}}$.

对于特征值 2, $(2\boldsymbol{I}-\boldsymbol{A})\boldsymbol{x}=0$ 的系数矩阵为

$$\begin{pmatrix}0&0&0\\0&2&-1\\0&-1&2\end{pmatrix}\rightarrow\begin{pmatrix}0&1&0\\0&0&1\\0&0&0\end{pmatrix},$$

由此得到一个基础解系: $\boldsymbol{\alpha}_3=(1,0,0)^{\mathrm{T}}$.

令 $\boldsymbol{P}=(\boldsymbol{\alpha}_3\ \ \boldsymbol{\alpha}_2\ \ \boldsymbol{\alpha}_1)=\begin{pmatrix}1&0&0\\0&1&-1\\0&1&1\end{pmatrix}$②, 则 $\boldsymbol{P}^{-1}\boldsymbol{A}\boldsymbol{P}=\boldsymbol{B}$.

---

① 参见习题 4.1 第 6 题.

② 这里要注意 $\boldsymbol{P}$ 的列向量的顺序.

例 4.19 (2008)　设 $\boldsymbol{A}$ 为三阶矩阵, $\boldsymbol{\alpha}_1$, $\boldsymbol{\alpha}_2$ 为 $\boldsymbol{A}$ 的分别属于特征值 $-1,1$ 的特征向量, 向量 $\boldsymbol{\alpha}_3$ 满足 $\boldsymbol{A}\boldsymbol{\alpha}_3=\boldsymbol{\alpha}_2+\boldsymbol{\alpha}_3$.

(1) 证明 $\boldsymbol{\alpha}_1,\boldsymbol{\alpha}_2,\boldsymbol{\alpha}_3$ 线性无关; (2) 令 $\boldsymbol{P}=(\boldsymbol{\alpha}_1,\boldsymbol{\alpha}_2,\boldsymbol{\alpha}_3)$, 求 $\boldsymbol{P}^{-1}\boldsymbol{A}\boldsymbol{P}$.

解:　(1) 不妨设 $\boldsymbol{\alpha}_1,\boldsymbol{\alpha}_2,\boldsymbol{\alpha}_3$ 线性相关. 又因 $\boldsymbol{\alpha}_1$, $\boldsymbol{\alpha}_2$ 为 $\boldsymbol{A}$ 的分别属于特征值 $-1,1$ 的特征向量, 从而 $\boldsymbol{\alpha}_1$, $\boldsymbol{\alpha}_2$ 线性无关, 因此存在 k_1, k_2 使得 $\boldsymbol{\alpha}_3=k_1\boldsymbol{\alpha}_1+k_2\boldsymbol{\alpha}_2$, 又因

$$\begin{aligned}\boldsymbol{A}\boldsymbol{\alpha}_3&=k_1\boldsymbol{A}\boldsymbol{\alpha}_1+k_2\boldsymbol{A}\boldsymbol{\alpha}_2=-k_1\boldsymbol{\alpha}_1+k_2\boldsymbol{\alpha}_2\\&=\boldsymbol{\alpha}_2+\boldsymbol{\alpha}_3=k_1\boldsymbol{\alpha}_1+(1+k_2)\boldsymbol{\alpha}_2,\end{aligned}$$

则必有 $-k_1=k_1$, $k_2=1+k_2$, 从而矛盾. 因此假设不成立, 故 $\boldsymbol{\alpha}_1,\boldsymbol{\alpha}_2,\boldsymbol{\alpha}_3$ 线性无关.

(2) 因

$$\begin{aligned}\boldsymbol{A}\boldsymbol{P}&=\begin{pmatrix}\boldsymbol{A}\boldsymbol{\alpha}_1 & \boldsymbol{A}\boldsymbol{\alpha}_2 & \boldsymbol{A}\boldsymbol{\alpha}_3\end{pmatrix}=\begin{pmatrix}-\boldsymbol{\alpha}_1 & \boldsymbol{\alpha}_2 & \boldsymbol{\alpha}_2+\boldsymbol{\alpha}_3\end{pmatrix}\\&=\begin{pmatrix}\boldsymbol{\alpha}_1 & \boldsymbol{\alpha}_2 & \boldsymbol{\alpha}_3\end{pmatrix}\begin{pmatrix}-1&0&0\\0&1&1\\0&0&1\end{pmatrix},\end{aligned}$$

因此

$$\boldsymbol{P}^{-1}\boldsymbol{A}\boldsymbol{P}=\begin{pmatrix}-1&0&0\\0&1&1\\0&0&1\end{pmatrix}.$$

例 4.20 (1994)　设 $\boldsymbol{A}=\begin{pmatrix}0&0&1\\x&1&y\\1&0&0\end{pmatrix}$ 有三个线性无关的特征向量, 求 x 和 y 应满足的条件.

解:　$\boldsymbol{A}$ 的特征多项式为①

$$|\lambda\boldsymbol{I}-\boldsymbol{A}|=\begin{vmatrix}\lambda&0&-1\\-x&\lambda-1&-y\\-1&0&\lambda\end{vmatrix}=(\lambda+1)(\lambda-1)^2,$$

所以, $\boldsymbol{A}$ 的全部特征值为 -1, 1, 1.

对于特征值 -1, $(-\boldsymbol{I}-\boldsymbol{A})\boldsymbol{x}=\boldsymbol{0}$ 的系数矩阵为

$$\begin{pmatrix}-1&0&-1\\-x&-2&-y\\-1&0&-1\end{pmatrix}\to\begin{pmatrix}1&0&1\\0&-2&x-y\\0&0&0\end{pmatrix},$$

① 此题并不需要求出特征向量, 只需判断 $\boldsymbol{A}$ 是否有三个线性无关的特征向量.

所以, 其基础解系含有 $3-r(-\boldsymbol{I}-\boldsymbol{A})=3-2=1$ 个解向量;

对于特征值 1, $(\boldsymbol{I}-\boldsymbol{A})\boldsymbol{x}=\boldsymbol{0}$ 的系数矩阵为:

$$\begin{pmatrix} 1 & 0 & -1 \\ -x & 0 & -y \\ -1 & 0 & 1 \end{pmatrix} \to \begin{pmatrix} 1 & 0 & -1 \\ 0 & 0 & -y-x \\ 0 & 0 & 0 \end{pmatrix}.$$

由此可知, $3-r(\boldsymbol{I}-\boldsymbol{A})=2 \Leftrightarrow x+y=0$.

综上所述, 所求的条件为 $x+y=0$.

例 4.21 设 1 为矩阵 $\boldsymbol{A}=\begin{pmatrix} 1 & 2 & 3 \\ x & 1 & -1 \\ 1 & 1 & x \end{pmatrix}$ 的特征值, (1) 求 x 及 $\boldsymbol{A}$ 的其他特征值. (2) 判断 $\boldsymbol{A}$ 能否对角化, 若能对角化, 写出相应的对角矩阵 $\boldsymbol{\varLambda}$.

解: 因为 1 是该矩阵的特征值, 因此 $|\boldsymbol{I}-\boldsymbol{A}|=0$, 即

$$|\boldsymbol{A}-\boldsymbol{I}|=\begin{vmatrix} 0 & 2 & 3 \\ x & 0 & -1 \\ 1 & 1 & x-1 \end{vmatrix}=-(2x-1)(x-2),$$

则 $x=\dfrac{1}{2}$ 或 2.

当 $x=2$ 时, 特征方程

$$|\lambda \boldsymbol{I}-\boldsymbol{A}|=\begin{vmatrix} \lambda-1 & -2 & -3 \\ -2 & \lambda-1 & 1 \\ -1 & -1 & \lambda-2 \end{vmatrix} \xlongequal{r_1+r_2+r_3} \begin{vmatrix} \lambda-4 & \lambda-4 & \lambda-4 \\ -2 & \lambda-1 & 1 \\ -1 & -1 & \lambda-2 \end{vmatrix}$$

$$=(\lambda-4)\begin{vmatrix} 1 & 1 & 1 \\ -2 & \lambda-1 & 1 \\ -1 & -1 & \lambda-2 \end{vmatrix}=(\lambda-4)\begin{vmatrix} 1 & 0 & 0 \\ -2 & \lambda+1 & 3 \\ -1 & 0 & \lambda-1 \end{vmatrix}$$

$$=(\lambda-4)(\lambda-1)(\lambda+1)$$

故此时 $\boldsymbol{A}$ 有三个互不相同的特征值 $-1,1,4$, 因此可以对角化, 对角化以后对应的对角阵为

$$\boldsymbol{\varLambda}=\begin{pmatrix} -1 & 0 & 0 \\ 0 & 1 & 0 \\ 0 & 0 & 4 \end{pmatrix}.$$

当 $x=\dfrac{1}{2}$ 时, 特征方程

$$|\lambda \boldsymbol{I}-\boldsymbol{A}|=\begin{vmatrix}\lambda-1 & -2 & -3\\ -\dfrac{1}{2} & \lambda-1 & 1\\ -1 & -1 & \lambda-\dfrac{1}{2}\end{vmatrix}=\frac{1}{4}\begin{vmatrix}2(\lambda-1) & -2 & -6\\ -1 & \lambda-1 & 2\\ -2 & -1 & 2\lambda-1\end{vmatrix}$$

$$=\frac{1}{4}\begin{vmatrix}2(\lambda-1) & 2(\lambda-1)^2-2 & 4\lambda-10\\ -1 & 0 & 0\\ -2 & 1-2\lambda & 2\lambda-5\end{vmatrix}=\frac{1}{2}\begin{vmatrix}\lambda-1 & \lambda^2-2\lambda & 2\lambda-5\\ -1 & 0 & 0\\ -2 & 1-2\lambda & 2\lambda-5\end{vmatrix}$$

$$=\frac{2\lambda-5}{2}\begin{vmatrix}\lambda^2-2\lambda & 1\\ 1-2\lambda & 1\end{vmatrix}=\frac{1}{2}(2\lambda-5)(\lambda-1)(\lambda+1),$$

故此时 $\boldsymbol{A}$ 有三个互不相同的特征值 $-1,1,\dfrac{5}{2}$, 因此可以对角化, 对角化以后对应的对角阵为

$$\boldsymbol{\Lambda}=\begin{pmatrix}-1 & 0 & 0\\ 0 & 1 & 0\\ 0 & 0 & \dfrac{5}{2}\end{pmatrix}.$$

例 4.22 (2004) 设矩阵 $\boldsymbol{A}=\begin{pmatrix}1 & 2 & -3\\ -1 & 4 & -3\\ 1 & a & 5\end{pmatrix}$ 的特征方程有一个二重根, 求 a 的值, 并讨论 $\boldsymbol{A}$ 是否可相似对角化.

解: $\boldsymbol{A}$ 的特征多项式为①

$$f(\lambda)=|\lambda \boldsymbol{I}-\boldsymbol{A}|=\begin{vmatrix}\lambda-1 & -2 & 3\\ 1 & \lambda-4 & 3\\ -1 & -a & \lambda-5\end{vmatrix}$$

$$\xlongequal{r_2-r_1}\begin{vmatrix}\lambda-1 & -2 & 3\\ 2-\lambda & \lambda-2 & 0\\ -1 & -a & \lambda-5\end{vmatrix}$$

$$=(\lambda-2)(\lambda^2-8\lambda+18+3a).$$

因此有两种可能.

(i) 设 2 是二重根. 则 $2^2-8\times 2+18+3a=0$, 即 $a=-2$. 此时 $f(\lambda)=(\lambda-2)^2(\lambda-6)$, 符合条件.

直接计算得 $(6\boldsymbol{I}-\boldsymbol{A})$ 的秩为 2, 从而, $\boldsymbol{A}$ 的属于 6 的线性无关的特征向量只有 1 个.

① 由题设, $\boldsymbol{A}$ 的三个特征值中有两个相同, 即互不相同的特征值有两个.

对于特征值 2, 对 $2\boldsymbol{I}-\boldsymbol{A}$ 作初等变换, 得

$$\begin{pmatrix}1&-2&3\\1&-2&3\\-1&2&-3\end{pmatrix}\to\begin{pmatrix}1&-2&3\\0&0&0\\0&0&0\end{pmatrix},$$

即 $r(2\boldsymbol{I}-\boldsymbol{A})=1$, 从而 $\boldsymbol{A}$ 的属于 2 的线性无关的特征向量有 $3-r(2\boldsymbol{I}-\boldsymbol{A})=2$ 个. 所以此时 $\boldsymbol{A}$ 可以对角化.

(ii) 设 2 不是二重根. 则 $(-8)^2-4(18+3a)=0$①, 即 $a=-\dfrac{2}{3}$. 此时 $\boldsymbol{A}$ 的特征多项式为 $f(\lambda)=(\lambda-2)(\lambda-4)^2$.

直接计算得 $r(2\boldsymbol{I}-\boldsymbol{A})=2$, 因此, $\boldsymbol{A}$ 的属于 2 的线性无关的特征向量的个数为 $3-r(2\boldsymbol{I}-\boldsymbol{A})=1$.

对于特征值 4, 对 $4\boldsymbol{I}-\boldsymbol{A}$ 作初等变换, 得

$$\begin{pmatrix}3&-2&3\\1&0&3\\-1&\dfrac{2}{3}&-1\end{pmatrix}\to\begin{pmatrix}1&0&3\\0&1&3\\0&0&0\end{pmatrix},$$

即 $r(4\boldsymbol{I}-\boldsymbol{A})=2$, 从而 $\boldsymbol{A}$ 的属于 4 的线性无关的特征向量的个数为 $3-2=1$. 从而, 此时, $\boldsymbol{A}$ 的线性无关的特征向量的个数为 $1+1=2<3$, 所以, $\boldsymbol{A}$ 不可以对角化.

综上所述, $a=-2$, 此时 $\boldsymbol{A}$ 可以对角化; 或者, $a=-\dfrac{2}{3}$, 此时 $\boldsymbol{A}$ 不可对角化.

例 4.23 (2004) 设 n 阶矩阵 $\boldsymbol{A}=\begin{pmatrix}1&b&\cdots&b\\b&1&\cdots&b\\\vdots&\vdots&\ddots&\vdots\\b&b&\cdots&1\end{pmatrix}$.

(1) 求 $\boldsymbol{A}$ 的特征值和特征向量;

(2) 求可逆矩阵 $\boldsymbol{P}$, 使得 $\boldsymbol{P}^{-1}\boldsymbol{A}\boldsymbol{P}$ 为对角矩阵.

解: (1) $\boldsymbol{A}$ 的特征多项式 $f(\lambda)$ 为

$$|\lambda\boldsymbol{I}-\boldsymbol{A}|=\begin{vmatrix}\lambda-1&-b&\cdots&-b\\-b&\lambda-1&\cdots&-b\\\vdots&\vdots&\ddots&\vdots\\-b&-b&\cdots&\lambda-1\end{vmatrix}②$$

① 一元二次方程的判别式 $\triangle$.

② 各行的元素之和都相等. 因此把后面各列加到第 1 列, 可以提出公因子.

$$
= \begin{vmatrix} \lambda-1-(n-1)b & -b & \cdots & -b \\ \lambda-1-(n-1)b & \lambda-1 & \cdots & -b \\ \vdots & \vdots & \ddots & \vdots \\ \lambda-1-(n-1)b & -b & \cdots & \lambda-1 \end{vmatrix}
$$
$$
= [\lambda-1-(n-1)b]\,(\lambda-1+b)^{n-1}.
$$

所以, $\boldsymbol{A}$ 的特征值为 $1+(n-1)b, 1-b$.①

(i) 设 $b=0$. 则 $\boldsymbol{A}=\boldsymbol{I}_n$, 此时 $\boldsymbol{A}$ 的特征值全为 1, 且任意非零 n 维列向量都是它的特征向量.

(ii) 设 $b\neq 0$. $\boldsymbol{A}$ 的互不相同的特征值为 $1+(n-1)b$ 和 $\lambda_2=1-b$.

对于特征值 $1-b$, $((1-b)\boldsymbol{I}-\boldsymbol{A})\,\boldsymbol{x}=\boldsymbol{0}$ 的系数矩阵为

$$
\begin{pmatrix} -b & -b & \cdots & -b \\ -b & -b & \cdots & -b \\ \vdots & \vdots & \ddots & \vdots \\ -b & -b & \cdots & -b \end{pmatrix} \to \begin{pmatrix} 1 & 1 & \cdots & 1 \\ 0 & 0 & \cdots & 0 \\ \vdots & \vdots & \ddots & \vdots \\ 0 & 0 & \cdots & 0 \end{pmatrix},
$$

由此得到一个基础解系为

$$
\boldsymbol{\alpha}_1=\begin{pmatrix} -1 \\ 1 \\ 0 \\ \vdots \\ 0 \\ 0 \end{pmatrix}, \boldsymbol{\alpha}_2=\begin{pmatrix} 0 \\ -1 \\ 1 \\ \vdots \\ 0 \\ 0 \end{pmatrix}, \cdots, \boldsymbol{\alpha}_{n-1}=\begin{pmatrix} 0 \\ 0 \\ 0 \\ \vdots \\ -1 \\ 1 \end{pmatrix},
$$

即 $\boldsymbol{A}$ 的对应于特征值 $1-b$ 的全部特征向量为

$$
c_1\boldsymbol{\alpha}_1+\cdots+c_{n-1}\boldsymbol{\alpha}_{n-1},
$$

其中 $c_1,\cdots,c_{n-1}$ 是不全为零的常数.

对于特征值 $1+(n-1)b$, 由于 $\boldsymbol{A}$ 是实对称阵, 所以 $\boldsymbol{A}$ 必然可对角化, 且 $\boldsymbol{A}$ 的属于另一个特征值 $1-b$ 的线性无关的特征向量的个数为 $n-1$, 因此, $\boldsymbol{A}$ 的属于 $1+(n-1)b$ 的线性无关的特征向量的个数必然是 $n-(n-1)=1$. 直接观察可得 $\boldsymbol{\alpha}_n=(1,1,\cdots,1)^{\mathrm{T}}$ 是 $((1+(n-1)b)\boldsymbol{I}-\boldsymbol{A})\,\boldsymbol{x}=\boldsymbol{0}$ 的一个非零解, 所以, $\boldsymbol{A}$ 的对应于特征值 $1+(n-1)b$ 的全部特征向量为 $c_n\boldsymbol{\alpha}_n$, 其中 c_n 是非零常数.

(2) 由 (1) 可知, 当 $b=0$ 时, 任取一个可逆阵 $\boldsymbol{P}$, 有 $\boldsymbol{P}^{-1}\boldsymbol{A}\boldsymbol{P}=\boldsymbol{I}$ 为对角矩阵;

① 为了说明这些特征值是否互不相同,需要分情况讨论.

当 $b\neq 0$ 时, 令 $\boldsymbol{P}=(\boldsymbol{\alpha}_1,\cdots,\boldsymbol{\alpha}_n)$, 则

$$\boldsymbol{P}^{-1}\boldsymbol{A}\boldsymbol{P}=\begin{pmatrix}1-b & & & \\ & \ddots & & \\ & & 1-b & \\ & & & 1+(n-1)b\end{pmatrix}$$

为对角矩阵.

例 4.24 设三阶实对称矩阵 $\boldsymbol{A}$ 的特征值分别为 1,2,3, 对应的特征向量分别为 $\boldsymbol{\alpha}_1=(1,1,1)^{\mathrm{T}},\boldsymbol{\alpha}_2=(2,-1,-1)^{\mathrm{T}},\boldsymbol{\alpha}_3$. 求 $\boldsymbol{A}$ 的对应于特征值 3 的一个特征向量 $\boldsymbol{\alpha}_3$.

解: 因实对称矩阵的对应于不同特征值的特征向量是正交的, 从而 $\boldsymbol{\alpha}_1\cdot\boldsymbol{\alpha}_3=0,\boldsymbol{\alpha}_2\cdot\boldsymbol{\alpha}_3=0$, 不妨设 $\boldsymbol{\alpha}_3=(x_1,x_2,x_3)^{\mathrm{T}}$, 则 $x_1+x_2+x_3=0,2x_1-x_2-x_3=0$, 把系数矩阵化为最简阶梯形矩阵, 得

$$\begin{pmatrix}1 & 1 & 1\\ 2 & -1 & -1\end{pmatrix}\to\begin{pmatrix}1 & 1 & 1\\ 0 & -3 & -3\end{pmatrix}\to\begin{pmatrix}1 & 0 & 0\\ 0 & 1 & 1\end{pmatrix}$$

即 $x_1=0,x_2=-x_3$, 从而解得对应于特征值 3 的一个特征向量为 $\boldsymbol{\alpha}_3=(0,-1,1)^{\mathrm{T}}$.

例 4.25 设 $\boldsymbol{A}$ 是三阶实对称矩阵的特征值为 $\lambda_1=-1,\lambda_2=\lambda_3=1$, 且对应于特征值 λ_1 的一个特征向量为 $\boldsymbol{\alpha}_1=(0,1,1)^{\mathrm{T}}$. (1) 求 $\boldsymbol{A}$ 对应于特征值 1 的特征向量;(2) 求 $\boldsymbol{A}$; (3) 求 $\boldsymbol{A}^{2\,016}$.

解: 设 $\boldsymbol{x}=(x_1,x_2,x_3)^{\mathrm{T}}$ 是对应于特征值 1 的一个特征向量. 因 $\boldsymbol{A}$ 是实对称矩阵, 从而 $\boldsymbol{A}$ 一定可以对角化, 因为 $\lambda_2=\lambda_3=1$ 是二重根, 因此存在 $\boldsymbol{\alpha}_2,\boldsymbol{\alpha}_3$ 是对应于特征值 1 的两个线性无关的特征向量, 使得 $\boldsymbol{A}$ 的特征值为 1 的特征向量全为 $c_2\boldsymbol{\alpha}_2+c_3\boldsymbol{\alpha}_3$ 的形式, 且 c_2,c_3 是不全为零的常数.

因实对称矩阵的对应于不同特征值的特征向量是正交的, 所以 $\boldsymbol{\alpha}_1\cdot\boldsymbol{\alpha}_2=0=\boldsymbol{\alpha}_1\cdot\boldsymbol{\alpha}_3$. 因此 $\boldsymbol{\alpha}_2,\boldsymbol{\alpha}_3$ 是线性方程组 $x_2+x_3=0$ 的两个线性无关的解. 显然 $\boldsymbol{\alpha}_2,\boldsymbol{\alpha}_3$ 是 $x_2+x_3=0$ 的解的极大线性无关组. 从而不妨取 $\boldsymbol{\alpha}_2=(1,0,0)^{\mathrm{T}},\boldsymbol{\alpha}_3=(0,-1,1)^{\mathrm{T}}$. 从而 $\boldsymbol{A}$ 的特征值为 1 的特征向量为 $c_2\boldsymbol{\alpha}_2+c_3\boldsymbol{\alpha}_3$, 其中 c_2,c_3 是不全为零的常数.

令 $\boldsymbol{Q}=\left(\dfrac{\boldsymbol{\alpha}_1}{\|\boldsymbol{\alpha}_1\|},\dfrac{\boldsymbol{\alpha}_2}{\|\boldsymbol{\alpha}_2\|},\dfrac{\boldsymbol{\alpha}_3}{\|\boldsymbol{\alpha}_3\|}\right)=\begin{pmatrix}0 & 1 & 0\\ \dfrac{1}{\sqrt{2}} & 0 & -\dfrac{1}{\sqrt{2}}\\ \dfrac{1}{\sqrt{2}} & 0 & \dfrac{1}{\sqrt{2}}\end{pmatrix},\boldsymbol{\Lambda}=\begin{pmatrix}-1 & 0 & 0\\ 0 & 1 & 0\\ 0 & 0 & 1\end{pmatrix}$, 显然 $\boldsymbol{Q}$ 是正

交阵, 并且 $\boldsymbol{Q}^{-1}\boldsymbol{A}\boldsymbol{Q}=\boldsymbol{\Lambda}$. 从而 $\boldsymbol{A}=\boldsymbol{Q}\boldsymbol{\Lambda}\boldsymbol{Q}^{-1}$, 即

$$\boldsymbol{A}=\begin{pmatrix}0&1&0\\ \frac{1}{\sqrt{2}}&0&-\frac{1}{\sqrt{2}}\\ \frac{1}{\sqrt{2}}&0&\frac{1}{\sqrt{2}}\end{pmatrix}\begin{pmatrix}-1&0&0\\0&1&0\\0&0&1\end{pmatrix}\begin{pmatrix}0&\frac{1}{\sqrt{2}}&\frac{1}{\sqrt{2}}\\1&0&0\\0&-\frac{1}{\sqrt{2}}&\frac{1}{\sqrt{2}}\end{pmatrix}$$

$$=\begin{pmatrix}0&1&0\\ -\frac{1}{\sqrt{2}}&0&-\frac{1}{\sqrt{2}}\\ -\frac{1}{\sqrt{2}}&0&\frac{1}{\sqrt{2}}\end{pmatrix}\begin{pmatrix}0&\frac{1}{\sqrt{2}}&\frac{1}{\sqrt{2}}\\1&0&0\\0&-\frac{1}{\sqrt{2}}&\frac{1}{\sqrt{2}}\end{pmatrix}=\begin{pmatrix}1&0&0\\0&0&-1\\0&-1&0\end{pmatrix}$$

因此 $\boldsymbol{A}^{2\,016}=\boldsymbol{Q}^{-1}\boldsymbol{\Lambda}^{2\,016}\boldsymbol{Q}=\boldsymbol{Q}^{-1}\boldsymbol{I}\boldsymbol{Q}=\boldsymbol{I}$.

例 4.26 已知实对称矩阵 $\boldsymbol{A}$ 的秩为 2, 且

$$\boldsymbol{A}\begin{pmatrix}1&1\\0&0\\-1&1\end{pmatrix}=\begin{pmatrix}-1&1\\0&0\\1&1\end{pmatrix},$$

(1) 求矩阵 $\boldsymbol{A}$ 所有的特征值与特征向量;

(2) 求矩阵 $\boldsymbol{A}$.

解: (1) $\boldsymbol{A}$ 的阶数是 3. 令 $\boldsymbol{\xi}_1=(1,0,-1)^{\mathrm{T}},\boldsymbol{\xi}_2=(1,0,1)^{\mathrm{T}}$, 则 $\boldsymbol{A}(\boldsymbol{\xi}_1,\boldsymbol{\xi}_2)=(-\boldsymbol{\xi}_1,\boldsymbol{\xi}_2)$, 即 $\boldsymbol{A}\boldsymbol{\xi}_1=-\boldsymbol{\xi}_1$, $\boldsymbol{A}\boldsymbol{\xi}_2=\boldsymbol{\xi}_2$; 而 $\boldsymbol{\xi}_i\neq\boldsymbol{0}$, 因此 $-1,1$ 是 $\boldsymbol{A}$ 的特征值. 由于 $r(\boldsymbol{A})=2<3$, 所以, $|\boldsymbol{A}|=0$, 从而, $\boldsymbol{A}$ 的第三个特征值必然为 0. 因此 $\boldsymbol{A}$ 有三个互不相同的特征值 $-1,1,0$.

由于 $\boldsymbol{A}$ 可对角化, 所以, $\boldsymbol{A}$ 的分别属于这三个特征值的线性无关的特征向量的个数都是 1, 因此, 属于特征值 -1 的全部特征向量为 $c_1\boldsymbol{\xi}_1$, 其中 c_1 为任意非零数; 属于特征值 1 的全部特征向量为 $c_2\boldsymbol{\xi}_2$, 其中 c_2 为任意非零数.

设 $\boldsymbol{\xi}_3=(x_1,x_2,x_3)^{\mathrm{T}}$ 是属于特征值 0 的特征向量, 则 $(\boldsymbol{\xi}_1,\boldsymbol{\xi}_3)=0=(\boldsymbol{\xi}_2,\boldsymbol{\xi}_3)$①, 即 $x_1-x_3=0,x_1+x_3=0$, 其基础解系为 $(0,1,0)^{\mathrm{T}}$. 取 $\boldsymbol{\xi}_3=(0,1,0)^{\mathrm{T}}$. 则 $\boldsymbol{A}$ 的属于特征值 0 的全部特征向量为 $c_3\boldsymbol{\xi}_3$, 其中 c_3 为任意非零数.

(2) 由 (1), 令 $\boldsymbol{P}=(\boldsymbol{\xi}_1\ \ \boldsymbol{\xi}_2\ \ \boldsymbol{\xi}_3)$, 则 $\boldsymbol{P}^{-1}\boldsymbol{A}\boldsymbol{P}$ 为对角阵②, 从而,

$$\boldsymbol{A}=\boldsymbol{P}\begin{pmatrix}-1&0&0\\0&1&0\\0&0&0\end{pmatrix}\boldsymbol{P}^{-1}=\begin{pmatrix}0&0&1\\0&0&0\\1&0&0\end{pmatrix}.$$

① 这里的方法很重要, 参见命题 4.8.

② 这里不必用正交阵.

例 4.27 (2001) 设矩阵 $\boldsymbol{A}=\begin{pmatrix}1&1&a\\1&a&1\\a&1&1\end{pmatrix}$, $\boldsymbol{\beta}=\begin{pmatrix}1\\1\\-2\end{pmatrix}$. 已知线性方程组 $\boldsymbol{Ax}=\boldsymbol{\beta}$ 有解但不唯一, 试求:

(1) a 的值;

(2) 正交矩阵 $\boldsymbol{Q}$, 使 $\boldsymbol{Q}^{\mathrm{T}}\boldsymbol{AQ}$ 为对角矩阵.

解: (1) 由题设得 $|\boldsymbol{A}|=-(a+2)(a-1)^2=0$, 解得 $a=-2$ 或 $a=1$.①

当 $a=1$ 时, $r(\boldsymbol{A})=1<r(\widetilde{\boldsymbol{A}})=2$, 从而 $\boldsymbol{Ax}=\boldsymbol{\beta}$ 无解, 因此 $a=1$ 不符合题意.

当 $a=-2$ 时, 直接计算得 $r(\boldsymbol{A})=r(\widetilde{\boldsymbol{A}})=2<3$, 即 $\boldsymbol{Ax}=\boldsymbol{\beta}$ 有无穷多个解, 符合题意.

综上所述, $a=-2$.

(2) 由 (1) 得: $\boldsymbol{A}=\begin{pmatrix}1&1&-2\\1&-2&1\\-2&1&1\end{pmatrix}$, 其特征多项式为 $f(\lambda)=\begin{vmatrix}\lambda-1&-1&2\\-1&\lambda+2&-1\\2&-1&\lambda-1\end{vmatrix}=\lambda^3-9\lambda$, 因此 $\boldsymbol{A}$ 的全部特征值为 $0,3,-3$.

对于特征值 -3, $(-3\boldsymbol{I}-\boldsymbol{A})\boldsymbol{x}=\boldsymbol{0}$ 的系数矩阵为

$$\begin{pmatrix}-4&-1&2\\-1&-1&-1\\2&-1&-4\end{pmatrix}\to\begin{pmatrix}1&0&-1\\0&1&2\\0&0&0\end{pmatrix},$$

由此即得一个基础解系为 $\boldsymbol{\alpha}_1=(1,-2,1)^{\mathrm{T}}$.

对于特征值 0, $(0\boldsymbol{I}-\boldsymbol{A})\boldsymbol{x}=\boldsymbol{0}$ 的系数矩阵为

$$\begin{pmatrix}-1&-1&2\\-1&2&-1\\2&-1&-1\end{pmatrix}\to\begin{pmatrix}1&0&-1\\0&1&-1\\0&0&0\end{pmatrix},$$

由此即得一个基础解系为 $\boldsymbol{\alpha}_2=(1,1,1)^{\mathrm{T}}$.

对于特征值 3, $(3\boldsymbol{I}-\boldsymbol{A})\boldsymbol{x}=\boldsymbol{0}$ 的系数矩阵为

$$\begin{pmatrix}2&-1&2\\-1&5&-1\\2&-1&2\end{pmatrix}\to\begin{pmatrix}1&0&1\\0&1&0\\0&0&0\end{pmatrix},$$

由此即得一个基础解系为 $\boldsymbol{\alpha}_3=(-1,0,1)^{\mathrm{T}}$.

---

① 对于系数矩阵 $\boldsymbol{A}$ 是方阵的非齐次线性方程组, 如果无解或解不唯一, 则 $|\boldsymbol{A}|=0$; 反之, $|\boldsymbol{A}|=0$ 时可能无解, 也可能有无穷多个解.

设 $\boldsymbol{\beta}_1=\frac{1}{\|\boldsymbol{\alpha}_1\|}\boldsymbol{\alpha}_1$, $\boldsymbol{\beta}_2=\frac{1}{\|\boldsymbol{\alpha}_2\|}\boldsymbol{\alpha}_2$, $\boldsymbol{\beta}_3=\frac{1}{\|\boldsymbol{\alpha}_3\|}\boldsymbol{\alpha}_3$, $\boldsymbol{Q}=(\boldsymbol{\beta}_1,\boldsymbol{\beta}_2,\boldsymbol{\beta}_3)=\begin{pmatrix}\frac{1}{\sqrt{6}} & \frac{1}{\sqrt{3}} & -\frac{1}{\sqrt{2}}\\ -\frac{2}{\sqrt{6}} & \frac{1}{\sqrt{3}} & 0\\ \frac{1}{\sqrt{6}} & \frac{1}{\sqrt{3}} & \frac{1}{\sqrt{2}}\end{pmatrix}$,

则 $\boldsymbol{Q}^{-1}\boldsymbol{A}\boldsymbol{Q}=\boldsymbol{Q}^{\mathrm{T}}\boldsymbol{A}\boldsymbol{Q}=\begin{pmatrix}-3 & 0 & 0\\ 0 & 0 & 0\\ 0 & 0 & 3\end{pmatrix}$.①

例 4.28 设 $\boldsymbol{\alpha}_1=(1,-1,0)^{\mathrm{T}}$, $\boldsymbol{\alpha}_2=(-1,2,0)^{\mathrm{T}}$. (1) 求 $\boldsymbol{\alpha}_1\cdot\boldsymbol{\alpha}_2$, 以及一个与 $\boldsymbol{\alpha}_1,\boldsymbol{\alpha}_2$ 都正交的向量 $\boldsymbol{\alpha}_3$. (2) 设 $\boldsymbol{\alpha}_1,\boldsymbol{\alpha}_2,\boldsymbol{\alpha}_3$ 是三阶矩阵 $\boldsymbol{A}$ 的对应于特征值 $1,1,0$ 的特征向量, 求矩阵 $\boldsymbol{A}$.

解: (1) $\boldsymbol{\alpha}_1\cdot\boldsymbol{\alpha}_2=1\times(-1)+(-1)\times 2+0\times 0=-3$, 设 $\boldsymbol{\alpha}_3=(x_1,x_2,x_3)^{\mathrm{T}}$, 因 $\boldsymbol{\alpha}_1\cdot\boldsymbol{\alpha}_3=0$, $\boldsymbol{\alpha}_2\cdot\boldsymbol{\alpha}_3=0$, 联立解得 $x_1=x_2=0$, x_3 为任意常数. 取 $x_3=1$, 得 $\boldsymbol{\alpha}_3=(0,0,1)^{\mathrm{T}}$.

(2) 令 $\boldsymbol{P}=(\boldsymbol{\alpha}_1,\boldsymbol{\alpha}_2,\boldsymbol{\alpha}_3)$, 则

$$\boldsymbol{P}^{-1}\boldsymbol{A}\boldsymbol{P}=\begin{pmatrix}1 & & \\ & 1 & \\ & & 0\end{pmatrix}\Rightarrow \boldsymbol{A}=\begin{pmatrix}1 & -1 & 0\\ -1 & 2 & 0\\ 0 & 0 & 1\end{pmatrix}\begin{pmatrix}1 & & \\ & 1 & \\ & & 0\end{pmatrix}\begin{pmatrix}1 & -1 & 0\\ -1 & 2 & 0\\ 0 & 0 & 1\end{pmatrix}^{-1}$$

$$=\begin{pmatrix}1 & -1 & 0\\ -1 & 2 & 0\\ 0 & 0 & 1\end{pmatrix}\begin{pmatrix}1 & & \\ & 1 & \\ & & 0\end{pmatrix}\begin{pmatrix}2 & 1 & 0\\ 1 & 1 & 0\\ 0 & 0 & 1\end{pmatrix}=\begin{pmatrix}1 & & \\ & 1 & \\ & & 0\end{pmatrix}.$$

例 4.29 (1992) 设三阶矩阵 $\boldsymbol{A}$ 的特征值为 $\lambda_1=1$, $\lambda_2=2$, $\lambda_3=3$, 对应的特征向量依次为 $\boldsymbol{\xi}_1=\begin{pmatrix}1\\1\\1\end{pmatrix}$, $\boldsymbol{\xi}_2=\begin{pmatrix}1\\2\\4\end{pmatrix}$, $\boldsymbol{\xi}_3=\begin{pmatrix}1\\3\\9\end{pmatrix}$. 又向量 $\boldsymbol{\beta}=\begin{pmatrix}1\\1\\3\end{pmatrix}$.

(1) 将 $\boldsymbol{\beta}$ 用 $\boldsymbol{\xi}_1,\boldsymbol{\xi}_2,\boldsymbol{\xi}_3$ 线性表出;

(2) 求 $\boldsymbol{A}^n\boldsymbol{\beta}$ (n 为自然数).

解: (1) 把 $x_1\boldsymbol{\xi}_1+x_2\boldsymbol{\xi}_2+x_3\boldsymbol{\xi}_3=\boldsymbol{\beta}$ 的增广矩阵用初等行变换化为行简化阶梯形矩阵, 得

$$\begin{pmatrix}1 & 1 & 1 & 1\\ 1 & 2 & 3 & 1\\ 1 & 4 & 9 & 3\end{pmatrix}\rightarrow\begin{pmatrix}1 & 0 & 0 & 2\\ 0 & 1 & 0 & -2\\ 0 & 0 & 1 & 1\end{pmatrix},$$

由此即得 $\boldsymbol{\beta}=2\boldsymbol{\xi}_1-2\boldsymbol{\xi}_2+\boldsymbol{\xi}_3$.

① 这里不需要施密特正交化, 参见命题 4.8.

(2) 由 (1), 得

$$A^n\boldsymbol{\beta}=2A^n\boldsymbol{\xi}_1-2A^n\boldsymbol{\xi}_2+A^n\boldsymbol{\xi}_3=2\boldsymbol{\xi}_1-2\cdot 2^n\boldsymbol{\xi}_2+3^n\boldsymbol{\xi}_3=\begin{pmatrix}2-2^{n+1}+3^n\\2-2^{n+2}+3^{n+1}\\2-2^{n+3}+3^{n+2}\end{pmatrix}.$$ ①

例 4.30 (2000) 某试验性生产线每年 1 月份进行熟练工与非熟练工的人数统计, 然后将六分之一的熟练工支援其他生产部门, 其缺额由招收新的非熟练工补齐. 新、老非熟练工经过培训及实践至年终考核有五分之二成为熟练工. 设第 n 年 1 月份统计的熟练工和非熟练工所占百分比分别为 x_n, y_n, 记为向量 $\begin{pmatrix}x_n\\y_n\end{pmatrix}$.

(1) 求 $\begin{pmatrix}x_{n+1}\\y_{n+1}\end{pmatrix}$ 与 $\begin{pmatrix}x_n\\y_n\end{pmatrix}$ 的关系式并写成矩阵形式: $\begin{pmatrix}x_{n+1}\\y_{n+1}\end{pmatrix}=A\begin{pmatrix}x_n\\y_n\end{pmatrix}$;

(2) 验证 $\boldsymbol{\eta}_1=\begin{pmatrix}4\\1\end{pmatrix}, \boldsymbol{\eta}_2=\begin{pmatrix}-1\\1\end{pmatrix}$ 是 A 的两个线性无关的特征向量, 并求出相应的特征值;

(3) 当 $\begin{pmatrix}x_1\\y_1\end{pmatrix}=\begin{pmatrix}\frac{1}{2}\\\frac{1}{2}\end{pmatrix}$ 时, 求 $\begin{pmatrix}x_{n+1}\\y_{n+1}\end{pmatrix}$.

解: (1) 由题设, 得

$$x_{n+1}=\frac{5}{6}x_n+\frac{2}{5}\left(\frac{1}{6}x_n+y_n\right), y_{n+1}=\frac{3}{5}\left(\frac{1}{6}x_n+y_n\right),$$

即 $\begin{pmatrix}x_{n+1}\\y_{n+1}\end{pmatrix}=\begin{pmatrix}\frac{9}{10}&\frac{2}{5}\\\frac{1}{10}&\frac{3}{5}\end{pmatrix}\begin{pmatrix}x_n\\y_n\end{pmatrix}$. 令 $A=\begin{pmatrix}\frac{9}{10}&\frac{2}{5}\\\frac{1}{10}&\frac{3}{5}\end{pmatrix}$, 则 $\begin{pmatrix}x_{n+1}\\y_{n+1}\end{pmatrix}=A\begin{pmatrix}x_n\\y_n\end{pmatrix}$.

(2) 由 (1), 得

$$A\boldsymbol{\eta}_1=\begin{pmatrix}\frac{9}{10}&\frac{2}{5}\\\frac{1}{10}&\frac{3}{5}\end{pmatrix}\begin{pmatrix}4\\1\end{pmatrix}=\begin{pmatrix}4\\1\end{pmatrix},$$

$$A\boldsymbol{\eta}_2=\begin{pmatrix}\frac{9}{10}&\frac{2}{5}\\\frac{1}{10}&\frac{3}{5}\end{pmatrix}\begin{pmatrix}-1\\1\end{pmatrix}=\frac{1}{2}\begin{pmatrix}-1\\1\end{pmatrix}.$$

因此 $\boldsymbol{\eta}_1, \boldsymbol{\eta}_2$ 分别是 A 的对应于特征值 $1, \frac{1}{2}$ 的线性无关的特征向量.

(3) 把 $\begin{pmatrix}\frac{1}{2}\\\frac{1}{2}\end{pmatrix}$ 表示成 $\boldsymbol{\eta}_1, \boldsymbol{\eta}_2$ 的线性组合:

① 不需要计算 A^n.

$$\begin{pmatrix} \frac{1}{2} \\ \frac{1}{2} \end{pmatrix} = \frac{1}{5}\boldsymbol{\eta}_1 + \frac{3}{10}\boldsymbol{\eta}_2,$$

从而,

$$\begin{pmatrix} x_{n+1} \\ y_{n+1} \end{pmatrix} = \boldsymbol{A}^n \begin{pmatrix} \frac{1}{2} \\ \frac{1}{2} \end{pmatrix} = \frac{1}{5}\boldsymbol{A}^n\boldsymbol{\eta}_1 + \frac{3}{10}\boldsymbol{A}^n\boldsymbol{\eta}_2$$

$$= \frac{1}{5}\boldsymbol{\eta}_1 + \frac{3}{10} \times \frac{1}{2^n}\boldsymbol{\eta}_2 = \begin{pmatrix} \frac{4}{5} - \frac{3}{10 \cdot 2^n} \\ \frac{1}{5} + \frac{3}{10 \cdot 2^n} \end{pmatrix}.$$ ①

例 4.31 设 n 阶实矩阵 $\boldsymbol{A}$ 与 n 阶实对称矩阵 $\boldsymbol{B}$ 有相同的特征向量, 证明 $\boldsymbol{A}$ 是实对称矩阵.

证明: 因 $\boldsymbol{B}$ 是 n 阶实对称矩阵, 从而 $\boldsymbol{B}$ 可以由正交阵对角化, 即存在正交阵 $\boldsymbol{Q}$ 使得 $\boldsymbol{Q}^{-1}\boldsymbol{B}\boldsymbol{Q} = \boldsymbol{\Lambda_B}$, 其中 $\boldsymbol{\Lambda_B}$ 是对角阵, 并且 $\boldsymbol{Q}$ 的列向量全是 $\boldsymbol{B}$ 的特征向量. 又因 $\boldsymbol{A}, \boldsymbol{B}$ 有相同的特征向量, 从而 $\boldsymbol{Q}$ 的列向量也是 $\boldsymbol{A}$ 的特征向量. 从而 $\boldsymbol{A}\boldsymbol{Q} = \boldsymbol{Q}\boldsymbol{\Lambda_A}$, 故 $\boldsymbol{A}$ 可以通过 $\boldsymbol{Q}^{-1}\boldsymbol{A}\boldsymbol{Q} = \boldsymbol{\Lambda_A}$ 对角化为实矩阵, 且 $\boldsymbol{A} = \boldsymbol{Q}\boldsymbol{\Lambda_A}\boldsymbol{Q}^{-1} = \boldsymbol{Q}\boldsymbol{\Lambda_A}\boldsymbol{Q}^{\mathrm{T}}$, 故 $\boldsymbol{A}^{\mathrm{T}} = \boldsymbol{Q}\boldsymbol{\Lambda_A^{\mathrm{T}}}\boldsymbol{Q}^{\mathrm{T}} = \boldsymbol{Q}\boldsymbol{\Lambda_A}\boldsymbol{Q}^{\mathrm{T}} = \boldsymbol{A}$. 因此 $\boldsymbol{A}$ 是实对称矩阵. □

4.3 教材习题解答

习题 4.1 解答 (矩阵的相似)

1. 解: $\boldsymbol{A}, \boldsymbol{B}$ 不可能相似, 因为 $\boldsymbol{A}, \boldsymbol{B}$ 不是同阶方阵, 所以不可能存在可逆阵 $\boldsymbol{C}$ 使得 $\boldsymbol{C}^{-1}\boldsymbol{A}\boldsymbol{C} = \boldsymbol{B}$.

2. 证明: 由 $\boldsymbol{A} \sim \boldsymbol{B}$ 可知, 存在可逆阵 $\boldsymbol{P}$ 使得 $\boldsymbol{P}^{-1}\boldsymbol{A}\boldsymbol{P} = \boldsymbol{B}$② , 从而,

$$\boldsymbol{P}^{-1}\boldsymbol{A}^3\boldsymbol{P} = \boldsymbol{P}^{-1}\boldsymbol{A}\boldsymbol{P}\boldsymbol{P}^{-1}\boldsymbol{A}\boldsymbol{P}\boldsymbol{P}^{-1}\boldsymbol{A}\boldsymbol{P} = \boldsymbol{B}\boldsymbol{B}\boldsymbol{B} = \boldsymbol{B}^3$$ ③,

因此,

$$\begin{aligned} & \boldsymbol{P}^{-1}(\boldsymbol{A}^3 + 2\boldsymbol{A} - 5\boldsymbol{I}_n)\boldsymbol{P} \\ = & \boldsymbol{P}^{-1}\boldsymbol{A}^3\boldsymbol{P} + 2\boldsymbol{P}^{-1}\boldsymbol{A}\boldsymbol{P} - 5\boldsymbol{P}^{-1}\boldsymbol{P} \\ = & \boldsymbol{B}^3 + 2\boldsymbol{B} - 5\boldsymbol{I}_n, \end{aligned}$$

① 比较例 4.29 (2).
② 可以推广到任意多项式的情形.
③ 利用 $\boldsymbol{P}^{-1}\boldsymbol{P} = \boldsymbol{I}_n$.

即 $\boldsymbol{A}^3+2\boldsymbol{A}-5\boldsymbol{I}_n \sim \boldsymbol{B}^3+2\boldsymbol{B}-5\boldsymbol{I}_n$. □

3. 解: 不一定. 由 $\boldsymbol{A}\sim\boldsymbol{B}$ 可知, 存在可逆阵 $\boldsymbol{P}$ 使得 $\boldsymbol{P}^{-1}\boldsymbol{A}\boldsymbol{P}=\boldsymbol{B}$; 由 $\boldsymbol{C}\sim\boldsymbol{D}$ 可知, 存在可逆阵 $\boldsymbol{Q}$ 使得 $\boldsymbol{Q}^{-1}\boldsymbol{C}\boldsymbol{Q}=\boldsymbol{D}$. 一般地, $\boldsymbol{P}$ 和 $\boldsymbol{Q}$ 之间没有关系.

例如, 取 $\boldsymbol{A}=\begin{pmatrix}1&1\\0&1\end{pmatrix}$, $\boldsymbol{B}=\begin{pmatrix}1&0\\1&1\end{pmatrix}$, 则 $\boldsymbol{A}\sim\boldsymbol{B}$[①];

取 $\boldsymbol{C}=\begin{pmatrix}1&0\\1&-1\end{pmatrix}$, $\boldsymbol{D}=\begin{pmatrix}1&0\\0&-1\end{pmatrix}$, 则 $\boldsymbol{C}\sim\boldsymbol{D}$.[②]

注意到 $\boldsymbol{A}+\boldsymbol{C}=\begin{pmatrix}2&1\\1&0\end{pmatrix}$, $\boldsymbol{B}+\boldsymbol{D}=\begin{pmatrix}2&0\\1&0\end{pmatrix}$.

由于 $|\boldsymbol{A}+\boldsymbol{C}|=-1$ 而 $|\boldsymbol{B}+\boldsymbol{D}|=0$, 所以, $\boldsymbol{A}+\boldsymbol{C}\nsim\boldsymbol{B}+\boldsymbol{D}$. □

4. 解: 令 $\boldsymbol{B}=\begin{pmatrix}1&-1&2\\1&1&0\\2&0&2\end{pmatrix}$. 由于 $\boldsymbol{A}\sim\boldsymbol{B}$ 得: $r(\boldsymbol{A})=r(\boldsymbol{B})$, $|\boldsymbol{A}|=|\boldsymbol{B}|$.[③]

对 $\boldsymbol{B}$ 作初等变换, 得 $\boldsymbol{B}\to\begin{pmatrix}1&-1&2\\0&2&-2\\0&0&0\end{pmatrix}$, 所以, $r(\boldsymbol{A})=r(\boldsymbol{B})=2$. 由于 $r(\boldsymbol{B})=2<3$, 所以, $|\boldsymbol{B}|=0$, 从而, $|\boldsymbol{A}|=|\boldsymbol{B}|=0$.[④] □

5. 证明: 由于 $\boldsymbol{A}\sim\boldsymbol{B}$, 所以, $r(\boldsymbol{A})=r(\boldsymbol{B})$, 且存在可逆阵 $\boldsymbol{P}$ 使得 $\boldsymbol{P}^{-1}\boldsymbol{A}\boldsymbol{P}=\boldsymbol{B}$. 于是, $\boldsymbol{A}$ 可逆 $\Leftrightarrow r(\boldsymbol{A})=n\Leftrightarrow r(\boldsymbol{B})=n\Leftrightarrow \boldsymbol{B}$ 可逆; 并且, 当 $\boldsymbol{A}$ 可逆时, 在 $\boldsymbol{P}^{-1}\boldsymbol{A}\boldsymbol{P}=\boldsymbol{B}$ 的两边取逆, 得 $\boldsymbol{B}^{-1}=(\boldsymbol{P}^{-1}\boldsymbol{A}\boldsymbol{P})^{-1}=\boldsymbol{P}^{-1}\boldsymbol{A}^{-1}(\boldsymbol{P}^{-1})^{-1}=\boldsymbol{P}^{-1}\boldsymbol{A}^{-1}\boldsymbol{P}$, 即 $\boldsymbol{A}^{-1}\sim\boldsymbol{B}^{-1}$.[⑤] □

6. 证明: 由 $\boldsymbol{A}\sim\boldsymbol{B}$ 可知, 存在可逆阵 $\boldsymbol{P}$ 使得 $\boldsymbol{A}=\boldsymbol{P}^{-1}\boldsymbol{B}\boldsymbol{P}$, 从而, $tr(\boldsymbol{A})=tr(\boldsymbol{P}^{-1}\boldsymbol{B}\boldsymbol{P})=tr(\boldsymbol{P}\boldsymbol{P}^{-1}\boldsymbol{B})=tr(\boldsymbol{B})$.[⑤] □

7. 证明: 由 $\boldsymbol{A}_i\sim\boldsymbol{B}_i$ 可知, 存在可逆阵 $\boldsymbol{P}_i$ 使得 $\boldsymbol{A}_i=\boldsymbol{P}_i^{-1}\boldsymbol{B}\boldsymbol{P}_i$. 令 $\boldsymbol{P}=\begin{pmatrix}\boldsymbol{P}_1&\boldsymbol{0}\\\boldsymbol{0}&\boldsymbol{P}_2\end{pmatrix}$, 则 $\boldsymbol{P}$ 可逆, 且

$$\begin{aligned}\boldsymbol{P}^{-1}\begin{pmatrix}\boldsymbol{B}_1&\boldsymbol{0}\\\boldsymbol{0}&\boldsymbol{B}_2\end{pmatrix}\boldsymbol{P}&=\begin{pmatrix}\boldsymbol{P}_1^{-1}&\boldsymbol{0}\\\boldsymbol{0}&\boldsymbol{P}_2^{-1}\end{pmatrix}\begin{pmatrix}\boldsymbol{B}_1&\boldsymbol{0}\\\boldsymbol{0}&\boldsymbol{B}_2\end{pmatrix}\begin{pmatrix}\boldsymbol{P}_1&\boldsymbol{0}\\\boldsymbol{0}&\boldsymbol{P}_2\end{pmatrix}\\&=\begin{pmatrix}\boldsymbol{P}_1^{-1}\boldsymbol{B}_1\boldsymbol{P}_1&\boldsymbol{0}\\\boldsymbol{0}&\boldsymbol{P}_2^{-1}\boldsymbol{B}_2\boldsymbol{P}_2\end{pmatrix}=\begin{pmatrix}\boldsymbol{A}_1&\boldsymbol{0}\\\boldsymbol{0}&\boldsymbol{A}_2\end{pmatrix},\end{aligned}$$

所以结论成立. □

① 参见下面的第 10 题.
② $\boldsymbol{C}$ 可对角化, 参见推论 4.1.
③ 参见命题 4.1.
④ 这里不用再计算行列式了, 参见命题 3.8.
⑤ 参见引理 3.1.
⑤ 利用 $tr(\boldsymbol{A}\boldsymbol{B})=tr(\boldsymbol{B}\boldsymbol{A})$.

8. 解: 由 $\boldsymbol{A} \sim \boldsymbol{B}$ 可知, $tr(\boldsymbol{A}) = tr(\boldsymbol{B})$, 即 $a+1=3+(-1)$, 从而 $a=1$; 由 $|\boldsymbol{A}|=|\boldsymbol{B}|$, 得 $a=-3-b$, 即 $b=-4$.

下面证明: 当 $a=1, b=-4$ 时 $\boldsymbol{A} \sim \boldsymbol{B}$ 确实成立.①

设 $\boldsymbol{P}=\begin{pmatrix} x_1 & x_2 \\ x_3 & x_4 \end{pmatrix}$, 则

$$\boldsymbol{AP}=\boldsymbol{PB} \Leftrightarrow \begin{cases} 2x_1+4x_2+x_3=0 \\ x_1+2x_2-x_4=0 \\ 2x_3+4x_4=0 \\ x_3+2x_4=0 \end{cases}.$$

把右边的齐次线性方程组的系数矩阵用初等行变换化为阶梯形矩阵, 得 $\begin{pmatrix} 1 & 2 & 0 & 1 \\ 0 & 0 & 1 & 2 \\ 0 & 0 & 0 & 0 \\ 0 & 0 & 0 & 0 \end{pmatrix}$, 所以, 右边的齐次线性方程组的通解为 $\begin{pmatrix} -2t_1+t_2 \\ t_1 \\ -2t_2 \\ t_2 \end{pmatrix}$, 其中, t_1, t_2 是任意数. 取 $t_1=0$, $t_2=1$ 得到一个解: $\begin{pmatrix} 1 \\ 0 \\ -2 \\ 1 \end{pmatrix}$.② 于是, 令 $\boldsymbol{P}=\begin{pmatrix} 1 & 0 \\ -2 & 1 \end{pmatrix}$, 则 $\boldsymbol{AP}=\boldsymbol{PB}$, 且由 $\boldsymbol{P}$ 可逆, 得 $\boldsymbol{A}=\boldsymbol{PBP}^{-1}$, 因此, $\boldsymbol{A} \sim \boldsymbol{B}$.

综上所述, $\boldsymbol{A} \sim \boldsymbol{B} \Leftrightarrow a=1, b=-4$, 即所求的值为 $a=1$, $b=-4$. □

9. 证明: 由 $\boldsymbol{A} \sim \boldsymbol{B}$ 可知, 可以取一个可逆阵 $\boldsymbol{P}$ 使得 $\boldsymbol{P}^{-1}\boldsymbol{AP}=\boldsymbol{B}$. 对任意 $x \in S_1$, 即 $\boldsymbol{Ax}=\boldsymbol{0}$. 令 $f(\boldsymbol{x})=\boldsymbol{P}^{-1}\boldsymbol{x}$, 则

$$\boldsymbol{B}f(\boldsymbol{x})=\boldsymbol{BPx}=\boldsymbol{P}^{-1}(\boldsymbol{PBP}^{-1})\boldsymbol{x}=\boldsymbol{P}^{-1}\boldsymbol{Ax}=\boldsymbol{0}③,$$

此即表明: $f(\boldsymbol{x}) \in S_2$, 所以我们得到一个映射: f: $S_1 \to S_2$: $f(\boldsymbol{x})=\boldsymbol{P}^{-1}\boldsymbol{x}$.

反之, 对任意 $\boldsymbol{y} \in S_2$. 令 $g(\boldsymbol{y})=\boldsymbol{Py}$. 则

$$\boldsymbol{A}g(\boldsymbol{y})=\boldsymbol{APy}=\boldsymbol{P}(\boldsymbol{P}^{-1}\boldsymbol{AP})\boldsymbol{y}=\boldsymbol{PBy}=\boldsymbol{0},$$

此即表明: $g(\boldsymbol{y}) \in S_1$, 所以我们得到一个映射: g: $S_2 \to S_1$: $g(\boldsymbol{y})=\boldsymbol{Py}$.

---

① 命题 4.1 给出的只是必要条件.
② 这里也说明了: 满足 $\boldsymbol{P}^{-1}\boldsymbol{BP}=\boldsymbol{A}$ 的可逆阵不唯一.
③ 矩阵的乘法满足结合律.

由于 $(f\circ g)(\boldsymbol{y})=\boldsymbol{P}^{-1}(\boldsymbol{P}\boldsymbol{y})=\boldsymbol{y}$, 所以 $f\circ g$ 是 S_2 上的恒等映射. 同理, $g\circ f$ 是 S_1 上的恒等映射. 综上所述, f 是一个从 S_1 到 S_2 的一一映射. □

注: 因为 $r(\boldsymbol{A})=r(\boldsymbol{B})$, 所以 $\boldsymbol{A}\boldsymbol{x}=\boldsymbol{0}$ 与 $\boldsymbol{B}\boldsymbol{x}=\boldsymbol{0}$ 的基础解系所包含的向量个数相等, 因此也可以利用基础解系去构造从 S_1 到 S_2 的线性映射. 细节从略.

10. 证明: 方法一: 观察得到: 把 $\begin{pmatrix}1&1\\0&1\end{pmatrix}$ 交换第 1, 2 行, 再交换第 1, 2 列即得到 $\begin{pmatrix}1&0\\1&1\end{pmatrix}$①, 因此, 由初等阵和初等变换的关系, 得

$$\begin{pmatrix}0&1\\1&0\end{pmatrix}\begin{pmatrix}1&1\\0&1\end{pmatrix}\begin{pmatrix}0&1\\1&0\end{pmatrix}=\begin{pmatrix}1&0\\1&1\end{pmatrix},$$

而 $\begin{pmatrix}0&1\\1&0\end{pmatrix}^{-1}=\begin{pmatrix}0&1\\1&0\end{pmatrix}$, 所以结论成立.②

方法二: (与第 8 题类似) 设 $\boldsymbol{P}=\begin{pmatrix}x_1&x_2\\x_3&x_4\end{pmatrix}$, 则由矩阵乘法和矩阵相等的定义, 得

$$\begin{pmatrix}1&1\\0&1\end{pmatrix}\boldsymbol{P}=\boldsymbol{P}\begin{pmatrix}1&0\\1&1\end{pmatrix}\Leftrightarrow\begin{cases}x_2-x_3=0\\x_4=0\end{cases}.$$

右边的齐次线性方程组的系数矩阵 $\begin{pmatrix}0&1&-1&0\\0&0&0&1\end{pmatrix}$ 已经是一个行简化阶梯形矩阵了, 自由变量为 x_1, x_3. 分别取 x_1, x_3 为任意数 t_1, t_2, 则得到其通解为 $\begin{pmatrix}t_1\\t_2\\t_2\\0\end{pmatrix}$.③ 特别地, 取 $t_1=t_2=1$, 可以得到可逆阵 $\boldsymbol{P}=\begin{pmatrix}1&1\\1&0\end{pmatrix}$ 使得 $\begin{pmatrix}1&1\\0&1\end{pmatrix}\boldsymbol{P}=\boldsymbol{P}\begin{pmatrix}1&0\\1&1\end{pmatrix}$, 即 $\begin{pmatrix}1&1\\0&1\end{pmatrix}=\boldsymbol{P}\begin{pmatrix}1&0\\1&1\end{pmatrix}\boldsymbol{P}^{-1}$, 所以, 结论成立.

注: 方法一虽然比较巧妙, 但不具有一般性. 值得注意的是, 虽然方法二中可以取到一个解, 使得相应的矩阵 $\boldsymbol{P}$ 是可逆阵, 但在其他情况下, 齐次线性方程组 $\boldsymbol{A}\boldsymbol{X}=\boldsymbol{X}\boldsymbol{B}$ 的解中未必能得到可逆阵 $\boldsymbol{P}$, 因为两个矩阵 $\boldsymbol{A}$ 与 $\boldsymbol{B}$ 未必是相似的. □

习题 4.2 解答 (可对角化、特征值与特征向量)

1. 证明: 由于 λ 是 $\boldsymbol{A}$ 的特征值, 所以, 存在非零向量 $\boldsymbol{\xi}$ 使得 $\boldsymbol{A}\boldsymbol{\xi}=\lambda\boldsymbol{\xi}$. 如果 $\lambda=0$, 则 $\boldsymbol{A}\boldsymbol{\xi}=\boldsymbol{0}$, 即齐次线性方程组 $\boldsymbol{A}\boldsymbol{x}=\boldsymbol{0}$ 有非零解, 从而 $r(\boldsymbol{A})<n$, 与 $\boldsymbol{A}$ 可逆矛盾.④ 所

① 参见定理 3.1.
② 参见推论 3.1.
③ 解齐次线性方程组.
④ 参见推论 3.2.

以, $\lambda \neq 0$.

用 $\boldsymbol{A}^{-1}$ 左乘 $\boldsymbol{A\xi} = \lambda\boldsymbol{\xi}$ 的两边, 得 $\boldsymbol{\xi} = \lambda\boldsymbol{A}^{-1}\boldsymbol{\xi}$, 即 $\boldsymbol{A}^{-1}\boldsymbol{\xi} = \dfrac{1}{\lambda}\boldsymbol{\xi}$, 而 $\boldsymbol{\xi} \neq \mathbf{0}$, 所以, $\dfrac{1}{\lambda}$ 是 $\boldsymbol{A}^{-1}$ 的特征值.①

□

2. 证明: 若不然, 存在数 a 使得 $\boldsymbol{A}(\boldsymbol{\xi}+\boldsymbol{\eta}) = a(\boldsymbol{\xi}+\boldsymbol{\eta})$.② 而 $\boldsymbol{A\xi} = \lambda\boldsymbol{\xi}$, $\boldsymbol{A\eta} = \mu\boldsymbol{\eta}$, 所以, $\lambda\boldsymbol{\xi} + \mu\boldsymbol{\eta} = a(\boldsymbol{\xi}+\boldsymbol{\eta})$, 即 $(\lambda - a)\boldsymbol{\xi} + (a - \boldsymbol{\eta}) = \mathbf{0}$. 但是, $\lambda \neq \mu$③, 所以, $\boldsymbol{\xi}$, $\boldsymbol{\eta}$ 线性无关, 从而 $\lambda - a = \mu - a = 0$, 即 $\lambda = \mu = a$, 与 $\lambda \neq \mu$ 矛盾.

□

3. 证明: 由于 a 是 $\boldsymbol{A}$ 的一个特征值, 所以, 存在非零向量 $\boldsymbol{\xi}$ 使得 $\boldsymbol{A\xi} = a\boldsymbol{\xi}$, 从而 $\boldsymbol{A}^3\boldsymbol{\xi} = \boldsymbol{A}^2(\boldsymbol{A\xi}) = a\boldsymbol{A}^2\boldsymbol{\xi} = \cdots = a^3\boldsymbol{\xi}$, 于是, $(\boldsymbol{A}^3 - 2\boldsymbol{A} + 2\boldsymbol{I}_n)\boldsymbol{\xi} = (a^3 - 2a + 2)\boldsymbol{\xi}$, 即 $a^3 - 2a + 2$ 是 $\boldsymbol{A}^3 - 2\boldsymbol{A} + 2\boldsymbol{I}_n$ 的一个特征值.④

□

4. 解: $\boldsymbol{A}$ 的特征多项式为 $f(\lambda) = \begin{vmatrix} \lambda - 1 & -2 \\ 0 & \lambda - 1 \end{vmatrix} = (\lambda - 1)^2$, 所以, $\boldsymbol{A}$ 的全部互不相同的特征值只有一个 $\lambda_1 = 1$.

$(\lambda_1\boldsymbol{I}_2 - \boldsymbol{A})\boldsymbol{x} = \mathbf{0}$ 的系数矩阵为 $\begin{pmatrix} 0 & -2 \\ 0 & 0 \end{pmatrix}$, 由此得到它的一个基础解系为 $\boldsymbol{\xi}_1 = \begin{pmatrix} 1 \\ 0 \end{pmatrix}$, 所以, $\boldsymbol{A}$ 的全部特征向量为 $t\boldsymbol{\xi}_1 = \begin{pmatrix} t \\ 0 \end{pmatrix}$, 其中, t 为任意非零数.

□

5. 证明: 由题设, 可以令 $\boldsymbol{A}$ 的对角元都等于 a. 于是, $\boldsymbol{A}$ 的特征多项式为 $f(\lambda) = |\lambda\boldsymbol{I}_n - \boldsymbol{A}| = (\lambda - a)^n$⑤, 因此, $\boldsymbol{A}$ 的互不相同的特征值只有一个 $\lambda_1 = a$.

由于存在 (i, j)- 元不为 0 $(i < j)$, 所以齐次线性方程组 $(a\boldsymbol{I}_n - \boldsymbol{A})\boldsymbol{x} = \mathbf{0}$ 的系数矩阵的秩至少是 1, 所以, 它的基础解系所包含的解向量的个数为 $n - r(a\boldsymbol{I}_n - \boldsymbol{A}) \leqslant n - 1$, 从而, $\boldsymbol{A}$ 的线性无关的特征向量至多有 $n - 1$ 个, 所以, $\boldsymbol{A}$ 不可对角化.

□

6. 证明: 由题设, $\boldsymbol{A} \sim \boldsymbol{D}$, 其中, $\boldsymbol{D}$ 是对角阵. 则 $\boldsymbol{A}^4 - 2\boldsymbol{A}^2 + 5\boldsymbol{I}_n \sim \boldsymbol{D}^4 - 2\boldsymbol{D}^2 + 5\boldsymbol{I}_n$, 而 $\boldsymbol{D}^4 - 2\boldsymbol{D}^2 + 5\boldsymbol{I}_n$ 是对角阵, 所以, $\boldsymbol{A}^4 - 2\boldsymbol{A}^2 + 5\boldsymbol{I}_n$ 可对角化.⑥

如果 $\boldsymbol{A}$ 可逆, 则 $\boldsymbol{D}$ 也可逆, 且, $\boldsymbol{A}^{-1} \sim \boldsymbol{D}^{-1}$, 而 $\boldsymbol{D}^{-1}$ 也是对角阵, 所以, $\boldsymbol{A}^{-1}$ 可对角化.

□

7. 解: 设 $\boldsymbol{A} \sim \boldsymbol{D}$, 其中, $\boldsymbol{D}$ 是对角元为 $a_1, \cdots, a_n$ 的对角阵. 则 $\boldsymbol{A}$ 的特征多项式 $f(\lambda)$ 等于 $\boldsymbol{D}$ 的特征多项式, 即, $f(\lambda) = (\lambda - a_1)\cdots(\lambda - a_n)$.

逆命题不成立. 例如, $\boldsymbol{A} = \begin{pmatrix} 1 & 1 \\ 0 & 1 \end{pmatrix}$ 的特征多项式为 $f(\lambda) = (\lambda - 1)^2$ 是两个一次式的乘积, 但是, $\boldsymbol{A}$ 不可对角化.⑦

□

---

① 参见定义 4.2.
② 由于 $\boldsymbol{\xi}$, $\boldsymbol{\eta}$ 线性无关, 所以, $\boldsymbol{\xi} + \boldsymbol{\eta} \neq \mathbf{0}$.
③ 参见命题 4.3.
④ 类似于习题 3.2 第 6 题.
⑤ 上三角行列式.
⑥ 仿照习题 4.1 的第 2 题.
⑦ 参见前面的第 5 题.

8. 解: 首先, $\boldsymbol{A}$ 的全部特征值为 $1, -1, -1$[①], 所以, $|\boldsymbol{A}| = 1\times(-1)\times(-1) = 1$, 从而 $\boldsymbol{A}$ 可逆, 且 $|\boldsymbol{A}^{-1}| = 1$. 其次, 由于 $\boldsymbol{A}\boldsymbol{A}^* = |\boldsymbol{A}|\boldsymbol{I}_3$, 所以, $\boldsymbol{A}^* = \boldsymbol{A}^{-1}$, 从而, $(\boldsymbol{A}^*)^3 = (\boldsymbol{A}^{-1})^3$, 于是,

$$\begin{aligned}|(\boldsymbol{A}^*)^3 - 2\boldsymbol{A} - \boldsymbol{I}_3| &= |(\boldsymbol{A}^{-1})^3 - 2\boldsymbol{A} - \boldsymbol{I}_3| = |(\boldsymbol{A}^{-1})^3(\boldsymbol{I}_3 - 2\boldsymbol{A}^4 - \boldsymbol{A}^3)| \\ &= |\boldsymbol{A}^{-1}|^3|\boldsymbol{I}_3 - 2\boldsymbol{A}^4 - \boldsymbol{A}^3|.\end{aligned}$$

令 $f(x) = 1 - 2x^4 - x^3$. 则 $f(1) = -2$, $f(-1) = 0$, 所以, 代入上式, 得[②]

$$\begin{aligned}|(\boldsymbol{A}^*)^3 - 2\boldsymbol{A} - \boldsymbol{I}_3| &= |\boldsymbol{A}^{-1}|^3|\boldsymbol{I}_3 - 2\boldsymbol{A}^4 - \boldsymbol{A}^3| \\ &= 1^3\cdot f(1)f(-1)f(-1) = 0.\end{aligned}$$

注: 由于 $\boldsymbol{A}$ 的三个特征值中有相同的, 所以, $\boldsymbol{A}$ 未必可对角化. 如果错误地把 $\boldsymbol{A}$ 当成可对角化的方阵, 甚至直接设 $\boldsymbol{A} = \begin{pmatrix}1 & 0 & 0\\ 0 & -1 & 0\\ 0 & 0 & -1\end{pmatrix}$, 也可以得到"正确"的答案. □

9. 解: $\boldsymbol{A}$ 的特征多项式为

$$f(\lambda) = \begin{vmatrix}\lambda-3 & -2 & 1\\ 2 & \lambda+2 & -2\\ -3 & -6 & \lambda+1\end{vmatrix} = (\lambda-2)^2(\lambda+4)^{③},$$

即 $\boldsymbol{A}$ 的互不相同的特征值为 $\lambda_1 = 2$, $\lambda_2 = -4$.

对 $\lambda_1 = 2$, 求得 $(\lambda_1\boldsymbol{I}_3 - \boldsymbol{A})\boldsymbol{x} = (2\boldsymbol{I}_3 - \boldsymbol{A})\boldsymbol{x} = \boldsymbol{0}$ 的一个基础解系: $\boldsymbol{\xi}_{11} = \begin{pmatrix}1\\0\\1\end{pmatrix}$, $\boldsymbol{\xi}_{12} = \begin{pmatrix}-2\\1\\0\end{pmatrix}$.

对[④] $\lambda_2 = -4$, 求得 $(\lambda_2\boldsymbol{I}_3 - \boldsymbol{A})\boldsymbol{x} = (-4\boldsymbol{I}_3 - \boldsymbol{A})\boldsymbol{x} = \boldsymbol{0}$ 的一个基础解系: $\boldsymbol{\xi}_{21} = \begin{pmatrix}1\\-2\\3\end{pmatrix}$.

令 $\boldsymbol{P} = (\boldsymbol{\xi}_{11}\quad \boldsymbol{\xi}_{12}\quad \boldsymbol{\xi}_{21}) = \begin{pmatrix}1 & -2 & 1\\ 0 & 1 & -2\\ 1 & 0 & 3\end{pmatrix}$, 则 $\boldsymbol{P}^{-1}\boldsymbol{A}\boldsymbol{P} = \begin{pmatrix}2 & 0 & 0\\ 0 & 2 & 0\\ 0 & 0 & -4\end{pmatrix}$, 即 $\boldsymbol{A} =$

① $\boldsymbol{A}$ 未必可对角化.
② 参见命题 4.5.
③ 把第 3 列加到第 1 列, 提出公因式 $\lambda - 2$.
④ 分别把 $-4\boldsymbol{I}_3 - \boldsymbol{A}$ 的第 3 行的 -2 倍、1 倍加到第 1 行、第 2 行, 运算较简便.

$\boldsymbol{P}\begin{pmatrix}2&0&0\\0&2&0\\0&0&-4\end{pmatrix}\boldsymbol{P}^{-1}$①，从而，

$$\begin{aligned}\boldsymbol{A}^n&=\boldsymbol{P}\begin{pmatrix}2^n&0&0\\0&2^n&0\\0&0&(-4)^n\end{pmatrix}\boldsymbol{P}^{-1}\\&=\frac{1}{6}\begin{pmatrix}1&-2&1\\0&1&-2\\1&0&3\end{pmatrix}\begin{pmatrix}2^n&0&0\\0&2^n&0\\0&0&(-4)^n\end{pmatrix}\begin{pmatrix}3&6&3\\-2&2&2\\-1&-2&1\end{pmatrix}\\&=\frac{1}{6}\begin{pmatrix}7\cdot 2^n-(-4)^n&2^{n+1}-2(-4)^n&-2^n+(-4)^n\\-2^{n+1}+2(-4)^n&2^{n+1}+4(-4)^n&2^{n+1}-2(-4)^n\\3\cdot 2^n-3(-4)^n&6\cdot 2^n-6(-4)^n&3\cdot 2^n+3(-4)^n\end{pmatrix}.\end{aligned}$$

□

10. 证明: 设 a 为 $\boldsymbol{A}$ 的特征值, 即存在非零向量 $\boldsymbol{A\xi}=a\boldsymbol{\xi}$, 从而, $\boldsymbol{A}^2\boldsymbol{\xi}=a^2\boldsymbol{\xi}$. 于是, $\boldsymbol{0}=(\boldsymbol{A}^2-3\boldsymbol{A}+2\boldsymbol{I}_n)\boldsymbol{\xi}=(a^2-3a+2)\boldsymbol{\xi}$, 所以, $a^2-3a+2=0$, 即 $a=2$ 或 $a=1$, 亦即, $\boldsymbol{A}$ 的特征值只能是 2 或 1.

假设 2 不是 $\boldsymbol{A}$ 的特征值, 则 $\boldsymbol{A}-2\boldsymbol{I}_n$ 可逆, 从而由

$$\boldsymbol{0}=\boldsymbol{A}^2-3\boldsymbol{A}+2\boldsymbol{I}_n=(\boldsymbol{A}-2\boldsymbol{I}_n)(\boldsymbol{A}-\boldsymbol{I}_n)$$

得 $\boldsymbol{A}-\boldsymbol{I}_n=(\boldsymbol{A}-2\boldsymbol{I}_n)^{-1}\boldsymbol{0}=\boldsymbol{0}$, 即 $\boldsymbol{A}=\boldsymbol{I}_n$ 本身就是对角阵, 从而可以对角化②; 同理, 当 1 不是 $\boldsymbol{A}$ 的特征值时, $\boldsymbol{A}=2\boldsymbol{I}_n$ 是对角阵, 从而可以对角化.

设 2 和 1 都是 $\boldsymbol{A}$ 的特征值. (从而, 如前所述, $\boldsymbol{A}$ 的全部互不相同的特征值就是 1, 2.)

齐次线性方程组 $(2\boldsymbol{I}_n-\boldsymbol{A})\boldsymbol{x}=\boldsymbol{0}$ 的基础解系所包含的向量个数是 $n-r(2\boldsymbol{I}_n-\boldsymbol{A})$; 而 $(\boldsymbol{I}_n-\boldsymbol{A})\boldsymbol{x}=\boldsymbol{0}$ 的基础解系所包含的向量个数是 $n-r(\boldsymbol{I}_n-\boldsymbol{A})$, 所以, 如果能证明: $n-r(2\boldsymbol{I}_n-\boldsymbol{A})+n-r(\boldsymbol{I}_n-\boldsymbol{A})=n$, 即

$$r(2\boldsymbol{I}_n-\boldsymbol{A})+r(\boldsymbol{I}_n-\boldsymbol{A})=n, \tag{$*$}$$

则 $\boldsymbol{A}$ 有 n 个线性无关的向量, 从而 $\boldsymbol{A}$ 可对角化.

事实上, 由 $(\boldsymbol{A}-2\boldsymbol{I}_n)(\boldsymbol{A}-\boldsymbol{I}_n)=\boldsymbol{0}$, 得 $r(\boldsymbol{A}-2\boldsymbol{I}_n)+r(\boldsymbol{A}-\boldsymbol{I}_n)\leqslant n$, 即③

$$r(2\boldsymbol{I}_n-\boldsymbol{A})+r(\boldsymbol{I}_n-\boldsymbol{A})\leqslant n.$$

① 用伴随矩阵或算法 3.1 求 $\boldsymbol{P}^{-1}$.
② 如果 $\boldsymbol{A}-2\boldsymbol{I}_n$ 不可逆, 则推不出 $\boldsymbol{A}=\boldsymbol{I}_n$.
③ 余下的讨论与习题 3.2 第 9 题类似.

又由 $\boldsymbol{I}_n=(\boldsymbol{A}-\boldsymbol{I}_n)-(\boldsymbol{A}-2\boldsymbol{I}_n)$, 得 $n=r(\boldsymbol{I}_n)\leqslant r(\boldsymbol{A}-\boldsymbol{I}_n)+r(\boldsymbol{A}-2\boldsymbol{I}_n)$, 即[①]

$$n\leqslant r(2\boldsymbol{I}_n-\boldsymbol{A})+r(\boldsymbol{I}_n-\boldsymbol{A}).$$

综上所述, 式 (*) 成立, 从而结论成立. □

习题 4.3 解答 (内积、正交阵与实对称阵)

1. 解: 设 $\boldsymbol{\xi}=\begin{pmatrix}x_1\\x_2\\x_3\end{pmatrix}$. 则 $\boldsymbol{\xi}$ 与 $\boldsymbol{\xi}_1,\boldsymbol{\xi}_2$ 都正交 $\Leftrightarrow(\boldsymbol{\xi},\boldsymbol{\xi}_1)=(\boldsymbol{\xi},\boldsymbol{\xi}_2)=0$, 即 $\begin{cases}x_1-2x_2=0\\x_1-x_3=0\end{cases}$. 把这个齐次线性方程组的系数矩阵用初等行变换化为行简化阶梯形矩阵, 得 $\begin{pmatrix}1&0&-1\\0&1&-\frac{1}{2}\end{pmatrix}$, 取自由变量 x_3 为任意数 t, 由此即得其通解为 $\begin{pmatrix}t\\\frac{1}{2}t\\t\end{pmatrix}$, 即为所求.

2. 证明: 设 $\boldsymbol{\xi}=\begin{pmatrix}k_1\\k_2\\\vdots\\k_n\end{pmatrix}$. 设 $\boldsymbol{\alpha}_1,\cdots,\boldsymbol{\alpha}_n$ 线性无关, 其中 $\boldsymbol{\alpha}_i=\begin{pmatrix}a_{i1}\\a_{i2}\\\vdots\\a_{in}\end{pmatrix}$. 则 $\boldsymbol{\xi}$ 与 $\boldsymbol{\alpha}_1,\cdots,\boldsymbol{\alpha}_n$ 都正交 $\Leftrightarrow\boldsymbol{\xi}$ 是方程组 $\begin{cases}a_{11}x_1+a_{12}x_2+\cdots+a_{1n}x_n=0\\a_{21}x_1+a_{22}x_2+\cdots+a_{2n}x_n=0\\\cdots\cdots\\a_{n1}x_1+a_{n2}x_2+\cdots+a_{nn}x_n=0\end{cases}$ 的解[②]. 而该齐次线性方程组的系数矩阵的行向量组就是 $\boldsymbol{\alpha}_1,\cdots,\boldsymbol{\alpha}_n$, 所以, 其秩为 n, 从而该齐次线性方程组只有零解, 所以 $\boldsymbol{\xi}=\boldsymbol{0}$.

或者, 由于 $\boldsymbol{\alpha}_1,\cdots,\boldsymbol{\alpha}_n$ 是线性无关的 n 维向量, 且 $\boldsymbol{\xi}$ 也是线性无关的 n 维向量, 所以, $\boldsymbol{\xi}$ 可以由 $\boldsymbol{\alpha}_1,\cdots,\boldsymbol{\alpha}_n$ 线性表出, 从而由 $(\boldsymbol{\xi},\boldsymbol{\alpha}_i)=0\ (1\leqslant i\leqslant n)$ 得 $(\boldsymbol{\xi},\boldsymbol{\xi})=0$, 由此即得 $\boldsymbol{\xi}=\boldsymbol{0}$. □

3. 解: 首先注意到 $\boldsymbol{\xi}_1,\boldsymbol{\xi}_2,\boldsymbol{\xi}_3$ 的秩为 3, 所以是线性无关的, 从而可以用施密特正交化方法.[③] 则 $\boldsymbol{\eta}_1=\boldsymbol{\xi}_1$; $\boldsymbol{\eta}_2=\boldsymbol{\xi}_2-\dfrac{(\boldsymbol{\xi}_2,\boldsymbol{\eta}_1)}{(\boldsymbol{\eta}_1,\boldsymbol{\eta}_1)}\boldsymbol{\eta}_1=\begin{pmatrix}\frac{1}{2}\\-\frac{1}{2}\\1\\0\end{pmatrix}$; $\boldsymbol{\eta}_3=\boldsymbol{\xi}_3-\dfrac{(\boldsymbol{\xi}_3,\boldsymbol{\eta}_2)}{(\boldsymbol{\eta}_2,\boldsymbol{\eta}_2)}\boldsymbol{\eta}_2-\dfrac{(\boldsymbol{\xi}_3,\boldsymbol{\eta}_1)}{(\boldsymbol{\eta}_1,\boldsymbol{\eta}_1)}\boldsymbol{\eta}_1=$

① 多次用到: $r(\boldsymbol{C})=r(-\boldsymbol{C})$.
② 参见定理 2.2 和命题 2.12.
③ 参见算法 4.2.

$\begin{pmatrix} \frac{1}{3} \\ -\frac{1}{3} \\ -\frac{1}{3} \\ 1 \end{pmatrix}$, 即为所求.① □

4. 证明: (1) 若不然, 假设 $\boldsymbol{A}$ 是正交阵, 则②: $(\boldsymbol{A\xi}, \boldsymbol{A\xi}) = (\boldsymbol{\xi}, \boldsymbol{\xi})$, 即 $4(\boldsymbol{\xi}, \boldsymbol{\xi}) = (\boldsymbol{\xi}, \boldsymbol{\xi})$, 而由 $\boldsymbol{\xi} \neq \boldsymbol{0}$ 可知 $(\boldsymbol{\xi}, \boldsymbol{\xi}) > 0$, 所以矛盾.

(2) 由 (1) 和 $\boldsymbol{A}$ 是正交阵可知, 2 不可能是 $\boldsymbol{A}$ 的特征值③, 所以, $2\boldsymbol{I}_n - \boldsymbol{A}$ 可逆. □

5. 解: 由于 $\boldsymbol{A}$ 是实对称阵, 所以, $\boldsymbol{A}$ 可对角化. $\boldsymbol{A}$ 的特征多项式为:④

$$f(\lambda) = \begin{vmatrix} \lambda-4 & 1 & 1 & -1 \\ 1 & \lambda-4 & -1 & 1 \\ 1 & -1 & \lambda-4 & 1 \\ -1 & 1 & 1 & \lambda-4 \end{vmatrix} = \begin{vmatrix} \lambda-4 & 1 & 1 & -1 \\ 0 & \lambda-3 & 0 & \lambda-3 \\ 0 & 0 & \lambda-3 & \lambda-3 \\ -1 & 1 & 1 & \lambda-4 \end{vmatrix}$$

$$= (\lambda-3)^2 \begin{vmatrix} \lambda-4 & 1 & 1 & -1 \\ 0 & 1 & 0 & 1 \\ 0 & 0 & 1 & 1 \\ -1 & 1 & 1 & \lambda-4 \end{vmatrix} = (\lambda-3)^3(\lambda-7).$$

所以, $\boldsymbol{A}$ 的全部特征值为 3, 3, 3, 7, 而 $\boldsymbol{A}$ 又是实对称阵, 所以, $\boldsymbol{A} \sim \begin{pmatrix} 3 & 0 & 0 & 0 \\ 0 & 3 & 0 & 0 \\ 0 & 0 & 3 & 0 \\ 0 & 0 & 0 & 7 \end{pmatrix}$. □

6. 解: 由于 $\boldsymbol{A}$ 是实对称阵, 所以满足条件的正交阵 $\boldsymbol{P}$ 是存在的. 把第 3 行的 -1 倍加到第 1 行, 可以提出公因子, 可得 $\boldsymbol{A}$ 的特征多项式为

$$f(\lambda) = \begin{vmatrix} \lambda-1 & 2 & 4 \\ 2 & \lambda-4 & 2 \\ 4 & 2 & \lambda-1 \end{vmatrix}$$

$$= (\lambda-5) \begin{vmatrix} 1 & 0 & -1 \\ 2 & \lambda-4 & 2 \\ 4 & 2 & \lambda-1 \end{vmatrix} = (\lambda-5)^2(\lambda+4),$$

所以, $\boldsymbol{A}$ 的全部特征值为 5, 5, -4.

---

① 答案不唯一, 比如, 可以先令 $\boldsymbol{\eta}_1 = \boldsymbol{\xi}_2$.

② 参见命题 4.7.

③ 事实上, 可以证明, 任意正交阵的全部复特征值都位于单位圆上. 细节从略.

④ 本题不需要求出可逆阵 $\boldsymbol{P}$ 使得 $\boldsymbol{P}^{-1}\boldsymbol{AP}$ 是对角阵. 由于 $\boldsymbol{A}$ 是实对称阵, 所以由定理 4.1, 只需求出 $\boldsymbol{A}$ 的全部特征值即可.

对于 $\lambda_1=5$, 用初等行变换把齐次线性方程组 $(5\boldsymbol{I}_3-\boldsymbol{A})\boldsymbol{x}=\boldsymbol{0}$ 的系数矩阵化为行简化阶梯形矩阵, 得

$$5\boldsymbol{I}_3-\boldsymbol{A}=\begin{pmatrix}4&2&4\\2&1&2\\4&2&4\end{pmatrix}\to\begin{pmatrix}1&\frac{1}{2}&1\\0&0&0\\0&0&0\end{pmatrix},$$

由此即得它的一个基础解系为: $\boldsymbol{\xi}_{11}=\begin{pmatrix}-1\\2\\0\end{pmatrix}$①, $\boldsymbol{\xi}_{12}=\begin{pmatrix}-1\\0\\1\end{pmatrix}$.

作施密特正交化, 再单位化后, 得 $\boldsymbol{\gamma}_{11}=\frac{\sqrt{5}}{5}\begin{pmatrix}-1\\2\\0\end{pmatrix}$, $\boldsymbol{\gamma}_{12}=\frac{\sqrt{5}}{3}\begin{pmatrix}-\frac{4}{5}\\-\frac{2}{5}\\1\end{pmatrix}$.

对于 $\lambda_2=-4$, 用初等行变换把齐次线性方程组 $(-4\boldsymbol{I}_3-\boldsymbol{A})\boldsymbol{x}=\boldsymbol{0}$ 的系数矩阵化为行简化阶梯形矩阵, 得

$$-4\boldsymbol{I}_3-\boldsymbol{A}=\begin{pmatrix}-5&2&4\\2&-8&2\\4&2&-5\end{pmatrix}\to\begin{pmatrix}1&0&-1\\0&1&-\frac{1}{2}\\0&0&0\end{pmatrix}^{②},$$

由此得到它的一个基础解系为 $\boldsymbol{\xi}_2=\begin{pmatrix}2\\1\\2\end{pmatrix}$③, 单位化后, 得 $\boldsymbol{\gamma}_2=\frac{1}{3}\begin{pmatrix}2\\1\\2\end{pmatrix}$. 令

$$\boldsymbol{P}=(\boldsymbol{\gamma}_{11}\ \ \boldsymbol{\gamma}_{12}\ \ \boldsymbol{\gamma}_2)=\begin{pmatrix}-\frac{\sqrt{5}}{5}&-\frac{4\sqrt{5}}{15}&\frac{2}{3}\\\frac{2\sqrt{5}}{5}&-\frac{2\sqrt{5}}{15}&\frac{1}{3}\\0&\frac{\sqrt{5}}{3}&\frac{2}{3}\end{pmatrix}^{④},$$

则 $\boldsymbol{P}$ 是正交阵, 且 $\boldsymbol{P}^{-1}\boldsymbol{A}\boldsymbol{P}=\begin{pmatrix}5&0&0\\0&5&0\\0&0&-4\end{pmatrix}$. □

7. 证明: 方法一: 由 $\boldsymbol{A}=\boldsymbol{A}^{\mathrm{T}}$, 得

$$tr(\boldsymbol{A}^{\mathrm{T}}\boldsymbol{A})=tr(\boldsymbol{A}\boldsymbol{A})=tr(\boldsymbol{A}^2)=tr(\boldsymbol{0})=0^{⑤},$$

① 取自由变量 x_2, x_3 的值分别为 2,0, 得到 $\boldsymbol{\xi}_{11}$, 可以避免出现分数.
② 先把第 3 行的 1 倍加到第 1 行, 使得“左上角”为 -1.
③ 取自由变量 x_3 的值为 2, 避免分数.
④ 正交阵 $\boldsymbol{P}$ 的取法不唯一.
⑤ 矩阵的乘法没有消去律; 不能直接得 $\boldsymbol{A}=\boldsymbol{0}$.

又由于 $\boldsymbol{A}$ 是实矩阵, 所以, $\boldsymbol{A}=\boldsymbol{0}$.①

方法二: 由于 $\boldsymbol{A}$ 是实对称阵, 所以 $\boldsymbol{A}$ 可对角化, 即存在可逆阵 $\boldsymbol{P}$ 使得 $\boldsymbol{P}^{-1}\boldsymbol{A}\boldsymbol{P}=\boldsymbol{D}$, 其中, $\boldsymbol{D}$ 是对角阵, 其对角元是 $\boldsymbol{A}$ 的全部特征值. 于是, $\boldsymbol{D}^2=\boldsymbol{P}^{-1}\boldsymbol{A}^2\boldsymbol{P}=\boldsymbol{P}^{-1}\boldsymbol{0}\boldsymbol{P}=\boldsymbol{0}$, 从而, $\boldsymbol{A}=\boldsymbol{P}\boldsymbol{D}\boldsymbol{P}^{-1}=\boldsymbol{0}$.②

注: 本题中的条件 $\boldsymbol{A}^2=0$ 可以换为更一般的条件 $\boldsymbol{A}^k=\boldsymbol{0}$, 其中, k 是正整数. 在这样的更一般的条件下, 方法一就不适用了. □

8. 解: 由于 $\boldsymbol{A}$ 是实对称阵, 所以, 存在正交阵 $\boldsymbol{P}$ 使得

$$\boldsymbol{A}=\boldsymbol{P}^{-1}\begin{pmatrix}\lambda_1 & 0 & \cdots & 0\\ 0 & \lambda_2 & \cdots & 0\\ \vdots & \vdots & \ddots & \vdots\\ 0 & 0 & \cdots & \lambda_n\end{pmatrix}\boldsymbol{P},$$

其中, λ_i 是 $\boldsymbol{A}$ 的特征值. 由题设, $\lambda_i>0$, 所以可以设

$$\boldsymbol{B}=\boldsymbol{P}^{-1}\begin{pmatrix}\sqrt{\lambda_1} & 0 & \cdots & 0\\ 0 & \sqrt{\lambda_2} & \cdots & 0\\ \vdots & \vdots & \ddots & \vdots\\ 0 & 0 & \cdots & \sqrt{\lambda_n}\end{pmatrix}\boldsymbol{P}.③$$

由 $\boldsymbol{P}$ 是正交阵, 得 $\boldsymbol{P}^{-1}=\boldsymbol{P}^{\mathrm{T}}$, 从而, $(\boldsymbol{P}^{-1})^{\mathrm{T}}=\boldsymbol{P}$. 因此, 在上式两边取转置, 得

$$\begin{aligned}\boldsymbol{B}^{\mathrm{T}}&=\boldsymbol{P}^{\mathrm{T}}\begin{pmatrix}\sqrt{\lambda_1} & 0 & \cdots & 0\\ 0 & \sqrt{\lambda_2} & \cdots & 0\\ \vdots & \vdots & \ddots & \vdots\\ 0 & 0 & \cdots & \sqrt{\lambda_n}\end{pmatrix}^{\mathrm{T}}(\boldsymbol{P}^{-1})^{\mathrm{T}}\\ &=\boldsymbol{P}^{-1}\begin{pmatrix}\sqrt{\lambda_1} & 0 & \cdots & 0\\ 0 & \sqrt{\lambda_2} & \cdots & 0\\ \vdots & \vdots & \ddots & \vdots\\ 0 & 0 & \cdots & \sqrt{\lambda_n}\end{pmatrix}\boldsymbol{P}=\boldsymbol{B},\end{aligned}$$

即 $\boldsymbol{B}$ 是对称阵, 且

$$\boldsymbol{B}^2=\boldsymbol{P}^{-1}\begin{pmatrix}\sqrt{\lambda_1} & 0 & \cdots & 0\\ 0 & \sqrt{\lambda_2} & \cdots & 0\\ \vdots & \vdots & \ddots & \vdots\\ 0 & 0 & \cdots & \sqrt{\lambda_n}\end{pmatrix}^2\boldsymbol{P}=\boldsymbol{A},$$

---

① 参见习题 3.1 第 5(2) 题.

② 实对称阵可对角化的一个应用.

③ 即特征值全为正的实对称阵可以“开方”.

所以, 结论成立. □

9. 证明: 设 $\boldsymbol{C}=\boldsymbol{A}-\boldsymbol{B}$. 只需验证 $\boldsymbol{C}=\boldsymbol{0}$. 注意到 $\boldsymbol{C}$ 也是 n 阶实对称阵, 且对任意 n 维列向量 $\boldsymbol{\eta}$, 有

$$\boldsymbol{\eta}^{\mathrm{T}}\boldsymbol{C}\boldsymbol{\eta}=\boldsymbol{\eta}^{\mathrm{T}}(\boldsymbol{A}-\boldsymbol{B})\boldsymbol{\eta}=\boldsymbol{\eta}^{\mathrm{T}}\boldsymbol{A}\boldsymbol{\eta}-\boldsymbol{\eta}^{\mathrm{T}}\boldsymbol{B}\boldsymbol{\eta}=0. \qquad (*)$$

由于 $\boldsymbol{C}$ 是实对称阵, 所以存在正交阵 $\boldsymbol{P}$ 使得

$$\boldsymbol{P}^{-1}\boldsymbol{C}\boldsymbol{P}=\boldsymbol{D}=\begin{pmatrix}\lambda_1 & 0 & \cdots & 0\\ 0 & \lambda_2 & \cdots & 0\\ \vdots & \vdots & \ddots & \vdots\\ 0 & 0 & \cdots & \lambda_n\end{pmatrix}^{①},$$

其中, λ_i 是 $\boldsymbol{C}$ 的特征值. 对任意 n 维列向量 $\boldsymbol{\xi}$, 由 $\boldsymbol{P}^{-1}=\boldsymbol{P}^{\mathrm{T}}$ 和式 $(*)$ (令 $\boldsymbol{\eta}=\boldsymbol{P}\boldsymbol{\xi}$), 得②

$$\boldsymbol{0}=(\boldsymbol{P}\boldsymbol{\xi})^{\mathrm{T}}\boldsymbol{C}(\boldsymbol{P}\boldsymbol{\xi})=\boldsymbol{\xi}^{\mathrm{T}}(\boldsymbol{P}^{\mathrm{T}}\boldsymbol{C}\boldsymbol{P})\boldsymbol{\xi}=\boldsymbol{\xi}^{\mathrm{T}}(\boldsymbol{P}^{-1}\boldsymbol{C}\boldsymbol{P})\boldsymbol{\xi},$$

即对任意 $\boldsymbol{\xi}=\begin{pmatrix}x_1\\ \vdots\\ x_n\end{pmatrix}$ 都有 $\boldsymbol{0}=\boldsymbol{\xi}^{\mathrm{T}}(\boldsymbol{P}^{-1}\boldsymbol{C}\boldsymbol{P})\boldsymbol{\xi}=\boldsymbol{\xi}^{\mathrm{T}}\boldsymbol{D}\boldsymbol{\xi}=\lambda_1x_1^2+\cdots+\lambda_nx_n^2$.

对每个 i, 取 $x_i=1$③, 其余的 x_j 为 0, 得 $\lambda_i=0$, 即 $\boldsymbol{D}=\boldsymbol{0}$, 从而 $\boldsymbol{C}=\boldsymbol{P}\boldsymbol{D}\boldsymbol{P}^{-1}=\boldsymbol{P}\boldsymbol{0}\boldsymbol{P}^{-1}=\boldsymbol{0}$, 所以, 结论成立. □

10. 证明: 由于 $\boldsymbol{P}, \boldsymbol{Q}$ 是正交阵, 所以, $\boldsymbol{P}^{-1}=\boldsymbol{P}^{\mathrm{T}}$, $\boldsymbol{Q}^{-1}=\boldsymbol{Q}^{\mathrm{T}}$, 从而④

$$\begin{aligned}|\boldsymbol{P}+\boldsymbol{Q}|&=|\boldsymbol{P}(\boldsymbol{I}_n+\boldsymbol{P}^{-1}\boldsymbol{Q})|\ \ (\text{转化为乘积})\\ &=|\boldsymbol{P}(\boldsymbol{Q}^{-1}+\boldsymbol{P}^{-1})\boldsymbol{Q}|=|\boldsymbol{P}(\boldsymbol{Q}^{\mathrm{T}}+\boldsymbol{P}^{\mathrm{T}})\boldsymbol{Q}|\\ &=|\boldsymbol{P}(\boldsymbol{P}+\boldsymbol{Q})^{\mathrm{T}}\boldsymbol{Q}|=|\boldsymbol{P}||(\boldsymbol{P}+\boldsymbol{Q})^{\mathrm{T}}||\boldsymbol{Q}|\\ &=|\boldsymbol{P}||\boldsymbol{P}+\boldsymbol{Q}||\boldsymbol{Q}|\ \ (\text{转置不改变行列式})\\ &=-|\boldsymbol{P}+\boldsymbol{Q}|,\end{aligned}$$

所以, $|\boldsymbol{P}+\boldsymbol{Q}|=0$. □

---

① 定理 4.1 的应用.
② 矩阵乘法没有消去律, 所以不能直接得到 $\boldsymbol{A}=\boldsymbol{B}$.
③ 特殊值法.
④ 一般地, 和的行列式不等于行列式的和, 所以, 不能直接得到结论.

第 5 章 二次型与正定阵

5.1 知识点小结

5.1.1 二次型的矩阵和标准型

• 基本概念: n 元二次型及其矩阵; 非退化线性替换和正交变换; 矩阵的合同; 二次型的标准型; 惯性指数; 配方法; 合同变换法; 正交变换法; 二次型的规范型.

定义 5.1 称引理 5.1 中的 $\boldsymbol{A}$ 为 $f(x_1,\cdots,x_n)$ 的矩阵; 称 $r(\boldsymbol{A})$ 为 $f(x_1,\cdots,x_n)$ 的秩.

定义 5.2 设 $\boldsymbol{C}=(c_{ij})$ 是 n 阶可逆阵. 称变换 $\boldsymbol{x}=\boldsymbol{C}\boldsymbol{y}$, 即

$$\begin{pmatrix} x_1 \\ x_2 \\ \vdots \\ x_n \end{pmatrix} = \begin{pmatrix} c_{11} & c_{12} & \cdots & c_{1n} \\ c_{21} & c_{22} & \cdots & c_{2n} \\ \vdots & \vdots & \ddots & \vdots \\ c_{n1} & c_{n2} & \cdots & c_{nn} \end{pmatrix} \begin{pmatrix} y_1 \\ y_2 \\ \vdots \\ y_n \end{pmatrix}$$

是一个非退化线性替换. 进一步地, 如果 $\boldsymbol{C}$ 是正交阵, 则称 $\boldsymbol{x}=\boldsymbol{C}\boldsymbol{y}$ 是正交变换.

定义 5.3 设二次型 $f(x_1,\cdots,x_n)$ 的矩阵 $\boldsymbol{A}$ 有 p 个正特征值和 q 个负特征值. (正、负特征值中如果有重复的, 要重复计数.) 称 p、q 分别为 $f(x_1,\cdots,x_n)$ 的正惯性指数、负惯性指数; 也称 p、q 分别为实对称阵 $\boldsymbol{A}$ 的正惯性指数、负惯性指数.

定义 5.4 对一个矩阵作一次初等行变换后再作一次相同的初等列变换 (或者, 对一个矩阵作一次初等列变换后再作一次相同的初等列变换), 称为对这个矩阵作了一次合同变换.

• 基本结论:

(1) n 元实二次型与 n 阶实对称阵之间有一一对应关系.

引理 5.1 令 $\boldsymbol{x}=\begin{pmatrix}x_1\\x_2\\\vdots\\x_n\end{pmatrix}$. 则对任意的 n 元二次型 $f(x_1,x_2,\cdots,x_n)$, 都存在唯一的 n 阶实对称阵 $\boldsymbol{A}$ 使得 $f(x_1,\cdots,x_n)=\boldsymbol{x}^{\mathrm{T}}\boldsymbol{A}\boldsymbol{x}$.

(2) 矩阵之间的合同关系满足反身性、对称性和传递性.

(3) n 元实二次型之间的非退化线性替换与实对称阵之间的合同是一致的.

推论 5.1 对于 n 元二次型 $f(x_1,\cdots,x_n)=\boldsymbol{x}^{\mathrm{T}}\boldsymbol{A}\boldsymbol{x}$ 与 $g(y_1,\cdots,y_n)=\boldsymbol{y}^{\mathrm{T}}\boldsymbol{B}\boldsymbol{y}$ ($\boldsymbol{A}^{\mathrm{T}}=\boldsymbol{A}$, $\boldsymbol{B}^{\mathrm{T}}=\boldsymbol{B}$), 有 $\boldsymbol{A}$ 与 $\boldsymbol{B}$ 合同 $\Leftrightarrow$ 存在非退化线性替换 $\boldsymbol{x}=\boldsymbol{C}\boldsymbol{y}$ 使得

$$f(x_1,\cdots,x_n)\xlongequal{\boldsymbol{x}=\boldsymbol{C}\boldsymbol{y}}g(y_1,\cdots,y_n).$$

(4) 惯性定理.

定理 5.1 (惯性定理.) 设 $\boldsymbol{D}_1$, $\boldsymbol{D}_2$ 是 n 阶实对角阵. 则 $\boldsymbol{D}_1$ 与 $\boldsymbol{D}_2$ 合同 $\Leftrightarrow$ $\boldsymbol{D}_1$ 与 $\boldsymbol{D}_2$ 的正对角元的个数相等, 且 $\boldsymbol{D}_1$ 与 $\boldsymbol{D}_2$ 的负对角元的个数也相等.

(5) 任意 n 元二次型都有标准型, 且标准型由其矩阵的惯性指数确定.

定理 5.2 任意二次型都有标准型. 进一步地, 设二次型 $f(x_1,x_2,\cdots,x_n)=\boldsymbol{x}^{\mathrm{T}}\boldsymbol{A}\boldsymbol{x}$ ($\boldsymbol{A}^{\mathrm{T}}=\boldsymbol{A}$) 的矩阵 $\boldsymbol{A}$ 有 p 个正特征值和 q 个负特征值. 则

$$d_1y_1^2+\cdots+d_ny_n^2 \tag{5.6}$$

是 $f(x_1,\cdots,x_n)$ 的标准型 $\Leftrightarrow$ $d_1,\cdots,d_n$ 中有 p 个正数和 q 个负数.

等价地, 任意实对称阵都合同于对角阵, 且这些对角阵由该矩阵的惯性指数确定, 参见定理.

定理 5.3 设 $\boldsymbol{A}$ 是 n 阶实对称阵, 有 p 个正特征值和 q 个负特征值. 则对角阵 $\boldsymbol{D}=\begin{pmatrix}d_1&0&\cdots&0\\0&d_2&\cdots&0\\\vdots&\vdots&\ddots&\vdots\\0&0&\cdots&d_n\end{pmatrix}$ 与 $\boldsymbol{A}$ 合同 $\Leftrightarrow$ $d_1,\cdots,d_n$ 中有 p 个正数和 q 个负数.

(6) 任意 n 元实二次型的规范型存在且唯一; 两个 n 阶实对称阵合同 $\Leftrightarrow$ 它们的正、负惯性指数分别相等.

推论 5.2 设 $\boldsymbol{A},\boldsymbol{B}$ 为 n 阶实对称阵. 则 $\boldsymbol{A}$ 与 $\boldsymbol{B}$ 合同 $\Leftrightarrow$ $\boldsymbol{A},\boldsymbol{B}$ 有相同的正惯性指数和负惯性指数. 特别地, 设 $\boldsymbol{A}$ 的正惯性指数为 p, 负惯性指数为 q, 则 $\boldsymbol{A}$ 合同于 $\begin{pmatrix} \boldsymbol{I}_p & \mathbf{0} & \mathbf{0} \\ \mathbf{0} & -\boldsymbol{I}_q & \mathbf{0} \\ \mathbf{0} & \mathbf{0} & \mathbf{0} \end{pmatrix}$.

(7) n 阶实对称阵的惯性指数的刻画.

推论 5.3 (i) 设 $d_1y_1^2+\cdots+d_ny_n^2$ 是二次型 $f(x_1,\cdots,x_n)$ 的任意一个标准型. 则 $f(x_1,\cdots,x_n)$ 的正惯性指数就是 $d_1,\cdots,d_n$ 中正数的个数, 负惯性指数就是 $d_1,\cdots,d_n$ 中负数的个数.

(ii) 设 $\boldsymbol{D}=\begin{pmatrix} d_1 & & & \\ & d_2 & & \\ & & \ddots & \\ & & & d_n \end{pmatrix}$ 是任意一个与实对称阵 $\boldsymbol{A}$ 合同的对角阵. 则 $\boldsymbol{A}$ 的正惯性指数就是 $d_1,\cdots,d_n$ 中正数的个数, 负惯性指数就是 $d_1,\cdots,d_n$ 中负数的个数.

• 基本计算:

(1) 用配方法、合同变换法和正交变换法求二次型的标准型.

(2) 求实对称阵 $\boldsymbol{A}$ 的惯性指数. (只需求 $\boldsymbol{A}$ 的特征值, 或者求出二次型 $\boldsymbol{x}^{\mathrm{T}}\boldsymbol{A}\boldsymbol{x}$ 的任意一个标准型即可.)

5.1.2 正定二次型和正定阵

• 基本概念: 正定二次型; 正定阵; 顺序主子式.

定义 5.5 如果二次型 $f(x_1,\cdots,x_n)$ 的值域是 $[0,+\infty)$, 而且只有当 $x_1=\cdots=x_n=0$ 时函数值才为 0, 则称 $f(x_1,\cdots,x_n)$ 是一个正定二次型.

定义 5.6 设 $\boldsymbol{A}$ 是 n 阶实对称阵. 如果二次型 $f(x_1,\cdots,x_n)=\boldsymbol{x}^{\mathrm{T}}\boldsymbol{A}\boldsymbol{x}$ 是正定的, 则称 $\boldsymbol{A}$ 是正定的.

定义 5.7 设 $\boldsymbol{A}=(a_{ij})$ 是 n 阶实对称阵. 对每个 k $(1\leqslant k\leqslant n)$, 称

$$\Delta_k=\begin{vmatrix} a_{11} & a_{12} & \cdots & a_{1k} \\ a_{12} & a_{22} & \cdots & a_{2k} \\ \vdots & \vdots & & \vdots \\ a_{1k} & a_{2k} & \cdots & a_{kk} \end{vmatrix}$$

为 $\boldsymbol{A}$ 的第 k 个顺序主子式.

• 基本结论:

(1) n 元标准二次型 $d_1x_1^2+\cdots+d_nx_n^2$ 正定 $\Leftrightarrow$ 每个 d_i 都是正数.

(2) 非退化线性替换不改变正定性.

(3) n 元实二次型是正定的 $\Leftrightarrow$ 它的任意标准型的每个系数都是正数.

(4) 如果 $\boldsymbol{A}, \boldsymbol{B}$ 都是 n 阶正定的, 则 $\boldsymbol{A}+\boldsymbol{B}$ 也是正定的. 一般地, $\boldsymbol{AB}$ 未必是正定的 ($\boldsymbol{AB}$ 未必是对称阵).

(5) 设 $\boldsymbol{A}$ 是 n 阶对称阵. 如果 $\boldsymbol{A}$ 正定, 则 $|\boldsymbol{A}|>0$; $\boldsymbol{A}(i,i)>0, 1\leqslant i\leqslant n$.

(6) 设 $\boldsymbol{A}$ 是 n 阶对称阵. 则

$$\begin{aligned}\boldsymbol{A}\text{ 是正定阵} &\Leftrightarrow \text{二次型 } \boldsymbol{x}^{\mathrm{T}}\boldsymbol{A}\boldsymbol{x} \text{ 是正定的}\\ &\Leftrightarrow \boldsymbol{A} \text{ 的正惯性指数等于 } n\\ &\Leftrightarrow \boldsymbol{A} \text{ 的特征值全为正数}\\ &\Leftrightarrow \boldsymbol{A} \text{ 与单位阵 } \boldsymbol{I}_n \text{ 合同}\\ &\Leftrightarrow \boldsymbol{A} \text{ 的每个顺序主子式都大于零}\end{aligned}$$

• 基本计算:

(1) 利用惯性指数判定 n 元实二次型或 n 阶实对称阵的正定性.

(2) 利用顺序主子式判定 n 元实二次型或 n 阶实对称阵的正定性.

5.2 例题讲解

例 5.1 (2004) 二次型 $f(x_1,x_2,x_3)=(x_1+x_2)^2+(x_2-x_3)^2+(x_3+x_1)^2$ 的秩为 ________.

解: 由于 $f(x_1,x_2,x_3)=2x_1^2+2x_2^2+2x_3^2+2x_1x_2-2x_2x_3+2x_1x_3$ 的矩阵为

$$\boldsymbol{A}=\begin{pmatrix}2&1&1\\1&2&-1\\1&-1&2\end{pmatrix}\to\begin{pmatrix}1&-1&2\\0&3&-3\\0&0&0\end{pmatrix},$$

因此该二次型的秩为 $r(\boldsymbol{A})=2$. □

例 5.2 设二次型 $f(x_1,x_2,x_3)=2x_1^2+x_2^2+x_3^2+2x_1x_2+2tx_2x_3$ 的秩为 2, 则 $t=$ ________.

解: 该二次型的矩阵为 $\boldsymbol{A}=\begin{pmatrix}2&1&t\\1&1&0\\t&0&1\end{pmatrix}$. $r(\boldsymbol{A})=2$, 故 $|\boldsymbol{A}|=1-t^2=0$, 从而 $t=\pm1$. 代回验证得 $t=\pm1$ 时 $r(\boldsymbol{A})=2$. 因此 $t=\pm1$. □

例 5.3 (2002) 已知实二次型 $f(x_1,x_2,x_3)=a(x_1^2+x_2^2+x_3^2)+4x_1x_2+4x_1x_3+4x_2x_3$ 经正交变换 $\boldsymbol{x}=\boldsymbol{P}\boldsymbol{y}$ 可化成标准型 $f=6y_1^2$, 则 $a=$ ________.

解: 该二次型的矩阵为 $\boldsymbol{A}=\begin{pmatrix}a&2&2\\2&a&2\\2&2&a\end{pmatrix}$.① 由题设,

$$\boldsymbol{P}^{\mathrm{T}}\boldsymbol{A}\boldsymbol{P}=\boldsymbol{P}^{-1}\boldsymbol{A}\boldsymbol{P}=\begin{pmatrix}6&0&0\\0&0&0\\0&0&0\end{pmatrix}.$$

由于相似矩阵的迹相同, 因此 $3a=6$, 即 $a=2$.

进一步地, 当 $a=2$ 时, $\boldsymbol{A}$ 的特征值为 6, 0, 0, 所以, $a=2$ 符合题意. □

例 5.4 已知 $\boldsymbol{A},\boldsymbol{B}$ 是同阶实对称矩阵, (1) 证明: 如果 $\boldsymbol{A}\sim\boldsymbol{B}$, 则 $\boldsymbol{A}\simeq\boldsymbol{B}$, 也就是相似一定合同; (2) 举例说明反过来不成立.

解: 因 $\boldsymbol{A}$ 与 $\boldsymbol{B}$ 相似, 所以 $\boldsymbol{A}$, $\boldsymbol{B}$ 具有相同的特征值, 从而 $\boldsymbol{A}$, $\boldsymbol{B}$ 的规范型相同, 因此 $\boldsymbol{A}$, $\boldsymbol{B}$ 合同.

反过来, 不妨设 $\boldsymbol{A}=\begin{pmatrix}1&0\\0&1\end{pmatrix}$, $\boldsymbol{B}=\begin{pmatrix}1&0\\0&2\end{pmatrix}$, 显然 $\boldsymbol{A}$, $\boldsymbol{B}$ 的规范型相同, 因此 $\boldsymbol{A}$, $\boldsymbol{B}$ 合同. 对任意可逆矩阵 $\boldsymbol{P}$

$$\boldsymbol{P}^{-1}\boldsymbol{A}\boldsymbol{P}=\boldsymbol{P}^{-1}\boldsymbol{I}\boldsymbol{P}=\boldsymbol{I}\neq\boldsymbol{B}$$

从而 $\boldsymbol{A}$ 与 $\boldsymbol{B}$ 不相似. □

例 5.5 设 $f(x_1,x_2,x_3)=2x_1^2+2x_2^2+3x_3^2+2x_1x_2$. (1) 写出该二次型的矩阵 $\boldsymbol{A}$; (2) 求正交矩阵 $\boldsymbol{Q}$ 使得 $\boldsymbol{Q}^{\mathrm{T}}\boldsymbol{A}\boldsymbol{Q}=\boldsymbol{Q}^{-1}\boldsymbol{A}\boldsymbol{Q}$ 为对角矩阵; (3) 给出正交变换, 化该二次型为标准型.

解: 该二次型的矩阵为 $\boldsymbol{A}=\begin{pmatrix}2&1&0\\1&2&0\\0&0&3\end{pmatrix}$. 其特征多项式为

$$|\lambda\boldsymbol{I}-\boldsymbol{A}|=\begin{vmatrix}\lambda-2&-1&0\\-1&\lambda-2&0\\0&0&\lambda-3\end{vmatrix}=(\lambda-3)^2(\lambda-1).$$

显然当 $\lambda=1$ 时, 代入 $(\lambda\boldsymbol{I}-\boldsymbol{A})\boldsymbol{x}=\boldsymbol{0}$, 得

$$\lambda\boldsymbol{I}-\boldsymbol{A}=\begin{pmatrix}-1&-1&0\\-1&-1&0\\0&0&-2\end{pmatrix}\longrightarrow\begin{pmatrix}1&1&0\\0&0&1\\0&0&0\end{pmatrix}.$$

① 思考: 如果把正交阵 $\boldsymbol{P}$ 换为可逆阵 $\boldsymbol{P}$, 如何确定 a 的值?

解得基础解系 $\boldsymbol{v}_1=(-1,1,0)^{\mathrm{T}}$.

当 $\lambda=3$ 时, 代入 $(\lambda\boldsymbol{I}-\boldsymbol{A})\boldsymbol{x}=\boldsymbol{0}$,

$$\lambda\boldsymbol{I}-\boldsymbol{A}=\begin{pmatrix}1&-1&0\\-1&1&0\\0&0&0\end{pmatrix}\longrightarrow\begin{pmatrix}1&-1&0\\0&0&0\\0&0&0\end{pmatrix}.$$

解得基础解系 $\boldsymbol{v}_2=(1,1,0)^{\mathrm{T}},\boldsymbol{v}_3=(x_2,x_2,x_3)^{\mathrm{T}}$, 因 $\boldsymbol{v}_2\cdot\boldsymbol{v}_3=0$, 从而 $x_2=0$, 解得 $\boldsymbol{v}_3=(0,0,1)^{\mathrm{T}}$. 从而对任意特征值 $\lambda=1,3$, 都有代数重数等于几何重数. 令

$$\boldsymbol{Q}=\left(\frac{\boldsymbol{v}_1}{\|\boldsymbol{v}_1\|},\frac{\boldsymbol{v}_2}{\|\boldsymbol{v}_2\|},\frac{\boldsymbol{v}_3}{\|\boldsymbol{v}_3\|}\right)=\begin{pmatrix}-\frac{1}{\sqrt{2}}&\frac{1}{\sqrt{2}}&0\\\frac{1}{\sqrt{2}}&\frac{1}{\sqrt{2}}&0\\0&0&1\end{pmatrix}.$$

则 $\boldsymbol{Q}^{\mathrm{T}}\boldsymbol{A}\boldsymbol{Q}=\boldsymbol{Q}^{-1}\boldsymbol{A}\boldsymbol{Q}=\mathrm{diag}\{1,3,3\}$.

令 $\boldsymbol{x}=\boldsymbol{Q}\boldsymbol{y}$, 则该正交变换化原二次型为标准型 $y_1^2+3y_2^2+3y_3^2$. □

例 5.6 已知二次型 $f(x_1,x_2,x_3)=4x_2^2-3x_3^2+4x_1x_2-4x_1x_3+8x_2x_3$.①

(1) 写出该二次型的矩阵 $\boldsymbol{A}$; (2) 求正交矩阵 $\boldsymbol{P}$ 使得 $\boldsymbol{P}^{-1}\boldsymbol{A}\boldsymbol{P}$ 为对角矩阵; (3) 给出正交变换, 将该二次型化为标准型; (4) 写出二次型的秩、正惯性指数与负惯性指数.

解: (1) 二次型的矩阵为 $\boldsymbol{A}=\begin{pmatrix}0&2&-2\\2&4&4\\-2&4&-3\end{pmatrix}$.

(2) $\boldsymbol{A}$ 的特征多项式为 $|\lambda\boldsymbol{I}-\boldsymbol{A}|=(\lambda-1)(\lambda-6)(\lambda+6)$, 从而其全部特征值为 $-6,1,6$.

对于特征值 -6, $(-6\boldsymbol{I}-\boldsymbol{A})\boldsymbol{x}=\boldsymbol{0}$ 的系数矩阵为

$$\begin{pmatrix}-6&-2&2\\-2&-10&-4\\2&-4&-3\end{pmatrix}\to\begin{pmatrix}1&0&-\frac{1}{2}\\0&1&\frac{1}{2}\\0&0&0\end{pmatrix}.$$

由此即得一个基础解系: $\boldsymbol{v}_1=(1,-1,2)^{\mathrm{T}}$.

对于特征值 1, $(\lambda\boldsymbol{I}-\boldsymbol{A})\boldsymbol{x}=\boldsymbol{0}$ 的系数矩阵为

$$\lambda\boldsymbol{I}-\boldsymbol{A}=\begin{pmatrix}1&-2&2\\-2&-3&-4\\2&-4&4\end{pmatrix}\to\begin{pmatrix}1&0&2\\0&1&0\\0&0&0\end{pmatrix}.$$

① 改编自 1995 年考研题.

由此即得一个基础解系: $\boldsymbol{v}_2=(-2,0,1)^{\mathrm{T}}$.

对于特征值 6, $(\lambda\boldsymbol{I}-\boldsymbol{A})\boldsymbol{x}=\boldsymbol{0}$ 的系数矩阵为

$$\lambda\boldsymbol{I}-\boldsymbol{A}=\begin{pmatrix}6&-2&2\\-2&2&-4\\2&-4&9\end{pmatrix}\to\begin{pmatrix}1&0&-\dfrac{1}{2}\\0&1&-\dfrac{5}{2}\\0&0&0\end{pmatrix}.$$

由此即得一个基础解系: $\boldsymbol{v}_3=(1,5,2)^{\mathrm{T}}$.

因 $\boldsymbol{v}_1,\boldsymbol{v}_2,\boldsymbol{v}_3$ 是实对称矩阵 $\boldsymbol{A}$ 的对应于不同特征值的特征向量, 因此是一个正交向量组. 令

$$\boldsymbol{P}=\left(\frac{1}{\|\boldsymbol{v}_1\|}\boldsymbol{v}_1\quad\frac{1}{\|\boldsymbol{v}_2\|}\boldsymbol{v}_2\quad\frac{1}{\|\boldsymbol{v}_3\|}\boldsymbol{v}_3\right)=\begin{pmatrix}\dfrac{1}{\sqrt{6}}&-\dfrac{2}{\sqrt{5}}&\dfrac{1}{\sqrt{30}}\\-\dfrac{1}{\sqrt{6}}&0&\dfrac{5}{\sqrt{30}}\\\dfrac{2}{\sqrt{6}}&\dfrac{1}{\sqrt{5}}&\dfrac{2}{\sqrt{30}}\end{pmatrix}.$$

则 $\boldsymbol{P}^{-1}\boldsymbol{A}\boldsymbol{P}$ 为对角矩阵.

(3) 因 $\boldsymbol{P}$ 是一个正交阵, 令 $\boldsymbol{x}=\boldsymbol{P}\boldsymbol{y}$, 则该正交变换把原二次型化为标准型 $-6y_1^2+y_2^2+6y_3^2$.

(4) 该二次型的秩为 3, 正惯性指数为 2, 负惯性指数为 1. □

例 5.7 (1996) 设矩阵$\boldsymbol{A}=\begin{pmatrix}0&1&0&0\\1&0&0&0\\0&0&y&1\\0&0&1&2\end{pmatrix}$.

(1) 已知 $\boldsymbol{A}$ 的一个特征值为 3, 试求 y;

(2) 求可逆矩阵 $\boldsymbol{P}$, 使得 $(\boldsymbol{AP})^{\mathrm{T}}(\boldsymbol{AP})$ 为对角矩阵.

解: (1) 由题设, $|3\boldsymbol{I}-\boldsymbol{A}|=\begin{vmatrix}3&-1\\-1&3\end{vmatrix}\begin{vmatrix}3-y&-1\\-1&1\end{vmatrix}=8(2-y)=0$①, 所以, $y=2$.

(2) $\boldsymbol{A}^{\mathrm{T}}\boldsymbol{A}=\begin{pmatrix}1&0&0&0\\0&1&0&0\\0&0&y^2+1&y+2\\0&0&y+2&5\end{pmatrix}=\begin{pmatrix}\boldsymbol{I}_2&\boldsymbol{0}\\\boldsymbol{0}&\boldsymbol{B}\end{pmatrix}$②, 其中, $\boldsymbol{B}=\begin{pmatrix}y^2+1&y+2\\y+2&5\end{pmatrix}$. 对

① 参见推论 3.5.

② $(\boldsymbol{AP})^{\mathrm{T}}(\boldsymbol{AP})=\boldsymbol{P}^{\mathrm{T}}(\boldsymbol{A}^{\mathrm{T}}\boldsymbol{A})\boldsymbol{P}$. 因此, 问题等价于对 $\boldsymbol{A}^{\mathrm{T}}\boldsymbol{A}$ 作合同变换, 使之变为对角阵.

$\boldsymbol{B}$ 作合同变换:

$$\begin{pmatrix} \boldsymbol{B} \\ \hdashline \boldsymbol{I}_2 \end{pmatrix} = \begin{pmatrix} y^2+1 & y+2 \\ y+2 & 5 \\ \hdashline 1 & 0 \\ 0 & 1 \end{pmatrix} \to \begin{pmatrix} 5 & 0 \\ 0 & \dfrac{(2y-1)^2}{5} \\ \hdashline 0 & 1 \\ 1 & -\dfrac{y+2}{5} \end{pmatrix}.③$$

所以, 令 $\boldsymbol{P} = \begin{pmatrix} \boldsymbol{I}_2 & \boldsymbol{0} \\ \boldsymbol{0} & \boldsymbol{P}_1 \end{pmatrix}$, 其中, $\boldsymbol{P}_1 = \begin{pmatrix} 0 & 1 \\ 1 & -\dfrac{y+2}{5} \end{pmatrix}$, 则

$$(\boldsymbol{AP})^{\mathrm{T}}(\boldsymbol{AP}) = \begin{pmatrix} 1 & 0 & 0 & 0 \\ 0 & 1 & 0 & 0 \\ 0 & 0 & 5 & 0 \\ 0 & 0 & 0 & \dfrac{(2y-1)^2}{5} \end{pmatrix}.$$

□

例 5.8 已知 $f(x_1,x_2,x_3) = x_1^2+x_2^2+x_3^2-4x_1x_2-4x_1x_3-4x_2x_3$. (1) 求该二次型的矩阵 $\boldsymbol{A}$; (2) 求正交线性变换 $\boldsymbol{x}=\boldsymbol{Q}\boldsymbol{y}$, 把二次型 $f(\boldsymbol{x})=\boldsymbol{x}^{\mathrm{T}}\boldsymbol{A}\boldsymbol{x}$ 化为标准型; (3) 求该二次型的正惯性指数.

解: 该二次型的矩阵为 $\boldsymbol{A} = \begin{pmatrix} 1 & -2 & -2 \\ -2 & 1 & -2 \\ -2 & -2 & 1 \end{pmatrix}$. 则特征方程为

$$\begin{aligned} |\lambda \boldsymbol{I} - \boldsymbol{A}| &= \begin{vmatrix} \lambda-1 & 2 & 2 \\ 2 & \lambda-1 & 2 \\ 2 & 2 & \lambda-1 \end{vmatrix} = \begin{vmatrix} \lambda+3 & 2 & 2 \\ \lambda+3 & \lambda-1 & 2 \\ \lambda+3 & 2 & \lambda-1 \end{vmatrix} \\ &= (\lambda+3)\begin{vmatrix} 1 & 2 & 2 \\ 1 & \lambda-1 & 2 \\ 1 & 2 & \lambda-1 \end{vmatrix} = (\lambda+3)\begin{vmatrix} 1 & 2 & 2 \\ 0 & \lambda-3 & 0 \\ 0 & 0 & \lambda-3 \end{vmatrix} \\ &= (\lambda+3)(\lambda-3)^2. \end{aligned}$$

从而特征值为 $\lambda_1=-3, \lambda_2=\lambda_3=3$. 因此该二次型的正惯性指数为 2.

当 $\lambda=-3$ 时, 解齐次线性方程 $(\lambda \boldsymbol{I}-\boldsymbol{A})\boldsymbol{x}=\boldsymbol{0}$, 系数矩阵为

$$(\lambda \boldsymbol{I} - \boldsymbol{A}) = \begin{vmatrix} -4 & 2 & 2 \\ 2 & -4 & 2 \\ 2 & 2 & -4 \end{vmatrix} \to \begin{vmatrix} 1 & 0 & -1 \\ 0 & 1 & -1 \\ 0 & 0 & 0 \end{vmatrix}$$

③ 让 "左上角" 尽可能简单.

解得基础解系 $\boldsymbol{v}_1=(1,1,1)^{\mathrm{T}}$.

当 $\lambda=3$ 时, 解齐次线性方程 $(\lambda\boldsymbol{I}-\boldsymbol{A})\boldsymbol{x}=\boldsymbol{0}$, 系数矩阵为

$$(\lambda\boldsymbol{I}-\boldsymbol{A})=\begin{vmatrix}2&2&2\\2&2&2\\2&2&2\end{vmatrix}\to\begin{vmatrix}1&1&1\\0&0&0\\0&0&0\end{vmatrix}$$

解得基础解系 $\boldsymbol{v}_2=(-1,1,0)^{\mathrm{T}},\boldsymbol{v}_3=(-1,0,1)^{\mathrm{T}}$.

利用施密特正交化方法把 $\boldsymbol{v}_2,\boldsymbol{v}_3$ 化为正交向量组为

$$\boldsymbol{\beta}_2=\boldsymbol{v}_2=(-1,1,0)^{\mathrm{T}},\boldsymbol{\beta}_3=\boldsymbol{v}_3-\frac{\boldsymbol{v}_3\cdot\boldsymbol{\beta}_2}{\boldsymbol{\beta}_2\cdot\boldsymbol{\beta}_2}\boldsymbol{\beta}_2=\left(-\frac{1}{2},-\frac{1}{2},1\right)^{\mathrm{T}}.$$

显然 $\boldsymbol{\beta}_1=\boldsymbol{v}_1,\boldsymbol{\beta}_2,2\boldsymbol{\beta}_3$ 是一组正交向量组, 因此

$$\boldsymbol{Q}=\left(\frac{\boldsymbol{\beta}_1}{\|\boldsymbol{\beta}_1\|},\frac{\boldsymbol{\beta}_2}{\|\boldsymbol{\beta}_2\|},\frac{2\boldsymbol{\beta}_3}{\|2\boldsymbol{\beta}_3\|}\right)=\begin{pmatrix}\frac{1}{\sqrt{3}}&-\frac{1}{\sqrt{2}}&-\frac{1}{\sqrt{6}}\\\frac{1}{\sqrt{3}}&\frac{1}{\sqrt{2}}&-\frac{1}{\sqrt{6}}\\\frac{1}{\sqrt{3}}&0&\frac{2}{\sqrt{6}}\end{pmatrix}$$

是正交阵, 且 $\boldsymbol{Q}^{-1}\boldsymbol{A}\boldsymbol{Q}=\boldsymbol{Q}^{\mathrm{T}}\boldsymbol{A}\boldsymbol{Q}=\begin{pmatrix}-3&0&0\\0&3&0\\0&0&3\end{pmatrix}$. 因此正交变换 $\boldsymbol{x}=\boldsymbol{Q}\boldsymbol{y}$ 化原二次型为标准型 $-3y_1^2+3y_2^2+3y_3^2$. □

例 5.9 设 $\boldsymbol{A}=\begin{pmatrix}1&0&1\\0&1&1\\-1&0&a\\0&a&-1\end{pmatrix}$, $\boldsymbol{A}^{\mathrm{T}}$ 是 $\boldsymbol{A}$ 的转置, 已知 $r(\boldsymbol{A})=2$, 且二次型 $f(\boldsymbol{x})=\boldsymbol{x}^{\mathrm{T}}\boldsymbol{A}^{\mathrm{T}}\boldsymbol{A}\boldsymbol{x}$. (1) 求 a; (2) 写出二次型 $f(\boldsymbol{x})$ 的矩阵 $\boldsymbol{B}=\boldsymbol{A}^{\mathrm{T}}\boldsymbol{A}$; (3) 求正交变换 $\boldsymbol{x}=\boldsymbol{Q}\boldsymbol{y}$ 化二次型 $f(\boldsymbol{x})$ 为标准型, 并写出所用的正交变换.

解: 因 $r(\boldsymbol{A})=2$, 用初等行变换化为阶梯形矩阵

$$\boldsymbol{A}=\begin{pmatrix}1&0&1\\0&1&1\\-1&0&a\\0&a&-1\end{pmatrix}\to\begin{pmatrix}1&0&1\\0&1&1\\0&0&a+1\\0&0&-1-a\end{pmatrix},$$

从而 $a=-1$. 二次型 $f(\boldsymbol{x})$ 的矩阵

$$\boldsymbol{B}=\boldsymbol{A}^{\mathrm{T}}\boldsymbol{A}=\begin{pmatrix}1&0&-1&0\\0&1&0&-1\\1&1&-1&-1\end{pmatrix}\begin{pmatrix}1&0&1\\0&1&1\\-1&0&-1\\0&-1&-1\end{pmatrix}=\begin{pmatrix}2&0&2\\0&2&2\\2&2&4\end{pmatrix}.$$

矩阵 $\boldsymbol{B}$ 的特征方程为 $|\lambda\boldsymbol{I}-\boldsymbol{B}|=\begin{vmatrix}\lambda-2 & 0 & -2\\ 0 & \lambda-2 & -2\\ -2 & -2 & \lambda-4\end{vmatrix}=\lambda(\lambda-2)(\lambda-6)$. 因此特征值为 $\lambda_1=0,\lambda_2=2,\lambda_3=6$.

当 $\lambda=0$ 时, 代入 $(\lambda\boldsymbol{I}-\boldsymbol{B})\boldsymbol{x}=\boldsymbol{0}$, 得

$$\lambda\boldsymbol{I}-\boldsymbol{B}=\begin{pmatrix}-2 & 0 & -2\\ 0 & -2 & -2\\ -2 & -2 & -4\end{pmatrix}\to\begin{pmatrix}1 & 0 & 1\\ 0 & 1 & 1\\ 0 & 0 & 0\end{pmatrix}.$$

解得基础解系 $\boldsymbol{v}_1=(-1,-1,1)^{\mathrm{T}}$.

当 $\lambda=2$ 时, 代入 $(\lambda\boldsymbol{I}-\boldsymbol{B})\boldsymbol{x}=\boldsymbol{0}$, 得

$$\lambda\boldsymbol{I}-\boldsymbol{B}=\begin{pmatrix}0 & 0 & -2\\ 0 & 0 & -2\\ -2 & -2 & -2\end{pmatrix}\to\begin{pmatrix}1 & 1 & 0\\ 0 & 0 & 1\\ 0 & 0 & 0\end{pmatrix}.$$

解得基础解系 $\boldsymbol{v}_2=(-1,1,0)^{\mathrm{T}}$.

当 $\lambda=6$ 时, 代入 $(\lambda\boldsymbol{I}-\boldsymbol{B})\boldsymbol{x}=\boldsymbol{0}$, 得

$$\lambda\boldsymbol{I}-\boldsymbol{B}=\begin{pmatrix}4 & 0 & -2\\ 0 & 4 & -2\\ -2 & -2 & 2\end{pmatrix}\to\begin{pmatrix}1 & 0 & -\frac{1}{2}\\ 0 & 1 & -\frac{1}{2}\\ 0 & 0 & 0\end{pmatrix}.$$

解得基础解系 $\boldsymbol{v}_3=(1,1,2)^{\mathrm{T}}$.

显然 $\boldsymbol{v}_1,\boldsymbol{v}_2,\boldsymbol{v}_3$ 是正交向量组, 令

$$\boldsymbol{Q}=\left(\frac{\boldsymbol{v}_2}{\|\boldsymbol{v}_2\|},\frac{\boldsymbol{v}_3}{\|\boldsymbol{v}_3\|},\frac{\boldsymbol{v}_1}{\|\boldsymbol{v}_1\|}\right)=\begin{pmatrix}-\frac{1}{\sqrt{2}} & \frac{1}{\sqrt{6}} & -\frac{1}{\sqrt{3}}\\ \frac{1}{\sqrt{2}} & \frac{1}{\sqrt{6}} & -\frac{1}{\sqrt{3}}\\ 0 & \frac{2}{\sqrt{6}} & \frac{1}{\sqrt{3}}\end{pmatrix},\boldsymbol{\Lambda}=\begin{pmatrix}2 & 0 & 0\\ 0 & 6 & 0\\ 0 & 0 & 0\end{pmatrix},$$

则 $\boldsymbol{Q}$ 是正交阵, 且 $\boldsymbol{Q}^{-1}\boldsymbol{B}\boldsymbol{Q}=\boldsymbol{Q}^{\mathrm{T}}\boldsymbol{B}\boldsymbol{Q}=\boldsymbol{\Lambda}$. 因此原二次型通过正交变换 $\boldsymbol{x}=\boldsymbol{Q}\boldsymbol{y}$ 化为标准型 $2y_1^2+6y_2^2$. □

例 5.10 已知实对称矩阵 $\boldsymbol{A}=\begin{pmatrix}a & -1 & 4\\ -1 & 3 & b\\ 4 & b & 0\end{pmatrix}$ 与 $\boldsymbol{B}=\begin{pmatrix}2 & & \\ & -4 & \\ & & 5\end{pmatrix}$ 相似. (1) 求矩阵 $\boldsymbol{A}$; (2) 求正交线性变换 $\boldsymbol{x}=\boldsymbol{Q}\boldsymbol{y}$, 把二次型 $f(\boldsymbol{x})=\boldsymbol{x}^{\mathrm{T}}\boldsymbol{A}\boldsymbol{x}$ 化为标准型.

解: 因 $\boldsymbol{A},\boldsymbol{B}$ 相似, 所以 $tr(\boldsymbol{A})=tr(\boldsymbol{B}),|\boldsymbol{A}|=|\boldsymbol{B}|$, 联立方程, 解得 $a=0,b=-1$. 从而 $\boldsymbol{A}=\begin{pmatrix}0&-1&4\\-1&3&-1\\4&-1&0\end{pmatrix}$.

特征方程 $|\lambda\boldsymbol{I}-\boldsymbol{A}|=\begin{vmatrix}\lambda&1&-4\\1&\lambda-3&1\\-4&1&\lambda\end{vmatrix}=(\lambda-2)(\lambda+4)(\lambda-5)=0$, 解得特征值为 $\lambda=-4,2,5$.

当 $\lambda=-4$ 时, 解得 $(\lambda\boldsymbol{I}-\boldsymbol{A})\boldsymbol{x}=\boldsymbol{0}$ 的基础解系为 $\boldsymbol{\xi}_1=(-1,0,1)^{\mathrm{T}}$.

当 $\lambda=2$ 时, 解得 $(\lambda\boldsymbol{I}-\boldsymbol{A})\boldsymbol{x}=\boldsymbol{0}$ 的基础解系为 $\boldsymbol{\xi}_2=(1,2,1)^{\mathrm{T}}$.

当 $\lambda=5$ 时, 解得 $(\lambda\boldsymbol{I}-\boldsymbol{A})\boldsymbol{x}=\boldsymbol{0}$ 的基础解系为 $\boldsymbol{\xi}_3=(1,-1,1)^{\mathrm{T}}$.

显然 $\boldsymbol{\xi}_1,\boldsymbol{\xi}_2,\boldsymbol{\xi}_3$ 是正交向量组. 因此

$$\boldsymbol{Q}=\left(\frac{\boldsymbol{\xi}_1}{\|\boldsymbol{\xi}_1\|},\frac{\boldsymbol{\xi}_2}{\|\boldsymbol{\xi}_2\|},\frac{\boldsymbol{\xi}_3}{\|\boldsymbol{\xi}_3\|}\right)=\begin{pmatrix}-\frac{1}{\sqrt{2}}&\frac{1}{\sqrt{6}}&\frac{1}{\sqrt{3}}\\0&\frac{2}{\sqrt{6}}&-\frac{1}{\sqrt{3}}\\\frac{1}{\sqrt{2}}&\frac{1}{\sqrt{6}}&\frac{1}{\sqrt{3}}\end{pmatrix},$$

则 $\boldsymbol{Q}^{-1}\boldsymbol{AQ}=\boldsymbol{Q}^{\mathrm{T}}\boldsymbol{AQ}=\begin{pmatrix}-4&&\\&2&\\&&5\end{pmatrix}$. 因此正交变换 $\boldsymbol{x}=\boldsymbol{Qy}$ 把二次型 $f(\boldsymbol{x})=\boldsymbol{x}^{\mathrm{T}}\boldsymbol{Ax}$ 化为标准型 $-4y_1^2+2y_2^2+5y_3^2$.

□

例 5.11 (1993) 设二次型 $f(x_1,x_2,x_3)=x_1^2+x_2^2+x_3^2+2ax_1x_2+2bx_2x_3+2x_1x_3$ 经正交变换 $\boldsymbol{x}=\boldsymbol{Py}$ 化为 $f=y_2^2+2y_3^2$, 其中 $\boldsymbol{x}=(x_1,x_2,x_3)^{\mathrm{T}}$ 和 $\boldsymbol{y}=(y_1,y_2,y_3)^{\mathrm{T}}$ 是三维列向量, $\boldsymbol{P}$ 是三阶正交矩阵. 试求 a,b 的取值.

解: 由题设, f 的矩阵 $\boldsymbol{A}=\begin{pmatrix}1&a&1\\a&1&b\\1&b&1\end{pmatrix}$ 与 $\begin{pmatrix}0&0&0\\0&1&0\\0&0&2\end{pmatrix}$ 相似①, 所以, $\boldsymbol{A}$ 的全部特征值为 0, 1, 2. 而 $\boldsymbol{A}$ 的特征多项式为 $|\lambda\boldsymbol{I}-\boldsymbol{A}|=(\lambda-1)^3-2ab-(\lambda-1)-(a^2+b^2)(\lambda-1)$. 分别把 $\lambda=0,1,2$ 代入, 得 $\begin{cases}a^2+b^2-2ab=0\\2ab=0\\a^2+b^2+2ab=0\end{cases}$, 所以 $a=b=0$. 反之, 当 $a=b=0$ 时, 实对称矩阵 $\boldsymbol{A}$ 的特征值是 0,1,2, 一定存在正交变换 $\boldsymbol{x}=\boldsymbol{Py}$ 使得 $f=y_2^2+2y_3^2$. 所以, $a=b=0$ 符合题意.

□

① 当非退化线性替换 $\boldsymbol{x}=\boldsymbol{Py}$ 是正交变换时, $\boldsymbol{P}^{\mathrm{T}}\boldsymbol{AP}=\boldsymbol{P}^{-1}\boldsymbol{AP}$ 也是相似变换.

例 5.12 (2003) 设二次型 $f(x_1,x_2,x_3)=\boldsymbol{x}^{\mathrm{T}}\boldsymbol{A}\boldsymbol{x}=ax_1^2+2x_2^2-2x_3^2+2bx_1x_3(b>0)$ 中二次型矩阵 $\boldsymbol{A}$ 的特征值之和为 1, 特征值之积为 -12.

(1) 求 a,b 的值;

(2) 利用正交变换将二次型 f 化为标准型, 并写出所用的正交变换和对应的正交矩阵.

解: (1) 该二次型的矩阵为 $\boldsymbol{A}=\begin{pmatrix} a & 0 & b \\ 0 & 2 & 0 \\ b & 0 & -2 \end{pmatrix}$. 因 $\boldsymbol{A}$ 的特征值之和为 1, 特征值之积为 -12. 从而

$$|\boldsymbol{A}|=-12=-2(2a+b^2), tr(\boldsymbol{A})=1=a.$$

因此 $a=1,b=2$, $\boldsymbol{A}=\begin{pmatrix} 1 & 0 & 2 \\ 0 & 2 & 0 \\ 2 & 0 & -2 \end{pmatrix}$.

(2) $\boldsymbol{A}$ 的特征多项式为

$$|\lambda\boldsymbol{I}-\boldsymbol{A}|=\begin{vmatrix} \lambda-1 & 0 & -2 \\ 0 & \lambda-2 & 0 \\ -2 & 0 & \lambda+2 \end{vmatrix}=(\lambda-2)^2(\lambda+3).$$

因此特征值为 $\lambda_1=\lambda_2=2,\lambda_3=-3$.

当 $\lambda=2$ 时, 代入 $(\lambda\boldsymbol{I}-\boldsymbol{A})\boldsymbol{x}=\boldsymbol{0}$,

$$\lambda\boldsymbol{I}-\boldsymbol{A}=\begin{pmatrix} 1 & 0 & -2 \\ 0 & 0 & 0 \\ -2 & 0 & 4 \end{pmatrix}\longrightarrow\begin{pmatrix} 1 & 0 & -2 \\ 0 & 0 & 0 \\ 0 & 0 & 0 \end{pmatrix}.$$

解得基础解系 $\boldsymbol{v}_1=(2,0,1)^{\mathrm{T}}, \boldsymbol{v}_2=(0,1,0)^{\mathrm{T}}$.

当 $\lambda=-3$ 时, 代入 $(\lambda\boldsymbol{I}-\boldsymbol{A})\boldsymbol{x}=\boldsymbol{0}$,

$$\lambda\boldsymbol{I}-\boldsymbol{A}=\begin{pmatrix} -4 & 0 & -2 \\ 0 & -5 & 0 \\ -2 & 0 & -1 \end{pmatrix}\longrightarrow\begin{pmatrix} 1 & 0 & \frac{1}{2} \\ 0 & 1 & 0 \\ 0 & 0 & 0 \end{pmatrix}.$$

解得基础解系 $\boldsymbol{v}_3=(-1,0,2)^{\mathrm{T}}$.

显然 $\boldsymbol{v}_1,\boldsymbol{v}_2,\boldsymbol{v}_3$ 是正交向量组, 令

$$\boldsymbol{Q}=\left(\frac{\boldsymbol{v}_1}{\|\boldsymbol{v}_1\|},\frac{\boldsymbol{v}_2}{\|\boldsymbol{v}_2\|},\frac{\boldsymbol{v}_3}{\|\boldsymbol{v}_3\|}\right)=\begin{pmatrix} \frac{2}{\sqrt{5}} & 0 & -\frac{1}{\sqrt{5}} \\ 0 & 1 & 0 \\ \frac{1}{\sqrt{5}} & 0 & \frac{2}{\sqrt{5}} \end{pmatrix}, \boldsymbol{\Lambda}=\begin{pmatrix} 2 & 0 & 0 \\ 0 & 2 & 0 \\ 0 & 0 & -3 \end{pmatrix},$$

则 $\boldsymbol{Q}$ 是正交阵, 且 $\boldsymbol{Q}^{-1}\boldsymbol{A}\boldsymbol{Q}=\boldsymbol{Q}^{\mathrm{T}}\boldsymbol{A}\boldsymbol{Q}=\boldsymbol{\Lambda}$. 因此原二次型通过正交变换 $\boldsymbol{x}=\boldsymbol{Q}\boldsymbol{y}$ 化为标准型 $2y_1^2+2y_2^2-3y_3^2$.

□

例 5.13 (2001) 设 $\boldsymbol{A}$ 为 n 阶实对称矩阵, $r(\boldsymbol{A})=n$, A_{ij} 是 $\boldsymbol{A}=(a_{ij})$ 中元素 a_{ij} 的代数余子式 $(i,j=1,2,\cdots,n)$. 二次型 $f(x_1,x_2,\cdots,x_n)=\sum\limits_{i=1}^{n}\sum\limits_{j=1}^{n}\dfrac{A_{ij}}{|\boldsymbol{A}|}x_ix_j$.

(1) 记 $\boldsymbol{x}=(x_1,x_2,\cdots,x_n)^{\mathrm{T}}$. 把 $f(x_1,x_2,\cdots,x_n)$ 写成矩阵形式, 并证明二次型 $f(\boldsymbol{x})$ 的矩阵为 $\boldsymbol{A}^{-1}$;

(2) 二次型 $g(\boldsymbol{x})=\boldsymbol{x}^{\mathrm{T}}\boldsymbol{A}\boldsymbol{x}$ 与 $f(\boldsymbol{x})$ 的规范形是否相同? 并说明理由.

解: (1) 设 $\boldsymbol{B}=\dfrac{1}{|\boldsymbol{A}|}\boldsymbol{A}^*=\boldsymbol{A}^{-1}$, 其中, $\boldsymbol{A}^*$ 是 $\boldsymbol{A}$ 的伴随矩阵. 则 $f(x_1,\cdots,x_n)=\boldsymbol{x}^{\mathrm{T}}\boldsymbol{B}\boldsymbol{x}$. 为了证明这就是 f 的矩阵形式, 只需验证 $\boldsymbol{B}$ 是对称阵.

事实上, 由 $(\boldsymbol{A}^{-1})^{\mathrm{T}}=(\boldsymbol{A}^{\mathrm{T}})^{-1}=\boldsymbol{A}^{-1}$ 可知, $\boldsymbol{A}^{-1}$ 是对称阵. 所以, 结论成立, 即 f 的矩阵就是对称阵 $\boldsymbol{B}=\dfrac{1}{|\boldsymbol{A}|}\boldsymbol{A}^*=\boldsymbol{A}^{-1}$.

(2) 由 (1) 可知, $f(\boldsymbol{x})$ 的矩阵是 $\boldsymbol{A}^{-1}$; 由于 $g(\boldsymbol{x})$ 的矩阵是 $\boldsymbol{A}$, 而 $\boldsymbol{A}$ 可逆, 所以, $\boldsymbol{A}$ 与 $\boldsymbol{A}^{-1}$ 的正、负特征值的个数分别相同, 即 $\boldsymbol{A}$ 与 $\boldsymbol{A}^{-1}$ 的正、负惯性指数相同, 所以, $f(\boldsymbol{x})$ 与 $g(\boldsymbol{x})$ 的规范形相同.①

□

例 5.14 已知实对称矩阵 $\boldsymbol{A}=\begin{pmatrix}1&1&2\\1&2&3\\2&3&\lambda\end{pmatrix}$ 正定, 则 λ 的取值范围为 ______.

解: 因为 $\boldsymbol{A}$ 正定当且仅当 $\boldsymbol{A}$ 的全部顺序主子式大于零, 即

$$\Delta_1=1>0,\Delta_2=1\times2-1\times1=1>0,\Delta_3=|\boldsymbol{A}|\xlongequal[r_2-r_1]{r_3-r_2-r_1}\begin{vmatrix}1&1&2\\0&1&1\\0&0&\lambda-5\end{vmatrix}=\lambda-5>0.$$

从而 $\boldsymbol{A}$ 正定当且仅当 $\lambda>5$.

□

例 5.15 设 $\boldsymbol{B}=\begin{pmatrix}1&2&4\\0&2&6\\0&0&\lambda\end{pmatrix}$, 已知二次型 $f(\boldsymbol{x})=\boldsymbol{x}^{\mathrm{T}}\boldsymbol{B}\boldsymbol{x}$ 是正定的, 求 λ 的取值范围.

解: 容易解得该二次型的矩阵为 $\boldsymbol{A}=\begin{pmatrix}1&1&2\\1&2&3\\2&3&\lambda\end{pmatrix}$, 根据题意 $\boldsymbol{A}$ 正定, 即 $\boldsymbol{A}$ 的顺

① 参见习题 5.1 第 6 题.

序主子式全大于零, 亦即

$$\Delta_1 = 1 > 0, \Delta_2 = \begin{vmatrix} 1 & 1 \\ 1 & 2 \end{vmatrix} = 1 > 0, \Delta_3 = |\boldsymbol{A}| = \lambda - 5 > 0.$$

因此原二次型正定当且仅当 $\lambda > 5$. 从而 λ 取值范围是 $(5, +\infty)$. □

例 5.16 (1991) 二次型 $f = x_1^2 + 4x_2^2 + 4x_3^2 + 2\lambda x_1x_2 - 2x_1x_3 + 4x_2x_3$, f 为正定二次型, 则 λ 的取值范围为 ________.

解: f 的矩阵为 $\boldsymbol{A} = \begin{pmatrix} 1 & \lambda & -1 \\ \lambda & 4 & 2 \\ -1 & 2 & 4 \end{pmatrix}$, 而 f 正定当且仅当 $\boldsymbol{A}$ 正定, 当且仅当 $\boldsymbol{A}$ 的顺序主子式全部大于零, 即

$$\Delta_1 = 1 > 0, \Delta_2 = \begin{vmatrix} 1 & \lambda \\ \lambda & 4 \end{vmatrix} = 4 - \lambda^2 > 0,$$

$$\Delta_3 = |\boldsymbol{A}| = -4(\lambda - 1)(\lambda + 2) > 0,$$

解得 $-2 < \lambda < 1$, 因此 λ 的取值范围为 $(-2, 1)$. □

例 5.17 设 $\boldsymbol{B} = \begin{pmatrix} -1 & 2 & 4 \\ 0 & -2 & 6 \\ 0 & 0 & \lambda \end{pmatrix}$, 已知二次型 $f(\boldsymbol{x}) = \boldsymbol{x}^{\mathrm{T}}\boldsymbol{B}\boldsymbol{x}$ 是负定的, 求 λ 的取值范围.

解: 容易解得该二次型的矩阵为 $\boldsymbol{A} = \begin{pmatrix} -1 & 1 & 2 \\ 1 & -2 & 3 \\ 2 & 3 & \lambda \end{pmatrix}$, 根据题意 $\boldsymbol{A}$ 负定, 即 $-\boldsymbol{A}$ 正定. $-\boldsymbol{A}$ 正定等价于顺序主子式全大于零, 即

$$\Delta_1 = 1 > 0, \Delta_2 = \begin{vmatrix} 1 & -1 \\ -1 & 2 \end{vmatrix} = 1 > 0, \Delta_3 = |-\boldsymbol{A}| = \begin{vmatrix} 1 & -1 & -2 \\ -1 & 2 & -3 \\ -2 & -3 & -\lambda \end{vmatrix} = -\lambda - 29 > 0.$$

因此原二次型负定当且仅当 $\lambda < -29$. 从而 λ 的取值范围是 $(-\infty, -29)$. □

例 5.18 设 $\boldsymbol{B} = \begin{pmatrix} 1 & 2 & 3 \\ 0 & 2 & 4 \\ 1 & 2 & \lambda \end{pmatrix}$, 已知二次型 $f(\boldsymbol{x}) = \boldsymbol{x}^{\mathrm{T}}\boldsymbol{B}\boldsymbol{x}$ 是不定的, 求 λ 的取值范围.

解: 该二次型的矩阵为 $\boldsymbol{A}=\begin{pmatrix}1&1&2\\1&2&3\\2&3&\lambda\end{pmatrix}$, 利用初等变换化为标准型, 得

$$\begin{pmatrix}1&1&2\\1&2&3\\2&3&\lambda\\1&0&0\\0&1&0\\0&0&1\end{pmatrix}\xrightarrow[c_2-c_1]{r_2-r_1}\begin{pmatrix}1&0&2\\0&1&1\\2&1&\lambda\\1&-1&0\\0&1&0\\0&0&1\end{pmatrix}\xrightarrow[c_3-2c_1]{r_3-2r_1}\begin{pmatrix}1&0&0\\0&1&1\\0&1&\lambda-4\\1&-1&-2\\0&1&0\\0&0&1\end{pmatrix}\xrightarrow[c_3-c_2]{r_3-r_2}\begin{pmatrix}1&0&0\\0&1&0\\0&0&\lambda-5\\1&-1&-1\\0&1&-1\\0&0&1\end{pmatrix}$$

因该二次型是不定的, 从而 $\lambda-5<0$, 即 λ 的取值范围是 $(-\infty,5)$. □

例 5.19 已知 $\lambda_1,\lambda_2,\lambda_3$ 是三阶实对称矩阵 $\boldsymbol{A}$ 的 3 个特征值, 若 $t\boldsymbol{I}-\boldsymbol{A}$ 是正定矩阵, 其中 $\boldsymbol{I}$ 是三阶单位矩阵, 则 t 满足_______.

解: $t\boldsymbol{I}-\boldsymbol{A}$ 全部的特征值为 $t-\lambda_1, t-\lambda_2, t-\lambda_3$, 因此 $t\boldsymbol{I}-\boldsymbol{A}$ 正定当且仅当 $t-\lambda_1$, $t-\lambda_2$, $t-\lambda_3$ 均大于零, 即 $t>\max\{\lambda_1,\lambda_2,\lambda_3\}$. □

例 5.20 已知 $\boldsymbol{A}$ 是三阶实矩阵, $\boldsymbol{I}$ 是三阶单位阵, 证明当 $\lambda>0$ 时 $\boldsymbol{B}=\lambda\boldsymbol{I}+\boldsymbol{A}^{\mathrm{T}}\boldsymbol{A}$ 是正定的.

解: 对任意的非零列向量 $\boldsymbol{x}=(x_1,x_2,x_3)^{\mathrm{T}}\in\mathbb{R}^3$, 有

$$\boldsymbol{x}^{\mathrm{T}}\boldsymbol{B}\boldsymbol{x}=\boldsymbol{x}^{\mathrm{T}}\left(\lambda\boldsymbol{I}+\boldsymbol{A}^{\mathrm{T}}\boldsymbol{A}\right)\boldsymbol{x}=\lambda\boldsymbol{x}^{\mathrm{T}}\boldsymbol{x}+\boldsymbol{x}^{\mathrm{T}}\boldsymbol{A}^{\mathrm{T}}\boldsymbol{A}\boldsymbol{x}=\lambda\boldsymbol{x}^{\mathrm{T}}\boldsymbol{x}+(\boldsymbol{A}\boldsymbol{x})^{\mathrm{T}}\boldsymbol{A}\boldsymbol{x}\geqslant\lambda\boldsymbol{x}^{\mathrm{T}}\boldsymbol{x}>0$$

因此当 $\lambda>0$ 时 $\boldsymbol{B}=\lambda\boldsymbol{I}+\boldsymbol{A}^{\mathrm{T}}\boldsymbol{A}$ 是正定的. □

例 5.21 (1997) 设 $\boldsymbol{A}$ 为 $m\times n$ 型实矩阵, $\boldsymbol{I}$ 为 n 阶单位矩阵. 已知矩阵 $\boldsymbol{B}=\lambda\boldsymbol{I}+\boldsymbol{A}^{\mathrm{T}}\boldsymbol{A}$. 试证: 当 $\lambda>0$ 时, 矩阵 $\boldsymbol{B}$ 为正定矩阵.

证明: 对任意实数 x_i, 令 $\boldsymbol{x}=(x_1,\cdots,x_n)^{\mathrm{T}}$. 则

$$\begin{aligned}\boldsymbol{x}^{\mathrm{T}}\boldsymbol{B}\boldsymbol{x}&=\boldsymbol{x}^{\mathrm{T}}\left(\lambda\boldsymbol{I}+\boldsymbol{A}^{\mathrm{T}}\boldsymbol{A}\right)\boldsymbol{x}=\lambda\boldsymbol{x}^{\mathrm{T}}\boldsymbol{x}+\boldsymbol{x}^{\mathrm{T}}\boldsymbol{A}^{\mathrm{T}}\boldsymbol{A}\boldsymbol{x}\\&=\lambda\boldsymbol{x}^{\mathrm{T}}\boldsymbol{x}+(\boldsymbol{A}\boldsymbol{x})^{\mathrm{T}}\quad(\boldsymbol{A}\boldsymbol{x})\geqslant\lambda\boldsymbol{x}^{\mathrm{T}}\boldsymbol{x}\geqslant 0;\end{aligned}$$

如果 $\boldsymbol{x}^{\mathrm{T}}\boldsymbol{B}\boldsymbol{x}=0$, 则由 $\lambda\boldsymbol{x}^{\mathrm{T}}\boldsymbol{x}\geqslant 0$ 和 $\boldsymbol{x}^{\mathrm{T}}\boldsymbol{A}^{\mathrm{T}}\boldsymbol{A}\boldsymbol{x}\geqslant 0$ 可知, $\lambda\boldsymbol{x}^{\mathrm{T}}\boldsymbol{x}=0$; 但 $\lambda>0$, 所以, 必然有 $\boldsymbol{x}=\boldsymbol{0}$.

综上所述, $\boldsymbol{B}=\lambda\boldsymbol{I}+\boldsymbol{A}^{\mathrm{T}}\boldsymbol{A}$ 是正定的. □

例 5.22 设 $\boldsymbol{A}$ 是 n 阶实对称矩阵, 且满足 $\boldsymbol{A}^2-3\boldsymbol{A}+2\boldsymbol{I}=\boldsymbol{0}$, 其中 $\boldsymbol{I}$ 是单位矩阵. (1) 证明 $\boldsymbol{A}+2\boldsymbol{I}$ 可逆; (2) $\boldsymbol{A}$ 是正定矩阵.

解: (1) 因 $\boldsymbol{A}^2-3\boldsymbol{A}+2\boldsymbol{I}=\boldsymbol{0}$, 从而 $(\boldsymbol{A}+2\boldsymbol{I})(\boldsymbol{A}-5\boldsymbol{I})=-12\boldsymbol{I}$, 因此

$$|\boldsymbol{A}+2\boldsymbol{I}|\,|\boldsymbol{A}-5\boldsymbol{I}|=(-12)^n\neq 0.$$

所以 $|\boldsymbol{A}+2\boldsymbol{I}|\neq 0$, 即 $\boldsymbol{A}+2\boldsymbol{I}$ 可逆.

(2) 设 λ 是 $\boldsymbol{A}$ 的特征值, 即存在 $\boldsymbol{v}\neq\boldsymbol{0}$ 使得 $\boldsymbol{A}\boldsymbol{v}=\lambda\boldsymbol{v}$. 则

$$\boldsymbol{0}=\left(\boldsymbol{A}^2-3\boldsymbol{A}+2\boldsymbol{I}\right)\boldsymbol{v}=\lambda^2\boldsymbol{v}-3\lambda\boldsymbol{v}+2\boldsymbol{v}=(\lambda^2-3\lambda+2)\boldsymbol{v}.$$

因此 $\lambda^2-3\lambda+2=0$, 即 $\lambda=1$ 或 2. 因此 $\boldsymbol{A}$ 可能的特征值是 1 或 2, 从而 $\boldsymbol{A}$ 所有的特征值都是大于零的, 因此 $\boldsymbol{A}$ 正定.

例 5.23 设 $\boldsymbol{A}$ 为 m 阶实对称矩阵且正定, $\boldsymbol{B}$ 为 $m\times n$ 型实矩阵, $\boldsymbol{B}^{\mathrm{T}}$ 为 $\boldsymbol{B}$ 的转置矩阵, 试证: $\boldsymbol{B}^{\mathrm{T}}\boldsymbol{A}\boldsymbol{B}$ 为正定矩阵的充分必要条件是 $\boldsymbol{B}$ 的秩 $r(\boldsymbol{B})=n$.

证明: $\forall \boldsymbol{y}\in\mathbb{R}^n$, $\boldsymbol{y}^{\mathrm{T}}\boldsymbol{B}^{\mathrm{T}}\boldsymbol{A}\boldsymbol{B}\boldsymbol{y}=(\boldsymbol{B}\boldsymbol{y})^{\mathrm{T}}\boldsymbol{A}(\boldsymbol{B}\boldsymbol{y})\geqslant 0$. 从而, $\boldsymbol{B}^{\mathrm{T}}\boldsymbol{A}\boldsymbol{B}$ 正定当且仅当 $\boldsymbol{y}^{\mathrm{T}}\boldsymbol{B}^{\mathrm{T}}\boldsymbol{A}\boldsymbol{B}\boldsymbol{y}=\boldsymbol{0}$ 只有零解.

因 $\boldsymbol{A}$ 正定, 故 $\boldsymbol{y}^{\mathrm{T}}\boldsymbol{B}^{\mathrm{T}}\boldsymbol{A}\boldsymbol{B}\boldsymbol{y}=\boldsymbol{0}$ 只有零解当且仅当 $\boldsymbol{B}\boldsymbol{y}=\boldsymbol{0}$ 只有零解. 而 $\boldsymbol{B}\boldsymbol{y}=\boldsymbol{0}$ 只有零解当且仅当 $\boldsymbol{B}$ 是列满秩的, 即 $r(\boldsymbol{B})=n$.

综上所述, $\boldsymbol{B}^{\mathrm{T}}\boldsymbol{A}\boldsymbol{B}$ 为正定矩阵的充分必要条件是 $\boldsymbol{B}$ 的秩 $r(\boldsymbol{B})=n$. □

例 5.24 (2000) 设有 n 元实二次型 $f(x_1,x_2,\cdots,x_n)=(x_1+a_1x_2)^2+(x_2+a_2x_3)^2+\cdots+(x_{n-1}+a_{n-1}x_n)^2+(x_n+a_nx_1)^2$, 其中 $a_i\ (i=1,2,\cdots,n)$ 为实数. 试问: 当 $a_1,a_2,\cdots,a_n$ 满足何种条件时, 二次型为正定二次型?

解: 对任意的 $\boldsymbol{x}=(x_1,\cdots,x_n)^{\mathrm{T}}$, x_i 为实数, 都有

$$f(x_1,x_2,\cdots,x_n)\geqslant 0.$$

所以, f 正定等价于齐次线性方程组:

$$\begin{cases}x_1+a_1x_2=0\\ x_2+a_2x_3=0\\ \cdots\cdots\\ x_{n-1}+a_{n-1}x_n=0\\ x_n+a_nx_1=0\end{cases}$$

只有零解, 等价于系数矩阵

$$A = \begin{pmatrix} 1 & a_1 & 0 & \cdots & 0 & 0 \\ 0 & 1 & a_2 & \cdots & 0 & 0 \\ 0 & 0 & 1 & \cdots & 0 & 0 \\ \vdots & \vdots & \vdots & \ddots & \vdots & \vdots \\ 0 & 0 & 0 & \cdots & 1 & a_{n-1} \\ a_n & 0 & 0 & \cdots & 0 & 1 \end{pmatrix}$$

的行列式非零. 按第 1 列展开得 $|A| = 1 + (-1)^{n+1} a_1 a_2 \cdots a_n$. 因此原二次型正定当且仅当 $1 + (-1)^{n+1} a_1 a_2 \cdots a_n \neq 0$. □

5.3 教材习题解答

习题 5.1 解答 (二次型的矩阵和标准型)

1. 证明: 由于 A 与 B 合同, 所以, 存在可逆阵 P 使得 $A = P^{\mathrm{T}} B P$.

(1) 由于 P^{T} 可逆, 且左乘或右乘可逆阵不改变矩阵的秩, 所以, $r(A) = r(B)$.

(2) 在 $A = P^{\mathrm{T}} B P$ 两边取行列式, 得

$$|A| = |P^{\mathrm{T}} B P| = |P^{\mathrm{T}}||B|P| = |P|^2 |B|,$$

而 $|P| > 0$, 所以结论成立.

(3) 设 A 可逆, 即 $r(A) = n$. 由 (1) 得 B 可逆. 在 $A = P^{\mathrm{T}} B P$ 两边取逆, 得

$$A^{-1} = P^{-1} B^{-1} (P^{\mathrm{T}})^{-1} = P^{-1} B^{-1} (P^{-1})^{\mathrm{T}},$$

即 A^{-1} 与 B^{-1} 合同. □

2. 证明①: 由 A 与 B 合同可知, 存在可逆阵 P 使得 $A = P^{\mathrm{T}} B P$; 由 C 与 D 合同可知, 存在可逆阵 Q 使得 $C = Q^{\mathrm{T}} D Q$. 则有可逆阵 $\begin{pmatrix} P & 0 \\ 0 & Q \end{pmatrix}$ 使得

$$\begin{pmatrix} P & 0 \\ 0 & Q \end{pmatrix}^{\mathrm{T}} \begin{pmatrix} B & 0 \\ 0 & D \end{pmatrix} \begin{pmatrix} P & 0 \\ 0 & Q \end{pmatrix} = \begin{pmatrix} P^{\mathrm{T}} & 0 \\ 0 & Q^{\mathrm{T}} \end{pmatrix} \begin{pmatrix} B & 0 \\ 0 & D \end{pmatrix} \begin{pmatrix} P & 0 \\ 0 & Q \end{pmatrix}$$
$$= \begin{pmatrix} P^{\mathrm{T}} B P & 0 \\ 0 & Q^{\mathrm{T}} D Q \end{pmatrix} = \begin{pmatrix} A & 0 \\ 0 & C \end{pmatrix}.$$ □

3. 解: 不是.① 由 $\begin{cases} y_1 = x_1 - 2x_3 \\ y_2 = x_2 \\ y_3 = x_3 \end{cases}$ 得 $\begin{cases} x_1 = y_1 + 2y_3 \\ x_2 = y_2 \\ x_3 = y_3 \end{cases}$, 所以, 所作的非退化线性替换

① 比较习题 4.1 第 7 题.

应该为 $\boldsymbol{x}=\boldsymbol{C}\boldsymbol{y}$, 其中, $\boldsymbol{C}=\begin{pmatrix}1&0&2\\0&1&0\\0&0&1\end{pmatrix}$ 是可逆阵. □

4. 解②: 例如, 设 $\boldsymbol{A}=\begin{pmatrix}1&0\\0&-3\end{pmatrix}$, $\boldsymbol{B}=\begin{pmatrix}2&0\\0&-4\end{pmatrix}$. 则 $\boldsymbol{A}$ 与 $\boldsymbol{B}$ 合同, 但 $\boldsymbol{A}\nsim\boldsymbol{B}$;

设 $\boldsymbol{A}=\begin{pmatrix}1&0\\0&-3\end{pmatrix}$, $\boldsymbol{B}=\begin{pmatrix}1&0\\2&-3\end{pmatrix}$, 则 $\boldsymbol{B}$ 的两个特征值为 1, −3, 互不相同, 所以必然可对角化, 从而有 $\boldsymbol{B}\sim\boldsymbol{A}$; 但是, $\boldsymbol{A}$ 不可能与 $\boldsymbol{B}$ 合同, 因为 $\boldsymbol{A}$ 是对称阵, 而 $\boldsymbol{B}$ 不是对称阵.③ □

5. 证明: 由 $\boldsymbol{A}\sim\boldsymbol{B}$ 可知, 它们的特征值完全相同, 所以, $\boldsymbol{A}$, $\boldsymbol{B}$ 的正惯性指数相等且 $\boldsymbol{A}$, $\boldsymbol{B}$ 的负惯性指数也相等, 所以, $\boldsymbol{A}$ 与 $\boldsymbol{B}$ 合同.④

注: 即使 $\boldsymbol{A}$ 和 $\boldsymbol{B}$ 都是 n 阶实对称阵且 $\boldsymbol{A}$ 与 $\boldsymbol{B}$ 合同, $\boldsymbol{A}$ 与 $\boldsymbol{B}$ 也未必是相似的. 参见第 4 题的解答. □

6. 证明: 由 $\boldsymbol{A}$ 可逆可知, $\boldsymbol{A}$ 的特征值都不是 0. 设 $\boldsymbol{A}$ 的正惯性指数为 p, 则负惯性指数为 $3-p$.⑤

如果 λ 是 $\boldsymbol{A}$ 的一个特征值, 则 $\dfrac{1}{\lambda}$ 是 $\boldsymbol{A}^{-1}$ 的一个特征值. 而 λ 与 $\dfrac{1}{\lambda}$ 同号, 所以 $\boldsymbol{A}^{-1}$ 与 $\boldsymbol{A}$ 的正惯性指数都等于 p, 负惯性指数都等于 $3-p$.

(1) 如果 $d_1y_1^2+d_2y_2^2+d_3y_3^2$ 是 $f(x_1,x_2,x_3)$ 的标准型, 则 d_1, d_2, d_3 中有 p 个正数, $3-p$ 个负数, 从而, $\dfrac{1}{d_1}$, $\dfrac{1}{d_2}$, $\dfrac{1}{d_3}$ 中也有 p 个正数, $3-p$ 个负数, 即对角阵 $\begin{pmatrix}\frac{1}{d_1}&0&0\\0&\frac{1}{d_2}&0\\0&0&\frac{1}{d_3}\end{pmatrix}$ 与 $\boldsymbol{A}^{-1}$ 合同, 所以结论成立.⑥

(2) 由于 $\boldsymbol{A}$ 的特征值都不为 0, 所以, $\boldsymbol{A}^2$ 的特征值全大于 0, 从而 $\boldsymbol{A}^2$ 的正惯性指数为 3, 所以结论成立.⑦ □

7. 证明: 由于 $\boldsymbol{A}$ 是实二次型矩阵, 所以 $\boldsymbol{A}$ 是实对称阵, 从而由 $\boldsymbol{B}$ 与 $\boldsymbol{A}$ 合同可知, $\boldsymbol{B}$ 也是实对称阵, 因此, $\boldsymbol{B}$ 可对角化. 由于 $\boldsymbol{B}$ 的全部特征值为 1, −2, −2, 所以, 存在正

① 参见定义 5.2.
② 参见定理 5.1 和命题 4.2.
③ 参见推论 4.1. 比较第 5 题.
④ 参见推论 5.2.
⑤ 参见习题 4.2 第 1 题.
⑥ 参见定理 5.2 和推论 5.3.
⑦ 参见命题 4.5 和推论 5.2.

交阵 $\boldsymbol{P}$ 使得①

$$\boldsymbol{P}^{-1}\boldsymbol{B}\boldsymbol{P} = \boldsymbol{P}^{\mathrm{T}}\boldsymbol{B}\boldsymbol{P} = \begin{pmatrix} 1 & 0 & 0 \\ 0 & -2 & 0 \\ 0 & 0 & -2 \end{pmatrix}.$$

对任意 $\boldsymbol{x} = \begin{pmatrix} x_1 \\ x_2 \\ x_3 \end{pmatrix}$, 令 $\boldsymbol{y} = \begin{pmatrix} y_1 \\ y_2 \\ y_3 \end{pmatrix} = \boldsymbol{P}^{-1}\boldsymbol{x}$. 则②

$$\begin{aligned} \boldsymbol{x}^{\mathrm{T}}\boldsymbol{B}\boldsymbol{x} &= (\boldsymbol{P}\boldsymbol{y})^{\mathrm{T}}\boldsymbol{B}(\boldsymbol{P}\boldsymbol{y}) = \boldsymbol{y}^{\mathrm{T}}(\boldsymbol{P}^{\mathrm{T}}\boldsymbol{B}\boldsymbol{P})\boldsymbol{y} \\ &= (y_1 \quad y_2 \quad y_3)\begin{pmatrix} 1 & 0 & 0 \\ 0 & -2 & 0 \\ 0 & 0 & -2 \end{pmatrix}\begin{pmatrix} y_1 \\ y_2 \\ y_3 \end{pmatrix} \\ &= y_1^2 - 2y_2^2 - 2y_3^2, \end{aligned}$$

由此即得:

$$-2(y_1^2 + y_2^2 + y_3^2) \leqslant \boldsymbol{x}^{\mathrm{T}}\boldsymbol{B}\boldsymbol{x} \leqslant y_1^2 + y_2^2 + y_3^2. \qquad (*)$$

由于 $\boldsymbol{P}$ 是正交阵, 所以,

$$x_1^2 + x_2^2 + x_3^2 = (\boldsymbol{x}, \boldsymbol{x}) = (\boldsymbol{P}\boldsymbol{y}, \boldsymbol{P}\boldsymbol{y}) = (\boldsymbol{y}, \boldsymbol{y}) = y_1^2 + y_2^2 + y_3^2.^{③}$$

代入式 (*) 即得所要证明的结论.

注: 本题的含义是, 对于实二次型, 其函数值位于 $\lambda_{\mathrm{m}}\|\boldsymbol{x}\|^2$ 与 $\lambda_{\mathrm{M}}\|\boldsymbol{x}\|^2$ 之间, 其中, $\lambda_{\mathrm{m}}, \lambda_{\mathrm{M}}$ 分别是该二次型的矩阵的最小的特征值和最大的特征值. □

8. 解:

$$\begin{aligned} f(x_1, x_2, x_3) &= x_2^2 + x_3^2 - 2x_1x_2 + 4x_2x_3 \\ &= (x_3 + 2x_2)^2 - 4x_2^2 + x_2^2 - 2x_1x_2 \\ &= (x_3 + 2x_2)^2 - 3x_2^2 - 2x_1x_2 \\ &= (x_3 + 2x_2)^2 - 3\left(x_2^2 + \frac{2}{3}x_1x_2\right) \\ &= (x_3 + 2x_2)^2 - 3\left(x_2 + \frac{1}{3}x_1\right)^2 + \frac{1}{3}x_1^2.^{④} \end{aligned}$$

所以, $f(x_1, x_2, x_3)$ 的一个标准型为 $y_1^2 - 3y_2^2 + \frac{1}{3}y_3^2$. □

---

① 参见定理 4.1.

② 设法把 $\boldsymbol{x}^{\mathrm{T}}\boldsymbol{B}\boldsymbol{x}$ 转化为只有平方项的表达式.

③ 利用正交变换保持长度的性质, 参见命题 4.7.

④ 如果从 x_1 或 x_2 开始配方, 运算量较大. 答案不唯一.

9. 解: 对分块矩阵 $\begin{pmatrix} \boldsymbol{A} \\ \hdashline \boldsymbol{I}_3 \end{pmatrix}$ 作合同变换, 得

$$\begin{pmatrix} -1 & 1 & -3 \\ 1 & -2 & -2 \\ -3 & -2 & 2 \\ \hdashline 1 & 0 & 0 \\ 0 & 1 & 0 \\ 0 & 0 & 1 \end{pmatrix} \to \begin{pmatrix} -1 & 0 & 0 \\ 0 & -1 & 0 \\ 0 & 0 & 36 \\ \hdashline 1 & 1 & -8 \\ 0 & 1 & -5 \\ 0 & 0 & 1 \end{pmatrix} = \begin{pmatrix} \boldsymbol{D} \\ \hdashline \boldsymbol{C} \end{pmatrix}.^{①}$$

令 $\boldsymbol{C} = \begin{pmatrix} 1 & 1 & -8 \\ 0 & 1 & -5 \\ 0 & 0 & 1 \end{pmatrix}$, 则 $\boldsymbol{C}^{\mathrm{T}}\boldsymbol{AC} = \begin{pmatrix} -1 & 0 & 0 \\ 0 & -1 & 0 \\ 0 & 0 & 36 \end{pmatrix}$ 为对角阵. 由此可知, $\boldsymbol{A}$ 的正惯性指数为 1, 负惯性指数为 2. □

10. 解②: $f(x_1, x_2, x_3)$ 的矩阵为 $\boldsymbol{A} = \begin{pmatrix} 2 & -2 & -4 \\ -2 & 5 & -2 \\ -4 & -2 & 2 \end{pmatrix}$, 其特征多项式为③

$$f(\lambda) = \begin{vmatrix} \lambda-2 & 2 & 4 \\ 2 & \lambda-5 & 2 \\ 4 & 2 & \lambda-2 \end{vmatrix} = (\lambda-6)^2(\lambda+3),$$

所以, $\boldsymbol{A}$ 的全部特征值为 6, 6, −3, 因此, $\boldsymbol{A}$ 的正惯性指数为 2, 负惯性指数为 1.

对于特征值 $\lambda_1 = 6$, 求得 $(6\boldsymbol{I}_3 - \boldsymbol{A})\boldsymbol{x} = \boldsymbol{0}$ 的一个基础解系为 $\boldsymbol{\xi}_{11} = \begin{pmatrix} -1 \\ 2 \\ 0 \end{pmatrix}$, $\boldsymbol{\xi}_{12} = \begin{pmatrix} -1 \\ 0 \\ 1 \end{pmatrix}$, 作施密特正交化, 再单位化, 得 $\boldsymbol{\gamma}_{11} = \frac{\sqrt{5}}{5}\begin{pmatrix} -1 \\ 2 \\ 0 \end{pmatrix}$, $\boldsymbol{\gamma}_{12} = \frac{\sqrt{5}}{3}\begin{pmatrix} -\frac{4}{5} \\ -\frac{2}{5} \\ 1 \end{pmatrix}$.

对于特征值 $\lambda_2 = -3$, 求得 $(-3\boldsymbol{I}_3 - \boldsymbol{A})\boldsymbol{x} = \boldsymbol{0}$ 的一个基础解系为 $\boldsymbol{\xi}_2 = \begin{pmatrix} 2 \\ 1 \\ 2 \end{pmatrix}$, 单位化

① $\boldsymbol{C}$ 和 $\boldsymbol{D}$ 的答案不唯一, 但 $\boldsymbol{A}$ 的正、负惯性指数是唯一的.
② 比较习题 4.3 的第 6 题.
③ 先把第 3 行的 −1 倍加到第 1 行, 可以提出公因式 $\lambda - 6$.

后得 $\gamma_2 = \frac{1}{3}\begin{pmatrix} 2 \\ 1 \\ 2 \end{pmatrix}$. 令 $\boldsymbol{P} = (\gamma_{11} \quad \gamma_{12} \quad \gamma_2) = \begin{pmatrix} -\frac{\sqrt{5}}{5} & -\frac{4\sqrt{5}}{15} & \frac{2}{3} \\ \frac{2\sqrt{5}}{5} & -\frac{2\sqrt{5}}{15} & \frac{1}{3} \\ 0 & \frac{\sqrt{5}}{3} & \frac{2}{3} \end{pmatrix}$[1], 则 $\boldsymbol{P}$ 是正交阵, 且在正交变换 $\boldsymbol{x} = \boldsymbol{P}\boldsymbol{y}$ 下得到原二次型的一个标准型为 $6y_1^2 + 6y_2^2 - 3y_3^2$. □

习题 5.2 解答 (正定二次型和正定阵)

1. 解: 不是正定的, 因为当 $x_1 = 2, x_2 = 1, x_3 = 0$ 时 f 的值是 0.[2] □

2. 证明: 对任意 x_1, x_2, x_3, 由于 f 正定, 且 $a > 0$, 所以, $af(x_1, x_2, x_3) \geqslant 0$; 若 $af(x_1, x_2, x_3) = 0$, 由于 $a > 0$, 所以 $f(x_1, x_2, x_3) = 0$, 从而由 f 正定得 $x_1 = x_2 = x_3 = 0$. 综上所述, $af(x_1, x_2, x_3)$ 正定. □

3. 解: 方法一: 用配方法求其标准型.

$$\begin{aligned} f(x_1, x_2, x_3) &= x_1^2 - 2x_1(x_2 + x_3) + 3x_2^2 + 6x_3^2 \\ &= (x_1 - (x_2 + x_3))^2 - (x_2 + x_3)^2 + 3x_2^2 + 6x_3^2 \\ &= (x_1 - x_2 - x_3)^2 + 2x_2^2 - 2x_2x_3 + 5x_3^2 \\ &= (x_1 - x_2 - x_3)^2 + 2(x_2 - \frac{1}{2}x_3)^2 + \frac{9}{2}x_3^2. \end{aligned}$$

所以, $y_1^2 + 2y_2^2 + \frac{9}{2}x_3^2$ 是 $f(x_1, x_2, x_3)$ 的一个标准型, 从而其正惯性指数为 3, 因此 $f(x_1, x_2, x_3)$ 是正定的.

方法二: 用矩阵的合同变换求惯性指数.

$f(x_1, x_2, x_3)$ 的矩阵为 $\boldsymbol{A} = \begin{pmatrix} 1 & -1 & -1 \\ -1 & 3 & 0 \\ -1 & 0 & 6 \end{pmatrix}$. 对分块矩阵 $\begin{pmatrix} \boldsymbol{A} \\ \hline \boldsymbol{I}_3 \end{pmatrix}$ 作合同变换, 得

$$\left(\begin{array}{ccc} 1 & -1 & -1 \\ -1 & 3 & 0 \\ -1 & 0 & 6 \\ \hline 1 & 0 & 0 \\ 0 & 1 & 0 \\ 0 & 0 & 1 \end{array}\right) \to \left(\begin{array}{ccc} 1 & 0 & 0 \\ 0 & 2 & 0 \\ 0 & 0 & \frac{9}{2} \\ \hline 1 & 1 & \frac{3}{2} \\ 0 & 1 & \frac{1}{2} \\ 0 & 0 & 1 \end{array}\right) = \begin{pmatrix} \boldsymbol{D} \\ \hline \boldsymbol{C} \end{pmatrix}.$$

由于对角阵 $\boldsymbol{D}$ 的对角元都是正数, 所以 $\boldsymbol{A}$ 的正惯性指数为 3, 因此, 原二次型正定.

---

① 正交阵 $\boldsymbol{P}$ 的取法不唯一.

② 参见定义 5.5.

方法三: 利用二次型的矩阵的顺序主子式.

$f(x_1,x_2,x_3)$ 的矩阵为 $\boldsymbol{A}=\begin{pmatrix}1&-1&-1\\-1&3&0\\-1&0&6\end{pmatrix}$, 其顺序主子式为

$$\Delta_1=1>0,\Delta_2=\begin{vmatrix}1&-1\\-1&3\end{vmatrix}=2>0,\Delta_3=\begin{vmatrix}1&-1&-1\\-1&3&0\\-1&0&6\end{vmatrix}=9>0,$$

所以, $f(x_1,x_2,x_3)$ 正定.

注: 可以利用二次型矩阵的特征值求惯性指数,从而判断其是否正定. 但是,一般情况下会涉及复杂的高次方程, 从而特征值不易求得, 特征值的符号也不易判定. □

4. 证明: 首先, 由 $\boldsymbol{A}$ 是实对称阵得 $\boldsymbol{A}^2+\boldsymbol{A}+2\boldsymbol{I}_n$ 是实对称阵.

设 $\lambda_1,\cdots,\lambda_n$ 是 $\boldsymbol{A}$ 的全部特征值. 则 $\boldsymbol{A}^2+\boldsymbol{A}+2\boldsymbol{I}_n$ 的全部特征值为 $\lambda_1^2+\lambda_1+2,\cdots,\lambda_n^2+\lambda_n+2$①. 对任意实数 a, $a^2+a+2=\left(a+\dfrac{1}{2}\right)^2+\dfrac{7}{4}>0$, 所以, $\boldsymbol{A}^2+\boldsymbol{A}+2\boldsymbol{I}_n$ 的特征值全大于零, 从而是正定的. □

5. 证明: 由于 $\boldsymbol{A}$ 正定, 所以 $|\boldsymbol{A}|>0$, 从而 $\boldsymbol{A}$ 可逆, 且由 $(\boldsymbol{A}^{-1})^{\mathrm{T}}=(\boldsymbol{A}^{\mathrm{T}})^{-1}=\boldsymbol{A}^{\mathrm{T}}$ 可知 $\boldsymbol{A}^{-1}$ 也是对称阵. 设 $\lambda_1,\cdots,\lambda_n$ 是 $\boldsymbol{A}$ 的全部特征值. 则 $\boldsymbol{A}^{-1}$ 的全部特征值为 $\lambda_1^{-1}>0,\cdots,\lambda_n^{-1}>0$, 所以, $\boldsymbol{A}^{-1}$ 也是正定的.② □

6. 证明: 方法一: 首先, $\boldsymbol{A}+\boldsymbol{I}_n$ 是实对称阵. 其次, 设 $\boldsymbol{A}$ 的全部特征值为 $\lambda_1,\cdots,\lambda_n$. 由 $\boldsymbol{A}$ 正定可知, $\lambda_i>0$, $1\leqslant i\leqslant n$. 而 $\boldsymbol{A}+a\boldsymbol{I}_n$ 的全部特征值为 $\lambda_1+a,\cdots,\lambda_n+a$. 由于 $a\geqslant 0$, 所以, $\lambda_i+a>0$, $1\leqslant i\leqslant n$, 因此, $\boldsymbol{A}+a\boldsymbol{I}_n$ 是正定的.

方法二: 首先, $\boldsymbol{A}+\boldsymbol{I}_n$ 是实对称阵. 其次, 假设 $\boldsymbol{A}+a\boldsymbol{I}_n$ 不是正定的, 则存在非零的 n 维列向量 $\boldsymbol{\xi}$ 使得 $\boldsymbol{\xi}^{\mathrm{T}}(\boldsymbol{A}+a\boldsymbol{I}_n)\boldsymbol{\xi}<0$, 从而, $\boldsymbol{\xi}^{\mathrm{T}}\boldsymbol{A}\boldsymbol{\xi}<-a\boldsymbol{\xi}^{\mathrm{T}}\boldsymbol{\xi}\leqslant 0$, 与 $\boldsymbol{A}$ 正定矛盾.

方法三: 由 $\boldsymbol{A}$ 正定可知, 存在正交阵 $\boldsymbol{P}$ 使得 $\boldsymbol{P}^{\mathrm{T}}\boldsymbol{A}\boldsymbol{P}=\boldsymbol{D}$, 其中, $\boldsymbol{D}$ 是对角元全大于 0 的对角阵. 于是, $\boldsymbol{P}^{\mathrm{T}}(\boldsymbol{A}+a\boldsymbol{I}_n)\boldsymbol{P}=\boldsymbol{P}^{\mathrm{T}}\boldsymbol{A}\boldsymbol{P}+a\boldsymbol{P}^{\mathrm{T}}\boldsymbol{P}=\boldsymbol{D}+a\boldsymbol{I}_n$ 是对角元全大于 0 的对角阵, 即 $\boldsymbol{A}+a\boldsymbol{I}_n$ 是正定的. □

7. 证明: 首先, $\boldsymbol{B}$ 是三阶实对称阵. 其次, 令 $g(x_2,x_3,x_4)=f(0,x_2,x_3,x_4)$. 则 g 是关于 x_2,x_3,x_4 的三元实二次型, 且 g 的矩阵就是 $\boldsymbol{B}$.

首先, $g(x_2,x_3,x_4)=f(0,x_2,x_3,x_4)\geqslant 0$. 其次, 若 $g(x_2,x_3,x_4)=0$, 则 $0=g(x_2,x_3,x_4)=f(0,x_2,x_3,x_4)$, 从而由 f 正定得: $x_2=x_3=x_4=0$. 综上所述, g 是正定的三元实二次型, 所以, $\boldsymbol{B}$ 是正定阵. □

① 可以利用 $\boldsymbol{A}$ 可对角化, 也可以直接利用命题 4.5.

② 利用 $\boldsymbol{A}$ 可对角化, 参见习题 4.2 第 6 题.

8. 证明: (1) 设 $\boldsymbol{A}$ 的特征值为 $\lambda_1, \lambda_2, \lambda_3$. 假设至少有一个特征值是负数, 不妨设 $\lambda_1 < 0$. 取正交变换 $\boldsymbol{x} = \boldsymbol{P}\boldsymbol{y}$ 使得

$$f(x_1, x_2, x_3) \xlongequal{\boldsymbol{x}=\boldsymbol{P}\boldsymbol{y}} \lambda_1 y_1^2 + \lambda_2 y_2^2 + \lambda_3 y_3^2.$$ ①

取 $\boldsymbol{y}_0 = \begin{pmatrix} 1 \\ 0 \\ 0 \end{pmatrix}$②, 则 $\boldsymbol{x}_0 = \boldsymbol{P}\boldsymbol{y}_0 \neq \boldsymbol{0}$ 且 f 在 $\boldsymbol{x}_0$ 的函数值为 λ_1, 但 $\lambda_1 < 0$, 与 $f(x_1, x_2, x_3)$ 的正定性矛盾. 所以, $\lambda_i \geqslant 0$, $1 \leqslant i \leqslant 3$, 从而 $|\boldsymbol{A}| = \lambda_1\lambda_2\lambda_3 \geqslant 0$.

(2) 由于 $\boldsymbol{B}$ 是正定阵, 所以, 存在可逆阵 $\boldsymbol{Q}$ 使得 $\boldsymbol{Q}^{\mathrm{T}}\boldsymbol{B}\boldsymbol{Q} = \boldsymbol{D}_1$ 和 $\boldsymbol{Q}^{\mathrm{T}}\boldsymbol{A}\boldsymbol{Q} = \boldsymbol{D}_2$ 都是对角阵.③ 由于 $\boldsymbol{B}$ 正定, 所以 $\boldsymbol{D}_1$ 的对角元都是正数; 又由于 $\boldsymbol{A}$ 半正定, 所以由 (1) 可知, 其负惯性指数为 0, 从而 $\boldsymbol{D}_2$ 的对角元都是非负的. 因此, 对角阵 $\boldsymbol{D}_1 + \boldsymbol{D}_2$ 的对角元都是正的, 从而, $|\boldsymbol{Q}^{\mathrm{T}}(\boldsymbol{B} + \boldsymbol{A})\boldsymbol{Q}| = |\boldsymbol{Q}|^2|\boldsymbol{D}_1 + \boldsymbol{D}_2| > 0$, 而 $|\boldsymbol{Q}| \neq 0$, 即 $|\boldsymbol{Q}|^2 > 0$, 所以, $|\boldsymbol{A} + \boldsymbol{B}| > 0$.④

9. 解: 令 $g(x_1, x_2, x_3) = -f(x_1, x_2, x_3)$. 则 g 的矩阵是 $-\boldsymbol{A} = \begin{pmatrix} -a_{11} & -a_{12} & -a_{13} \\ -a_{12} & -a_{22} & -a_{23} \\ -a_{13} & -a_{23} & -a_{33} \end{pmatrix}$, 从而

$$f(x_1, x_2, x_3) \text{ 是负定的} \Leftrightarrow g(x_1, x_2, x_3) \text{ 是正定的}$$

$$\Leftrightarrow 0 < -a_{11} = -\Delta_1, 0 < \begin{vmatrix} -a_{11} & -a_{12} \\ -a_{12} & -a_{22} \end{vmatrix} = \Delta_2, 0 < \begin{vmatrix} -a_{11} & -a_{12} & -a_{13} \\ -a_{12} & -a_{22} & -a_{23} \\ -a_{13} & -a_{23} & -a_{33} \end{vmatrix} = -\Delta_3,$$

$$\Leftrightarrow \Delta_1 < 0,\ \Delta_2 > 0,\ \Delta_3 < 0.$$ □

10. 解: $f(x_1, x_2, x_3)$ 的矩阵为 $\boldsymbol{A} = \begin{pmatrix} a & 1 & a \\ 1 & 2 & 1 \\ a & 1 & 3 \end{pmatrix}$. 所以,

$$f(x_1, x_2, x_3) \text{ 是正定的} \Leftrightarrow \Delta_1 = a > 0, \Delta_2 = \begin{vmatrix} a & 1 \\ 1 & 2 \end{vmatrix} = 2a - 1 > 0,$$

$$\Delta_3 = \begin{vmatrix} a & 1 & a \\ 1 & 2 & 1 \\ a & 1 & 3 \end{vmatrix} = \begin{vmatrix} a & 1 & a \\ 1 & 2 & 1 \\ 0 & 0 & 3-a \end{vmatrix} = (3-a)(2a-1) > 0.$$

$$\Leftrightarrow \frac{1}{2} < a < 3.$$ □

---

① 正交变换的应用.
② 特殊值法.
③ 转化为对角阵.
④ 本题和第 9 题都可以推广到一般的 n 阶实对称阵的情形.

第 6 章　自测题

6.1　自测题

6.1.1　自测题一

注: 考试时间 120 分钟. 请将答案写在答题纸规定的方框内, 否则记 0 分.

一、填空题 (每题 3 分, 共 18 分)

1. 若矩阵 $\boldsymbol{A}=\begin{pmatrix}1&3&a\\5&-1&1\\3&2&1\end{pmatrix}$ 的第 2 行第 1 列元素的代数余子式 $A_{21}=1$, 则 $a=$ ________.

2. 设 $\boldsymbol{A}=\begin{pmatrix}1&2&-2\\2&5&0\\4&t&3\end{pmatrix}$, $\boldsymbol{B}$ 为三阶非零矩阵, 且 $\boldsymbol{AB}=\boldsymbol{0}$, 则 $t=$ ________.

3. 设三阶矩阵 $\boldsymbol{A}=(\boldsymbol{\alpha}_1,\boldsymbol{\alpha}_2,\boldsymbol{\alpha}_3)$ 且 $|\boldsymbol{A}|=3$, 令 $\boldsymbol{B}=(\boldsymbol{\alpha}_2,2\boldsymbol{\alpha}_3,-\boldsymbol{\alpha}_1)$, 则 $|\boldsymbol{A}-\boldsymbol{B}|=$ ________.

4. 已知三阶方阵 $\boldsymbol{A}$ 的特征值为 $-1,3,2$, $\boldsymbol{A}^*$ 是 $\boldsymbol{A}$ 的伴随矩阵, 则矩阵 $\boldsymbol{A}^3+2\boldsymbol{A}^*$ 的主对角线元素之和为 ________.

5. 设实二次型 $f(x_1,x_2,x_3)=a(x_1^2+x_2^2+x_3^2)+4x_1x_2+4x_1x_3+4x_2x_3$. 经正交变换 $\boldsymbol{x}=\boldsymbol{Py}$ 可以化为标准型: $f=6y_1^2$, 则 $a=$ ________.

6. 已知 $\boldsymbol{\alpha}=(1,1,1)^{\mathrm{T}}$ 是矩阵 $\boldsymbol{A}=\begin{pmatrix}1&2&3\\0&a&2\\2&2&b\end{pmatrix}$ 的一个特征向量, 则 $a-b=$ ________.

二、解答题 (每题 12 分, 共 60 分)

1. 设 $f(x)=\begin{vmatrix}2x&3&1&2\\x&x&-2&1\\2&1&x&4\\x&2&1&4x\end{vmatrix}$, 分别求该多项式中 x^3 的系数以及常数项.

2. 设矩阵 $\boldsymbol{A}$ 的伴随矩阵 $\boldsymbol{A}^*=\begin{pmatrix}2&0&0&0\\0&2&0&0\\1&0&2&0\\0&-3&0&8\end{pmatrix}$, 且 $\boldsymbol{ABA}^{-1}=\boldsymbol{BA}^{-1}+3\boldsymbol{I}$, 其中 $\boldsymbol{I}$ 为四阶单位矩阵, 求矩阵 $\boldsymbol{B}$.

3. λ 为何值时, 方程组 $\begin{cases}2x_1+\lambda x_2-x_3=1\\\lambda x_1-x_2+x_3=2\\4x_1+5x_2-5x_3=-1\end{cases}$ 无解? 有唯一解或有无穷多个解? 并求出有无穷多个解时的通解.

4. 设有向量组 $\boldsymbol{\alpha}_1=(1,1,2,3)^{\mathrm{T}}$, $\boldsymbol{\alpha}_2=(1,-1,1,1)^{\mathrm{T}}$, $\boldsymbol{\alpha}_3=(1,3,3,5)^{\mathrm{T}}$, $\boldsymbol{\alpha}_4=(4,-2,5,6)^{\mathrm{T}}$.

(1) 求该向量组的秩与一个极大线性无关组;

(2) 将其余向量用 (1) 中求出的极大线性无关组线性表出.

5. 设二次型 $f(x_1,x_2,x_3)=\boldsymbol{x}^{\mathrm{T}}\boldsymbol{Ax}=ax_1^2+2x_2^2-2x_3^2+2bx_1x_3(b>0)$ 中二次型矩阵 $\boldsymbol{A}$ 的特征值之和为 1, 特征值之积为 -12.

(1) 求 a,b 的值;

(2) 利用正交变换将二次型 f 化为标准型, 并写出所用的正交变换和对应的正交矩阵.

三、证明题 (每题 8 分, 共 22 分)

1. (8 分) 设 $\boldsymbol{A}$ 为 n 阶方阵且 $\boldsymbol{A}^2-\boldsymbol{A}-2\boldsymbol{I}=\boldsymbol{0}$,

(1) 证明 $r(\boldsymbol{A}-2\boldsymbol{I})+r(\boldsymbol{A}+\boldsymbol{I})=n$;

(2) 证明 $\boldsymbol{A}+2\boldsymbol{I}$ 可逆, 并求 $(\boldsymbol{A}+2\boldsymbol{I})^{-1}$.

2. (8 分) 设 $\boldsymbol{\eta}$ 是线性方程组 $\boldsymbol{Ax}=\boldsymbol{b}(\boldsymbol{b}\neq\boldsymbol{0})$ 的一个解, $\boldsymbol{\xi}_1$, $\boldsymbol{\xi}_2$ 是导出组 $\boldsymbol{Ax}=\boldsymbol{0}$ 的一个基础解系, 证明 $\boldsymbol{\eta}$, $\boldsymbol{\eta}+\boldsymbol{\xi}_1$, $\boldsymbol{\eta}+\boldsymbol{\xi}_2$ 线性无关.

3. (6 分) 设 $\boldsymbol{\alpha}_1,\boldsymbol{\alpha}_2$ 分别是三阶方阵 $\boldsymbol{A}$ 的对应于特征值 $-1,1$ 的特征向量, 向量 $\boldsymbol{\alpha}_3$ 满足 $\boldsymbol{A\alpha}_3=\boldsymbol{\alpha}_2+\boldsymbol{\alpha}_3$.

(1) 证明 $\boldsymbol{\alpha}_1,\boldsymbol{\alpha}_2,\boldsymbol{\alpha}_3$ 线性无关;

(2) 设 $\boldsymbol{P}=(\boldsymbol{\alpha}_1,\boldsymbol{\alpha}_2,\boldsymbol{\alpha}_3)$, 求 $\boldsymbol{P}^{-1}\boldsymbol{AP}$.

6.1.2 自测题二

注: 考试时间 120 分钟. 请将答案写在答题纸规定的方框内, 否则记 0 分.

一、填空题 (每题 3 分, 共 18 分)

1. 行列式 $D=\begin{vmatrix}1 & a & 0 & 0\\ -1 & 2-a & a & 0\\ 0 & -2 & 3-a & a\\ 0 & 0 & -3 & 4-a\end{vmatrix}=$________

2. 设 $\boldsymbol{A}=\begin{pmatrix}1&1&1&1\\0&2&2&2\\0&0&3&3\\0&0&0&4\end{pmatrix}$, 则 $\boldsymbol{A}^2-2\boldsymbol{A}$ 的秩 $r\left(\boldsymbol{A}^2-2\boldsymbol{A}\right)=$________.

3. 设 $\boldsymbol{\alpha}_1,\boldsymbol{\alpha}_2,\boldsymbol{\alpha}_3$ 是非齐次线性方程组 $\boldsymbol{Ax}=\boldsymbol{b}$ 的解, 如果 $\sum\limits_{i=1}^{3}c_i\boldsymbol{\alpha}_i$ 也是 $\boldsymbol{Ax}=\boldsymbol{b}$ 的解, 则 $\sum\limits_{i=1}^{3}c_i=$________.

4. 已知矩阵 $\boldsymbol{A}=\begin{pmatrix}3&2&-1\\a&-2&2\\3&b&-1\end{pmatrix}$, 若 $\boldsymbol{\alpha}=(1,-2,3)^{\mathrm{T}}$ 是其特征向量, 则 $a+b=$________.

5. 任意三维实列向量都可以由向量组 $\boldsymbol{\alpha}_1=(1,0,1)^{\mathrm{T}},\boldsymbol{\alpha}_2=(1,-2,3)^{\mathrm{T}},\boldsymbol{\alpha}_3=(t,1,2)^{\mathrm{T}}$ 线性表示, 则 t 的取值范围是________.

6. 已知实对称矩阵 $\boldsymbol{A}=\begin{pmatrix}1&1&2\\1&2&3\\2&3&\lambda\end{pmatrix}$ 正定, 则 λ 的取值范围为________.

二、计算题 (每题 10 分, 共 30 分)

1. 若行列式 $D=\begin{vmatrix}1&2&3&4\\0&3&4&6\\3&4&1&2\\2&2&2&2\end{vmatrix}$, 求 $A_{11}+2A_{21}+A_{31}+2A_{41}$, 其中 A_{ij} 是 a_{ij} 的代数余子式.

2. 已知矩阵 $\boldsymbol{X}$ 满足 $\boldsymbol{X}\begin{pmatrix}1&0&-2\\0&1&2\\-1&0&3\end{pmatrix}=\begin{pmatrix}-1&2&0\\3&0&5\end{pmatrix}$, 求 $\boldsymbol{X}$.

3. 设向量组 $\boldsymbol{\alpha}_1=(1,-1,2,4)^{\mathrm{T}},\boldsymbol{\alpha}_2=(0,3,1,2)^{\mathrm{T}},\boldsymbol{\alpha}_3=(3,0,7,14)^{\mathrm{T}},\boldsymbol{\alpha}_4=(1,-1,2,0)^{\mathrm{T}}$, $\boldsymbol{\alpha}_5=(2,1,5,6)^{\mathrm{T}}$, 求该向量组的秩以及一个极大线性无关组, 并将其余向量用这个极大线性无关组线性表出.

三、解答题 (每题 12 分, 共 36 分)

1. 当 k 取何值时, 线性方程组 $\begin{cases} kx_1 + x_2 + x_3 = k - 3 \\ x_1 + kx_2 + x_3 = -2 \\ x_1 + x_2 + kx_3 = -2 \end{cases}$ 无解, 有唯一解, 有无穷多组解? 当方程组有无穷多解时, 求出所有解.

2. 设 $\boldsymbol{A}$ 是三阶实对称矩阵, 其特征值为 $\lambda_1 = -1, \lambda_2 = \lambda_3 = 1$, 且对应于特征值 λ_1 的一个特征向量为 $\boldsymbol{\alpha}_1 = (0, 1, 1)^{\mathrm{T}}$.

(1) 求 $\boldsymbol{A}$ 的对应于特征值 1 的特征向量;

(2) 求 $\boldsymbol{A}$;

(3) 求 $\boldsymbol{A}^{2\,016}$.

3. 设 $\boldsymbol{A} = \begin{pmatrix} 1 & 0 & 1 \\ 0 & 1 & 1 \\ -1 & 0 & a \\ 0 & a & -1 \end{pmatrix}$, $\boldsymbol{A}^{\mathrm{T}}$ 是 $\boldsymbol{A}$ 的转置, 已知 $r(\boldsymbol{A}) = 2$, 且二次型 $f(\boldsymbol{x}) = \boldsymbol{x}^{\mathrm{T}}\boldsymbol{A}^{\mathrm{T}}\boldsymbol{A}\boldsymbol{x}$.

(1) 求 a;

(2) 写出二次型 $f(\boldsymbol{x})$ 的矩阵 $\boldsymbol{B} = \boldsymbol{A}^{\mathrm{T}}\boldsymbol{A}$;

(3) 求正交变换 $\boldsymbol{x} = \boldsymbol{Q}\boldsymbol{y}$ 化二次型 $f(\boldsymbol{x})$ 为标准型, 并写出所用的正交变换.

四、证明题 (每题 8 分, 共 16 分)

1. 设 $\boldsymbol{A}$ 是 n 阶实对称矩阵, 且满足 $\boldsymbol{A}^2 - 3\boldsymbol{A} + 2\boldsymbol{I} = \boldsymbol{0}$, 其中 $\boldsymbol{I}$ 是单位矩阵.

(1) 证明 $\boldsymbol{A} + 2\boldsymbol{I}$ 可逆;

(2) $\boldsymbol{A}$ 是正定矩阵.

2. 设 $\boldsymbol{\alpha}_1, \boldsymbol{\alpha}_2, \boldsymbol{\alpha}_3$ 为线性无关的向量组, 向量 $\boldsymbol{\beta}$ 可由 $\boldsymbol{\alpha}_1, \boldsymbol{\alpha}_2, \boldsymbol{\alpha}_3$ 线性表示, 向量 $\boldsymbol{\gamma}$ 不能由 $\boldsymbol{\alpha}_1, \boldsymbol{\alpha}_2, \boldsymbol{\alpha}_3$ 线性表示, 证明向量组 $\boldsymbol{\alpha}_1, \boldsymbol{\alpha}_2, \boldsymbol{\alpha}_3, \boldsymbol{\beta} + \boldsymbol{\gamma}$ 线性无关.

6.1.3 自测题三

注: 考试时间 120 分钟. 请将答案写在答题纸规定的方框内, 否则记 0 分.

一、填空题 (每题 3 分, 共 18 分)

1. 行列式 $D = \begin{vmatrix} 1 & x & y & z \\ x & 1 & 0 & 0 \\ y & 0 & 1 & 0 \\ z & 0 & 0 & 1 \end{vmatrix} =$ ________.

2. 设 $\boldsymbol{A}$ 的伴随矩阵 $\boldsymbol{A}^* = \begin{pmatrix} 1 & 2 & 3 & 4 \\ 0 & 2 & 3 & 4 \\ 0 & 0 & 2 & 3 \\ 0 & 0 & 0 & 2 \end{pmatrix}$, 则 $r\left(\boldsymbol{A}^2 - 2\boldsymbol{A}\right) =$ ________.

3. 已知线性方程组 $\begin{cases} x_1+2x_2+x_3=2 \\ ax_1-x_2-2x_3=-3 \end{cases}$ 与线性方程 $ax_2+x_3=1$ 有公共解, 则 a 的取值范围是________.

4. 设 $\boldsymbol{\alpha}_1=(a,1,1)^{\mathrm{T}}, \boldsymbol{\alpha}_2=(1,b,-1)^{\mathrm{T}}, \boldsymbol{\alpha}_3=(1,-2,c)^{\mathrm{T}}$ 是正交向量组, 则 $a+b+c=$ ________.

5. 设三阶实对称矩阵 $\boldsymbol{A}$ 的特征值分别为 1,2,3, 对应的特征向量分别为 $\boldsymbol{\alpha}_1=(1,1,1)^{\mathrm{T}}, \boldsymbol{\alpha}_2=(2,-1,-1)^{\mathrm{T}}, \boldsymbol{\alpha}_3$, 则 $\boldsymbol{A}$ 的对应于特征值 3 的一个特征向量 $\boldsymbol{\alpha}_3=$ ________.

6. 设 $\boldsymbol{B}=\begin{pmatrix} 1 & 2 & 4 \\ 0 & 2 & 6 \\ 0 & 0 & \lambda \end{pmatrix}$, 已知二次型 $f(\boldsymbol{x})=\boldsymbol{x}^{\mathrm{T}}\boldsymbol{B}\boldsymbol{x}$ 是正定的, 则 λ 的取值范围为________.

二、计算题 (每题 10 分, 共 30 分)

1. 若行列式 $D=\begin{vmatrix} 1 & 2 & 3 & 4 \\ 0 & 3 & 4 & 6 \\ 0 & 4 & 1 & 2 \\ 0 & 2 & 2 & 2 \end{vmatrix}$, 求 $M_{11}-2M_{21}+M_{31}-2M_{41}$, 其中 M_{ij} 是第 i 行第 j 列元素的余子式.

2. 设 $\boldsymbol{A}=\begin{pmatrix} 1 & 2 & 3 \\ 0 & 1 & 3 \\ 0 & 0 & 1 \end{pmatrix}$, $\boldsymbol{B}$ 为三阶矩阵, 且满足方程 $\boldsymbol{A}^*\boldsymbol{B}\boldsymbol{A}=\boldsymbol{I}+2\boldsymbol{A}^{-1}\boldsymbol{B}$, 求矩阵 $\boldsymbol{B}$.

3. 设向量组 $\boldsymbol{\alpha}_1=(3,1,4,3)^{\mathrm{T}}, \boldsymbol{\alpha}_2=(1,1,2,1)^{\mathrm{T}}, \boldsymbol{\alpha}_3=(0,1,1,0)^{\mathrm{T}}, \boldsymbol{\alpha}_4=(2,2,4,2)^{\mathrm{T}}$, 求该向量组的所有的极大线性无关组.

三、解答题 (每题 12 分, 共 36 分)

1. 令 $\boldsymbol{\alpha}=(1,1,0)^{\mathrm{T}}$, 实对称矩阵 $\boldsymbol{A}=\boldsymbol{\alpha}\boldsymbol{\alpha}^{\mathrm{T}}$.

(1) 求可逆阵 $\boldsymbol{P}$ 使得 $\boldsymbol{P}^{-1}\boldsymbol{A}\boldsymbol{P}$ 是对角阵, 并写出这个对角阵;

(2) 求 $|\boldsymbol{I}-\boldsymbol{A}^{2\,017}|$. 其中 $\boldsymbol{I}$ 是三阶方阵.

2. 已知实对称矩阵 $\boldsymbol{A}=\begin{pmatrix} a & -1 & 4 \\ -1 & 3 & b \\ 4 & b & 0 \end{pmatrix}$ 与 $\boldsymbol{B}=\begin{pmatrix} 2 & & \\ & -4 & \\ & & 5 \end{pmatrix}$ 相似.

(1) 求矩阵 $\boldsymbol{A}$;

(2) 求正交线性变换 $\boldsymbol{x}=\boldsymbol{Q}\boldsymbol{y}$, 把二次型 $f(\boldsymbol{x})=\boldsymbol{x}^{\mathrm{T}}\boldsymbol{A}\boldsymbol{x}$ 化为标准型.

3. 在进行数据拟合的时候经常遇到线性方程组 $\boldsymbol{A}\boldsymbol{x}=\boldsymbol{b}$ 是矛盾方程组, 是无解的, 此时我们转而解 $\boldsymbol{A}^{\mathrm{T}}\boldsymbol{A}\boldsymbol{x}=\boldsymbol{A}^{\mathrm{T}}\boldsymbol{b}$, 我们称 $\boldsymbol{A}^{\mathrm{T}}\boldsymbol{A}\boldsymbol{x}=\boldsymbol{A}^{\mathrm{T}}\boldsymbol{b}$ 是原线性方程组的正规方程. 我

们称正规方程的解为原方程的最小二乘解. 令 $\boldsymbol{A}=\begin{pmatrix}1&1&0\\1&1&0\\1&0&1\\1&1&1\end{pmatrix}, \boldsymbol{b}=\begin{pmatrix}1\\3\\8\\2\end{pmatrix}$.

(1) 证明 $\boldsymbol{Ax}=\boldsymbol{b}$ 无解;

(2) 求 $\boldsymbol{Ax}=\boldsymbol{b}$ 的最小二乘解.

四、证明题 (每题 8 分, 共 16 分)

1. 已知 $\boldsymbol{\alpha}_1,\boldsymbol{\alpha}_2,\boldsymbol{\alpha}_3$ 是线性无关的向量组, 若 $\boldsymbol{\alpha}_1,\boldsymbol{\alpha}_2,\boldsymbol{\alpha}_3,\boldsymbol{\beta}$ 线性相关, 证明 $\boldsymbol{\beta}$ 可以由 $\boldsymbol{\alpha}_1,\boldsymbol{\alpha}_2,\boldsymbol{\alpha}_3$ 线性表示, 且表示方法唯一.

2. 已知 $\boldsymbol{A},\boldsymbol{B}$ 是同阶实对称矩阵. (1) 证明: 如果 $\boldsymbol{A}\sim\boldsymbol{B}$, 则 $\boldsymbol{A}\simeq\boldsymbol{B}$, 也就是相似一定合同;

(2) 举例说明, 反过来不成立.

6.1.4 自测题四

注: 考试时间 120 分钟. 请将答案写在答题纸规定的方框内, 否则记 0 分.

一、填空题 (每题 3 分, 共 18 分)

1. 设 A_{ij} 是三阶行列式 $D=\begin{vmatrix}2&2&2\\1&2&3\\4&5&6\end{vmatrix}$ 的第 i 行第 j 列元素的代数余子式, 则 $A_{31}+A_{32}+A_{33}=$_______.

2. 设 $\boldsymbol{A}=\begin{pmatrix}1&1&1\\0&1&1\\2&3&3\end{pmatrix}, \boldsymbol{B}=\begin{pmatrix}1\\2\\0\end{pmatrix}\begin{pmatrix}1&2&3\end{pmatrix}$, 则 $r(\boldsymbol{A}+\boldsymbol{AB})=$______.

3. 设 $\boldsymbol{A}=\begin{pmatrix}2&0&0\\1&2&0\\1&2&2\end{pmatrix}$, 记 $\boldsymbol{A}^*$ 是 $\boldsymbol{A}$ 的伴随矩阵, 则 $(\boldsymbol{A}^*)^{-1}=$__________.

4. 已知三阶方阵 $\boldsymbol{A}$ 的秩为 2, 设 $\boldsymbol{\alpha}_1=(2,2,0)^{\mathrm{T}}, \boldsymbol{\alpha}_2=(3,3,1)^{\mathrm{T}}$ 是非齐次线性方程组 $\boldsymbol{Ax}=\boldsymbol{b}$ 的解, 则导出组 $\boldsymbol{Ax}=\boldsymbol{0}$ 的基础解系为_________.

5. 若三阶矩阵 $\boldsymbol{A}$ 相似于 $\boldsymbol{B}$, 矩阵 $\boldsymbol{A}$ 的特征值是 1,2,3, 那么行列式 $|2\boldsymbol{B}+\boldsymbol{I}|=$_________, 其中 $\boldsymbol{I}$ 是三阶单位矩阵.

6. 设二次型 $f(x_1,x_2,x_3)=2x_1^2+x_2^2+x_3^2+2x_1x_2+2tx_2x_3$ 的秩为 2, 则 $t=$_________.

二、计算题 (每题 10 分, 共 30 分)

1. 计算行列式 $D=\begin{vmatrix}3&1&-1&2\\-5&1&3&-4\\2&0&1&-1\\1&-5&3&-3\end{vmatrix}$.

2. 解矩阵方程 $(2\boldsymbol{I}-\boldsymbol{B}^{-1}\boldsymbol{A})\boldsymbol{X}^{\mathrm{T}}=\boldsymbol{B}^{-1}$, $\boldsymbol{X}^{\mathrm{T}}$ 是三阶矩阵 $\boldsymbol{X}$ 的转置矩阵, 其中 $\boldsymbol{A}=\begin{pmatrix}1&2&-3\\0&1&2\\0&0&1\end{pmatrix}$, $\boldsymbol{B}=\begin{pmatrix}1&2&0\\0&1&2\\0&0&1\end{pmatrix}$.

3. 求线性方程组 $\begin{cases}2x_1-x_2+4x_3-3x_4=-4\\x_1+x_3-x_4=-3\\3x_1+x_2+x_3=1\\7x_1+7x_3-3x_4=3\end{cases}$ 的通解.

三、解答题 (每题 12 分, 共 36 分)

1. 设 1 为矩阵 $\boldsymbol{A}=\begin{pmatrix}1&2&3\\x&1&-1\\1&1&x\end{pmatrix}$ 的特征值, 其中 $x>1$.

(1) 求 x 及 $\boldsymbol{A}$ 的其他特征值.

(2) 判断 $\boldsymbol{A}$ 能否对角化, 若能对角化, 写出相应的对角矩阵 $\boldsymbol{\Lambda}$.

2. 设 $f(x_1,x_2,x_3)=2x_1^2+2x_2^2+3x_3^2+2x_1x_2$.

(1) 写出该二次型的矩阵 $\boldsymbol{A}$;

(2) 求正交矩阵 $\boldsymbol{Q}$ 使得 $\boldsymbol{Q}^{\mathrm{T}}\boldsymbol{A}\boldsymbol{Q}=\boldsymbol{Q}^{-1}\boldsymbol{A}\boldsymbol{Q}$ 为对角矩阵;

(3) 给出正交变换, 化该二次型为标准型.

3. 已知 $\boldsymbol{\alpha}_1=(1,4,0,2)^{\mathrm{T}},\boldsymbol{\alpha}_2=(2,7,1,3)^{\mathrm{T}},\boldsymbol{\alpha}_3=(0,1,-1,a)^{\mathrm{T}}$ 及 $\boldsymbol{\beta}=(3,10,b,4)^{\mathrm{T}}$.

(1) a,b 为何值时, $\boldsymbol{\beta}$ 不能表示成 $\boldsymbol{\alpha}_1,\boldsymbol{\alpha}_2,\boldsymbol{\alpha}_3$ 的线性组合?

(2) a,b 为何值时, $\boldsymbol{\beta}$ 可由 $\boldsymbol{\alpha}_1,\boldsymbol{\alpha}_2,\boldsymbol{\alpha}_3$ 线性表示? 并写出该表示式.

四、证明题 (每题 8 分, 共 16 分)

1. 设 $\boldsymbol{A},\boldsymbol{B}$ 均为 n 阶方阵, 证明: 若 $\boldsymbol{A},\boldsymbol{B}$ 相似, 则 $|\boldsymbol{A}|=|\boldsymbol{B}|$, 举例说明反过来不成立.

2. 设 $\boldsymbol{A}$ 为 $m\times n$ 型实矩阵, 证明 $\boldsymbol{A}\boldsymbol{x}=\boldsymbol{0}$ 与 $(\boldsymbol{A}^{\mathrm{T}}\boldsymbol{A})\boldsymbol{x}=\boldsymbol{0}$ 是同解方程, 进一步得出 $r(\boldsymbol{A})=r(\boldsymbol{A}^{\mathrm{T}}\boldsymbol{A})$.

6.1.5 自测题五

注: 考试时间 120 分钟. 请将答案写在答题纸规定的方框内, 否则记 0 分.

一、填空题 (每题 3 分, 共 18 分)

1. 设 $\boldsymbol{A}$ 为五阶方阵且满足 $|\boldsymbol{A}|=2$, 记 $\boldsymbol{A}$ 的伴随矩阵为 $\boldsymbol{A}^*$, 则 $|2\boldsymbol{A}^{-1}\boldsymbol{A}^*\boldsymbol{A}^{\mathrm{T}}|=$ ________.

2. 若 $\boldsymbol{\alpha}_1=(1,3,1)^{\mathrm{T}}$, $\boldsymbol{\alpha}_2=(0,1,1)^{\mathrm{T}}$, $\boldsymbol{\alpha}_3=(1,4,k)^{\mathrm{T}}$ 线性无关, 则实数 k 满足的条件是________.

3. 设 $\boldsymbol{A}$ 是 m 阶方阵, 存在非零的 m 阶方阵 $\boldsymbol{B}$ 使得 $\boldsymbol{AB}=\boldsymbol{0}$ 的充分必要条件

是________.

4. 已知三阶方阵 $\boldsymbol{A}$ 的特征值为 $1, -1, 2$, A_{ij} 是 $\boldsymbol{A}$ 中第 i 行第 j 列的元素的代数余子式, $\boldsymbol{A}^*$ 是 $\boldsymbol{A}$ 的伴随矩阵, 则 $\boldsymbol{A}^*$ 的主对角线元素之和 $A_{11} + A_{22} + A_{33}=$________.

5. 若二次型 $f(x_1, x_2, x_3) = x_1^2 + 4x_2^2 + 4x_3^2 + 2tx_1x_2 - 2x_1x_3 + 4x_2x_3$ 正定, 则 t 的取值范围为________.

6. 设三维列向量 $\boldsymbol{\alpha}_1, \boldsymbol{\alpha}_2, \boldsymbol{\alpha}_3$ 线性无关, 三阶方阵 $\boldsymbol{A}$ 满足 $\boldsymbol{A\alpha}_1 = -\boldsymbol{\alpha}_1$, $\boldsymbol{A\alpha}_2 = \boldsymbol{\alpha}_2$, $\boldsymbol{A\alpha}_3 = \boldsymbol{\alpha}_2 + \boldsymbol{\alpha}_3$. 则行列式 $|\boldsymbol{A}| =$________.

二、计算题 (每题 10 分, 共 30 分)

1. 已知 $\boldsymbol{A} = \begin{pmatrix} 1 & 1 & 1 & 1 \\ -1 & 2 & 2 & 3 \\ 1 & 4 & 3 & 9 \\ -1 & 8 & 5 & 27 \end{pmatrix}$, 记 A_{ij} 是 $\boldsymbol{A}$ 的第 i 行第 j 列元素的代数余子式, 求 $A_{13} + A_{23} + A_{33} + A_{43}$.

2. 设 $\boldsymbol{A} = \begin{pmatrix} 1 & 3 & 1 \\ 1 & 1 & 0 \\ 0 & 1 & 1 \end{pmatrix}$, 且 $\boldsymbol{X}$ 满足方程 $\boldsymbol{AX} = \boldsymbol{A} + \boldsymbol{X}$, 求 $\boldsymbol{X}$.

3. 设矩阵 $\boldsymbol{A} = \begin{pmatrix} 1 & 1 & 1 & 1 \\ 0 & 1 & -1 & b \\ 2 & 3 & a & 3 \\ 3 & 5 & 1 & 5 \end{pmatrix}$, $\boldsymbol{A}^*$ 是 $\boldsymbol{A}$ 的伴随矩阵, 求 $r(\boldsymbol{A})$ 和 $r(\boldsymbol{A}^*)$ 以及 $\boldsymbol{A}$ 的列向量组的一个极大线性无关组.

三、解答题 (每题 15 分, 共 30 分)

1. 设 $\begin{cases} \lambda x_1 + x_2 + x_3 = \lambda - 2 \\ x_1 + \lambda x_2 + x_3 = 2 \\ x_1 + x_2 + \lambda x_3 = 2 \end{cases}$, 则 λ 为何值时该方程组无解、有唯一解、有无穷多个解? 有唯一解时求出其解, 有无穷多个解时求出通解.

2. 已知二次型 $f(x_1, x_2, x_3) = 4x_2^2 - 3x_3^2 + 4x_1x_2 - 4x_1x_3 + 8x_2x_3$.

(1) 写出该二次型的矩阵 $\boldsymbol{A}$;

(2) 求正交矩阵 $\boldsymbol{P}$ 使得 $\boldsymbol{P}^{-1}\boldsymbol{AP}$ 为对角矩阵;

(3) 给出正交变换, 将该二次型化为标准型;

(4) 写出二次型的秩、正惯性指数与负惯性指数.

四、证明题 (共 22 分)

1. (8 分) 设 n 阶方阵 $\boldsymbol{A}$ 满足 $\boldsymbol{A}^2 + 3\boldsymbol{A} - 4\boldsymbol{I} = \boldsymbol{0}$, 其中 $\boldsymbol{I}$ 是 n 阶单位矩阵.

(1) 证明 $\boldsymbol{A}$, $\boldsymbol{A} + 3\boldsymbol{I}$ 可逆, 并求它们的逆;

(2) 当 $\boldsymbol{A} \neq \boldsymbol{I}$ 时, 判断 $\boldsymbol{A} + 4\boldsymbol{I}$ 是否可逆并说明理由.

2. (6 分) 若同阶矩阵 $\boldsymbol{A}$ 与 $\boldsymbol{B}$ 相似, 证明 $\boldsymbol{A}^2$ 与 $\boldsymbol{B}^2$ 相似. 反过来结论是否成立. 若成立, 请证明; 若不成立, 请举出反例.

3. (8 分) 设 λ_1, λ_2 是 $\boldsymbol{A}$ 的两个不同的特征值, $\boldsymbol{\alpha}_{11}, \cdots, \boldsymbol{\alpha}_{1s}$ 是对应于特征值 λ_1 的线性无关的特征向量, $\boldsymbol{\alpha}_{21}, \cdots, \boldsymbol{\alpha}_{2t}$ 是对应于特征值 λ_2 的线性无关的特征向量, 证明向量组 $\boldsymbol{\alpha}_{11}, \cdots, \boldsymbol{\alpha}_{1s}, \boldsymbol{\alpha}_{21}, \cdots, \boldsymbol{\alpha}_{2t}$ 线性无关.

6.1.6 自测题六

注: 考试时间 120 分钟. 请将答案写在答题纸规定的方框内, 否则记 0 分.

一、填空题 (每题 3 分, 共 18 分)

1. 设 $\boldsymbol{A}$ 是三阶方阵, 已知 $\boldsymbol{A}$ 的特征值为 1, 1, 2, 则 $\left|\left(\left(\frac{1}{2}\boldsymbol{A}\right)^*\right)^{-1} - 2\boldsymbol{A}^{-1} + \boldsymbol{I}\right| =$ ________, 其中 $\boldsymbol{I}$ 是三阶单位矩阵.

2. 已知矩阵 $\boldsymbol{A} = \begin{pmatrix} 1 & -2 & 3k \\ -1 & 2k & -3 \\ k & -2 & 3 \end{pmatrix}$ 的秩为 2, 则 $k =$ ________.

3. 记 $\boldsymbol{A} = \begin{pmatrix} 0 & 0 & 1 & 2 \\ 0 & 0 & 2 & 3 \\ 1 & 1 & 0 & 0 \\ 2 & 3 & 0 & 0 \end{pmatrix}$, 则 $\boldsymbol{A}^{-1} =$ ________.

4. 若线性方程组 $\begin{cases} x_1 + x_2 = -a_1 \\ x_2 + x_3 = a_2 \\ x_3 + x_4 = -a_3 \\ x_4 + x_1 = a_4 \end{cases}$ 有解, a_1, a_2, a_3, a_4 应满足的条件是 ________.

5. 已知 n 阶方阵 $\boldsymbol{A}$ 对应于特征值 λ 的全部特征向量为 $c\boldsymbol{\alpha}$, 其中 c 为非零常数, 设 n 阶方阵 $\boldsymbol{P}$ 可逆, 则 $\boldsymbol{P}^{-1}\boldsymbol{AP}$ 对应于特征值 λ 的全部特征向量为 ________.

6. 已知实对称矩阵 $\boldsymbol{A} = \begin{pmatrix} 2 & 0 & 1 \\ 0 & 3 & 3 \\ 1 & 3 & x \end{pmatrix}$ 的正惯性指数为 3, 则 x 的取值范围为 ________.

二、计算题 (每题 10 分, 共 30 分)

1. 设 $\boldsymbol{A} = \begin{pmatrix} 0 & 1 & 0 \\ 0 & 0 & 1 \\ 0 & 0 & 0 \end{pmatrix}$. 求所有与 $\boldsymbol{A}$ 可交换的矩阵.

2. 求线性方程组 $\begin{cases} x_1 + 3x_2 + 2x_3 + 3x_4 = 0 \\ 2x_1 + 4x_2 + x_3 + 3x_4 = 0 \\ 2x_1 + 4x_2 + 4x_4 = 0 \end{cases}$ 的一个基础解系.

3. 记 $2n$ 阶方阵 $\boldsymbol{A}_n = \begin{pmatrix} a_n & & & & & & & b_n \\ & a_{n-1} & & & & & b_{n-1} & \\ & & \ddots & & & \unicode{x22F0} & & \\ & & & a_1 & b_1 & & & \\ & & & c_1 & d_1 & & & \\ & & \unicode{x22F0} & & & \ddots & & \\ & c_{n-1} & & & & & d_{n-1} & \\ c_n & & & & & & & d_n \end{pmatrix}$, (1) 求 $|\boldsymbol{A}_1|$, $|\boldsymbol{A}_2|$; (2) 求 $|\boldsymbol{A}_n|$.

三、解答题 (每题 12 分, 共 36 分)

1. 设有向量组 $\boldsymbol{\alpha}_1 = (1, -4, -3)^{\mathrm{T}}$, $\boldsymbol{\alpha}_2 = (-3, 6, 7)^{\mathrm{T}}$, $\boldsymbol{\alpha}_3 = (-4, -2, 6)^{\mathrm{T}}$, $\boldsymbol{\alpha}_4 = (3, 3, -4)^{\mathrm{T}}$, 求该向量组的秩, 并写出一个极大线性无关组. 进一步把其余向量用该线性无关组线性表出.

2. 已知三阶方阵 $\boldsymbol{A} = \begin{pmatrix} -1 & a+2 & 0 \\ a-2 & 3 & 0 \\ 8 & -8 & -1 \end{pmatrix}$ 可以相似对角化且 $\boldsymbol{A}$ 的特征方程有一个二重根, 求 a 的值, 其中 $a \leqslant 0$.

3. 设三元二次型 $f(x_1, x_2, x_3) = 4x_2^2 + 4x_3^2 - 2x_1x_2 + 4x_1x_3$.

(1) 写出该二次型的矩阵 $\boldsymbol{A}$;

(2) 用正交变换 $\boldsymbol{x} = \boldsymbol{Q}\boldsymbol{y}$ 把该二次型化为标准型.

四、证明题 (每题 8 分, 共 16 分)

1. 设 $\boldsymbol{A}$ 为 m 阶实对称矩阵且正定, $\boldsymbol{B}$ 为 $m \times n$ 实矩阵, $\boldsymbol{B}^{\mathrm{T}}$ 为 $\boldsymbol{B}$ 的转置矩阵, 试证: $\boldsymbol{B}^{\mathrm{T}}\boldsymbol{A}\boldsymbol{B}$ 为正定矩阵的充分必要条件是 $\boldsymbol{B}$ 的秩 $r(\boldsymbol{B}) = n$.

2. 设 $\boldsymbol{\alpha}, \boldsymbol{\beta}$ 是 n 维列向量, 证明 $r\left(\boldsymbol{\alpha}\boldsymbol{\alpha}^{\mathrm{T}} + \boldsymbol{\beta}\boldsymbol{\beta}^{\mathrm{T}}\right) \leqslant 2$.

6.2 自测题参考解答

6.2.1 自测题一

一、填空题 (每题 3 分, 共 18 分)

1. **解**: $a = 2$.

2. **解**: 参见例 3.11, $t = \dfrac{17}{2}$.

3. **解**: 参见例 3.71, $|\boldsymbol{A} - \boldsymbol{B}| = 9$.

4. **解**: 参见例 4.3, 主对角线元素之和为 36.

5. **解**: $a=2$.

6. **解**: 参见例 4.2, $a-b=2$.

二、解答题 (每题 12 分, 共 50 分)

1. **解**: 参见例 3.61, $f(x)$ 的常数项为 14, x^3 的系数为 -14.

2. **解**: 参见例 3.33, $\boldsymbol{B}=\begin{pmatrix}6&0&0&0\\0&6&0&0\\3&0&6&0\\0&\frac{9}{2}&0&-3\end{pmatrix}$.

3. **解**: 参见例 2.22.

4. **解**: (1) 记 $\boldsymbol{A}=(\boldsymbol{\alpha}_1,\boldsymbol{\alpha}_2,\boldsymbol{\alpha}_3,\boldsymbol{\alpha}_4)$, 则

$$\boldsymbol{A}=\begin{pmatrix}1&1&1&4\\1&-1&3&-2\\2&1&3&5\\3&1&5&6\end{pmatrix}\to\begin{pmatrix}1&1&1&4\\0&-2&2&-6\\0&0&0&0\\0&0&0&0\end{pmatrix}\to\begin{pmatrix}1&0&2&1\\0&1&-1&3\\0&0&0&0\\0&0&0&0\end{pmatrix},$$

因此该向量组的秩为 2, $\boldsymbol{\alpha}_1,\boldsymbol{\alpha}_2$ 是一个极大线性无关组.

(2) 分别把 $\boldsymbol{\alpha}_3,\boldsymbol{\alpha}_4$ 用 $\boldsymbol{\alpha}_1,\boldsymbol{\alpha}_2$, 线性表出, 即解相应的向量方程, 可得 $\boldsymbol{\alpha}_3=2\boldsymbol{\alpha}_1-\boldsymbol{\alpha}_2$, $\boldsymbol{\alpha}_4=\boldsymbol{\alpha}_1+3\boldsymbol{\alpha}_2$.

5. **解**: 参见例 5.12.

三、证明题 (共 22 分)

1. **解**: 参见例 3.22.

2. **解**: 参见例 3.45.

3. **解**: 参见例 4.19.

6.2.2 自测题二

一、填空题 (每题 3 分, 共 18 分)

1. **解**: 参见例 3.55.

2. **解**: 参见例 3.7.

3. **解**: 参见例 3.38.

4. **解**: $a+b=4$.

5. **解**: 参见例 3.36.

6. **解**: 参见例 5.14.

二、计算题 (每题 10 分, 共 30 分)

1. **解**: 参见例 3.62.

2. **解**: 参见例 3.19.

3. **解**: 参见例 2.13.

三、解答题 (每题 12 分, 共 36 分)

1. 解: 参见例 2.20.

2. 解: 参见例 4.25.

3. 解: 参见例 5.9.

四、证明题 (每题 8 分, 共 16 分)

1. 解: 参见例 5.22.

2. 解: 参见例 2.3.

6.2.3 自测题三

一、填空题 (每题 3 分, 共 18 分)

1. 解: $1-x^2-y^2-z^2$.

2. 解: $r\left(\boldsymbol{A}^2-2\boldsymbol{A}\right)=3$.

3. 解: 参见例 2.24.

4. 解: 参见例 4.8.

5. 解: 参见例 4.24.

6. 解: 参见例 5.15.

二、计算题 (每题 10 分, 共 30 分)

1. 解: 利用行列式按行按列展开, 易得

$$M_{11}-2M_{21}+M_{31}-2M_{41}=A_{11}+2A_{21}+A_{31}+2A_{41}=\begin{vmatrix}1&2&3&4\\2&3&4&6\\1&4&1&2\\2&2&2&2\end{vmatrix}$$

$$=2\begin{vmatrix}1&2&3&4\\2&3&4&6\\1&4&1&2\\1&1&1&1\end{vmatrix}=-12.$$

□

2. 解: 参见例 3.31.

3. 解: 利用初等行变化化为阶梯形矩阵

$$(\boldsymbol{\alpha}_1,\boldsymbol{\alpha}_2,\boldsymbol{\alpha}_3,\boldsymbol{\alpha}_4)=\begin{pmatrix}3&1&0&2\\1&1&1&2\\4&2&1&4\\3&1&0&2\end{pmatrix}\to\begin{pmatrix}1&1&1&2\\0&-2&-3&-4\\0&0&0&0\\0&0&0&0\end{pmatrix}$$

因此该向量组的秩为 2. 可能的极大线性无关组为

$$\{\boldsymbol{\alpha}_1,\boldsymbol{\alpha}_2\},\{\boldsymbol{\alpha}_1,\boldsymbol{\alpha}_3\},\{\boldsymbol{\alpha}_1,\boldsymbol{\alpha}_4\},\{\boldsymbol{\alpha}_2,\boldsymbol{\alpha}_3\},\{\boldsymbol{\alpha}_2,\boldsymbol{\alpha}_4\},\{\boldsymbol{\alpha}_3,\boldsymbol{\alpha}_4\}.$$

但是 $\boldsymbol{\alpha}_2, \boldsymbol{\alpha}_4$ 线性相关, 其余都是线性无关的. 从而所有的极大线性无关组为

$$\{\boldsymbol{\alpha}_1, \boldsymbol{\alpha}_2\}, \{\boldsymbol{\alpha}_1, \boldsymbol{\alpha}_3\}, \{\boldsymbol{\alpha}_1, \boldsymbol{\alpha}_4\}, \{\boldsymbol{\alpha}_2, \boldsymbol{\alpha}_3\}, \{\boldsymbol{\alpha}_3, \boldsymbol{\alpha}_4\}.$$ □

三、解答题 (每题 12 分, 共 36 分)

1. 解: 参见例 4.16.

2. 解: 参见例 5.10.

3. 解: (1) 因 $\boldsymbol{A}\boldsymbol{x} = \boldsymbol{b}$ 的增广矩阵为

$$(\boldsymbol{A}, \boldsymbol{b}) = \begin{pmatrix} 1 & 1 & 0 & 1 \\ 1 & 1 & 0 & 3 \\ 1 & 0 & 1 & 8 \\ 1 & 1 & 1 & 2 \end{pmatrix} \to \begin{pmatrix} 1 & 1 & 0 & 1 \\ 0 & 0 & 0 & 2 \\ 0 & -1 & 1 & 7 \\ 0 & 0 & 1 & 1 \end{pmatrix} \to \begin{pmatrix} 1 & 1 & 0 & 1 \\ 0 & -1 & 1 & 7 \\ 0 & 0 & 1 & 1 \\ 0 & 0 & 0 & 2 \end{pmatrix}$$

因此 $r(\boldsymbol{A}) = 3 \neq r(\boldsymbol{A}, \boldsymbol{b}) = 4$, 从而 $\boldsymbol{A}\boldsymbol{x} = \boldsymbol{b}$ 无解.

(2) 求 $\boldsymbol{A}\boldsymbol{x} = \boldsymbol{b}$ 的最小二乘解, 也就是解方程组 $\boldsymbol{A}^{\mathrm{T}}\boldsymbol{A}\boldsymbol{x} = \boldsymbol{A}^{\mathrm{T}}\boldsymbol{b}$, 该方程组的增广矩阵为

$$\begin{aligned}(\boldsymbol{A}^{\mathrm{T}}\boldsymbol{A}, \boldsymbol{A}^{\mathrm{T}}\boldsymbol{b}) &= \begin{pmatrix} 4 & 3 & 2 & 14 \\ 3 & 3 & 1 & 6 \\ 2 & 1 & 2 & 10 \end{pmatrix} \to \begin{pmatrix} 1 & 0 & 1 & 8 \\ 0 & 1 & 0 & -6 \\ 0 & 0 & -2 & 0 \end{pmatrix} \\ &\to \begin{pmatrix} 1 & 0 & 0 & 8 \\ 0 & 1 & 0 & -6 \\ 0 & 0 & 1 & 0 \end{pmatrix}\end{aligned}$$

从而最小二乘解为 $x_1 = 8, x_2 = -6, x_3 = 0$. □

四、证明题 (每题 8 分, 共 16 分)

1. 解: 因 $\boldsymbol{\alpha}_1, \boldsymbol{\alpha}_2, \boldsymbol{\alpha}_3$ 线性无关, 从而 $r(\boldsymbol{\alpha}_1, \boldsymbol{\alpha}_2, \boldsymbol{\alpha}_3) = 3$. 因 $\boldsymbol{\alpha}_1, \boldsymbol{\alpha}_2, \boldsymbol{\alpha}_3, \boldsymbol{\beta}$ 线性相关, 从而

$$r(\boldsymbol{\alpha}_1, \boldsymbol{\alpha}_2, \boldsymbol{\alpha}_3) \leqslant r(\boldsymbol{\alpha}_1, \boldsymbol{\alpha}_2, \boldsymbol{\alpha}_3, \boldsymbol{\beta}) < 4.$$

进一步地, $r(\boldsymbol{\alpha}_1, \boldsymbol{\alpha}_2, \boldsymbol{\alpha}_3) = r(\boldsymbol{\alpha}_1, \boldsymbol{\alpha}_2, \boldsymbol{\alpha}_3, \boldsymbol{\beta}) = 3$. 因此线性方程组 $x_1\boldsymbol{\alpha}_1 + x_2\boldsymbol{\alpha}_2 + x_3\boldsymbol{\alpha}_3 = \boldsymbol{\beta}$ 的系数矩阵的秩与增广矩阵的秩相等且为 3, 从而该方程组有唯一解. 因此 $\boldsymbol{\beta}$ 可以由 $\boldsymbol{\alpha}_1, \boldsymbol{\alpha}_2, \boldsymbol{\alpha}_3$ 线性表示, 且表示方法唯一. □

2. 解: 参见例 5.4.

6.2.4 自测题四

一、填空题 (每题 3 分, 共 18 分)

1. 解: $A_{31} + A_{32} + A_{33} = 0$.

2. 解: $r(\boldsymbol{A} + \boldsymbol{A}\boldsymbol{B}) = 2$.

3. 解: 参见例 3.29.

4. 解: 参见例 3.39.

5. 解: $|2\boldsymbol{B}+\boldsymbol{I}|=105$.

6. 解: 参见例 5.2.

二、计算题 (每题 10 分, 共 30 分)

1. 解: 参见例 3.51.

2. 解: 等式两边同时左乘 $\boldsymbol{B}$, 得 $(2\boldsymbol{B}-\boldsymbol{A})\boldsymbol{X}^{\mathrm{T}}=\boldsymbol{I}$, 因此 $\boldsymbol{X}^{\mathrm{T}}=(2\boldsymbol{B}-\boldsymbol{A})^{-1}$, 故 $\boldsymbol{X}=\left((2\boldsymbol{B}-\boldsymbol{A})^{-1}\right)^{\mathrm{T}}$. 因

$$(2\boldsymbol{B}-\boldsymbol{A}\,|\,\boldsymbol{I})=\left(\begin{array}{ccc|ccc}1&2&3&1&0&0\\0&1&2&0&1&0\\0&0&1&0&0&1\end{array}\right)\rightarrow\left(\begin{array}{ccc|ccc}1&0&0&1&-2&1\\0&1&0&0&1&-2\\0&0&1&0&0&1\end{array}\right),$$

故 $\boldsymbol{X}=\left((2\boldsymbol{B}-\boldsymbol{A})^{-1}\right)^{\mathrm{T}}=\begin{pmatrix}1&-2&1\\0&1&-2\\0&0&1\end{pmatrix}^{\mathrm{T}}=\begin{pmatrix}1&0&0\\-2&1&0\\1&-2&1\end{pmatrix}$. □

3. 解: 参见例 2.19.

三、解答题 (每题 12 分, 共 36 分)

1. 解: 参见例 4.21.

2. 解: 参见例 5.5.

3. 解: 参见例 2.4.

四、证明题 (每题 8 分, 共 16 分)

1. 解: 参见例 4.11.

2. 解: 我们先证明 $\boldsymbol{A}\boldsymbol{x}=\boldsymbol{0}$ 与 $\left(\boldsymbol{A}^{\mathrm{T}}\boldsymbol{A}\right)\boldsymbol{x}=\boldsymbol{0}$ 是同解方程.

设 $\boldsymbol{\alpha}$ 是 $\boldsymbol{A}\boldsymbol{x}=\boldsymbol{0}$ 的解, 显然 $\left(\boldsymbol{A}^{\mathrm{T}}\boldsymbol{A}\right)\boldsymbol{\alpha}=\boldsymbol{A}^{\mathrm{T}}(\boldsymbol{A}\boldsymbol{\alpha})=\boldsymbol{0}$, 从而 $\boldsymbol{\alpha}$ 也是 $\left(\boldsymbol{A}^{\mathrm{T}}\boldsymbol{A}\right)\boldsymbol{x}=\boldsymbol{0}$ 的解.

设 $\boldsymbol{\alpha}$ 是 $\left(\boldsymbol{A}^{\mathrm{T}}\boldsymbol{A}\right)\boldsymbol{x}=\boldsymbol{0}$ 的解, 即 $\left(\boldsymbol{A}^{\mathrm{T}}\boldsymbol{A}\right)\boldsymbol{\alpha}=\boldsymbol{0}$, 显然 $\boldsymbol{\alpha}^{\mathrm{T}}\left(\boldsymbol{A}^{\mathrm{T}}\boldsymbol{A}\right)\boldsymbol{\alpha}=\boldsymbol{0}$, 即 $(\boldsymbol{A}\boldsymbol{\alpha})^{\mathrm{T}}(\boldsymbol{A}\boldsymbol{\alpha})=\boldsymbol{0}$, 从而 $\boldsymbol{A}\boldsymbol{\alpha}=\boldsymbol{0}$, 故 $\boldsymbol{\alpha}$ 也是 $\boldsymbol{A}\boldsymbol{x}=\boldsymbol{0}$ 的解.

从而 $\boldsymbol{A}\boldsymbol{x}=\boldsymbol{0}$ 与 $\left(\boldsymbol{A}^{\mathrm{T}}\boldsymbol{A}\right)\boldsymbol{x}=\boldsymbol{0}$ 的基础解系中向量个数相等. 因此 $r(\boldsymbol{A})=r(\boldsymbol{A}^{\mathrm{T}}\boldsymbol{A})$.□

6.2.5 自测题五

一、填空题 (每题 3 分, 共 18 分)

1. 解: $\left|2\boldsymbol{A}^{-1}\boldsymbol{A}^{*}\boldsymbol{A}^{\mathrm{T}}\right|=2^{9}$.

2. 解: $k\neq 2$.

3. 解: $r(\boldsymbol{A})<m$.

4. 解: $A_{11}+A_{22}+A_{33}=-1$.

5. 解: $(-2,1)$.

6. **解**: 参见例 3.72.

二、计算题 (每题 10 分, 共 30 分)

1. **解**: 利用按行按列展开计算行列式 (把代数余子式还原成行列式),

$$A_{13}+A_{23}+A_{33}+A_{43}=\begin{vmatrix}1&1&1&1\\-1&2&1&3\\1&4&1&9\\-1&8&1&27\end{vmatrix}$$

$$=\begin{vmatrix}1&1&1&1\\0&3&2&4\\0&3&0&8\\0&9&2&28\end{vmatrix}=\begin{vmatrix}1&1&1&1\\0&3&2&4\\0&0&-2&4\\0&0&-4&16\end{vmatrix}=-48. \qquad \square$$

2. **解**: 方程变形为 $(\boldsymbol{A}-\boldsymbol{I})\boldsymbol{X}=\boldsymbol{A}$. 易得 $\boldsymbol{A}-\boldsymbol{I}=\begin{pmatrix}0&3&1\\1&0&0\\0&1&0\end{pmatrix}$ 可逆, 因此

$$\boldsymbol{X}=(\boldsymbol{A}-\boldsymbol{I})^{-1}\boldsymbol{A}=\begin{pmatrix}0&1&0\\0&0&1\\1&0&-3\end{pmatrix}\begin{pmatrix}1&3&1\\1&1&0\\0&1&1\end{pmatrix}=\begin{pmatrix}1&1&0\\0&1&1\\1&0&-2\end{pmatrix}. \qquad \square$$

3. **解**: 参见例 3.34.

三、解答题 (每题 12 分, 共 36 分)

1. **解**: 利用高斯消元法把增广矩阵化为阶梯形矩阵

$$\begin{pmatrix}\boldsymbol{A} & \boldsymbol{b}\end{pmatrix}=\begin{pmatrix}\lambda&1&1&\lambda-2\\1&\lambda&1&2\\1&1&\lambda&2\end{pmatrix}\to\begin{pmatrix}1&1&\lambda&2\\1&\lambda&1&2\\\lambda&1&1&\lambda-2\end{pmatrix}$$

$$\to\begin{pmatrix}1&1&\lambda&2\\0&\lambda-1&1-\lambda&0\\0&0&-(\lambda+2)(\lambda-1)&-(\lambda+2)\end{pmatrix},$$

当 $\lambda\neq 1$ 且 $\lambda\neq -2$ 时, 把增广矩阵进一步化为简化阶梯形矩阵

$$\begin{pmatrix}\boldsymbol{A} & \boldsymbol{b}\end{pmatrix}\to\begin{pmatrix}1&0&0&\dfrac{\lambda-3}{\lambda-1}\\0&1&0&\dfrac{1}{\lambda-1}\\0&0&1&\dfrac{1}{\lambda-1}\end{pmatrix},$$

则原线性方程组有唯一解 $\left(\dfrac{\lambda-3}{\lambda-1},\dfrac{1}{\lambda-1},\dfrac{1}{\lambda-1}\right)^{\mathrm{T}}$.

当 $\lambda=1$ 时, $\begin{pmatrix}A & b\end{pmatrix}\to\begin{pmatrix}1&1&1&2\\0&0&0&0\\0&0&0&-3\end{pmatrix}$, 此时 $r(\boldsymbol{A})=1<r(\boldsymbol{A},\boldsymbol{b})=2$, 此时原方程组无解.

当 $\lambda=-2$ 时, $\begin{pmatrix}A & b\end{pmatrix}\to\begin{pmatrix}1&1&-2&2\\0&-3&3&0\\0&0&0&0\end{pmatrix}\to\begin{pmatrix}1&0&-1&2\\0&1&-1&0\\0&0&0&0\end{pmatrix}$, 原方程组的通解为 $\boldsymbol{\eta}+c_1\boldsymbol{\xi}$, c 为任意常数, 其中 $\boldsymbol{\eta}=(2,0,0)^{\mathrm{T}}$, $\boldsymbol{\xi}=(1,1,1)^{\mathrm{T}}$. □

2. 解: (1) 二次型的矩阵为 $\boldsymbol{A}=\begin{pmatrix}0&2&-2\\2&4&4\\-2&4&-3\end{pmatrix}$.

(2) $\boldsymbol{A}$ 的特征多项式为 $|\lambda\boldsymbol{I}-\boldsymbol{A}|=(\lambda-1)(\lambda-6)(\lambda+6)$, 从而其全部特征值为 $-6,1,6$.

对于特征值 -6, $(-6\boldsymbol{I}-\boldsymbol{A})\boldsymbol{x}=\boldsymbol{0}$ 的系数矩阵为

$$\begin{pmatrix}-6&-2&2\\-2&-10&-4\\2&-4&-3\end{pmatrix}\to\begin{pmatrix}1&0&-\frac{1}{2}\\0&1&\frac{1}{2}\\0&0&0\end{pmatrix}.$$

由此即得一个基础解系: $\boldsymbol{v}_1=(1,-1,2)^{\mathrm{T}}$.

对于特征值 1, $(\lambda\boldsymbol{I}-\boldsymbol{A})\boldsymbol{x}=\boldsymbol{0}$ 的系数矩阵为

$$\lambda\boldsymbol{I}-\boldsymbol{A}=\begin{pmatrix}1&-2&2\\-2&-3&-4\\2&-4&4\end{pmatrix}\to\begin{pmatrix}1&0&2\\0&1&0\\0&0&0\end{pmatrix}.$$

由此即得一个基础解系: $\boldsymbol{v}_2=(-2,0,1)^{\mathrm{T}}$.

对于特征值 6, $(\lambda\boldsymbol{I}-\boldsymbol{A})\boldsymbol{x}=\boldsymbol{0}$ 的系数矩阵为

$$\lambda\boldsymbol{I}-\boldsymbol{A}=\begin{pmatrix}6&-2&2\\-2&2&-4\\2&-4&9\end{pmatrix}\to\begin{pmatrix}1&0&-\frac{1}{2}\\0&1&-\frac{5}{2}\\0&0&0\end{pmatrix}.$$

由此即得一个基础解系: $\boldsymbol{v}_3=(1,5,2)^{\mathrm{T}}$.

因 $\boldsymbol{v}_1,\boldsymbol{v}_2,\boldsymbol{v}_3$ 是实对称矩阵 $\boldsymbol{A}$ 的对应于不同特征值的特征向量, 因此是一个正交

向量组. 令

$$P=\left(\frac{1}{\|v_1\|}v_1\ \ \frac{1}{\|v_2\|}v_2\ \ \frac{1}{\|v_3\|}v_3\right)=\begin{pmatrix}\frac{1}{\sqrt6} & -\frac{2}{\sqrt5} & \frac{1}{\sqrt{30}}\\ -\frac{1}{\sqrt6} & 0 & \frac{5}{\sqrt{30}}\\ \frac{2}{\sqrt6} & \frac{1}{\sqrt5} & \frac{2}{\sqrt{30}}\end{pmatrix}.$$

则 $P^{-1}AP$ 为对角矩阵.

(3) 因 P 是一个正交阵, 令 $x=Py$, 则该正交变换化原二次型为标准型 $-6y_1^2+y_2^2+6y_3^2$.

(4) 该二次型的秩为 3, 正惯性指数为 2, 负惯性指数为 1. □

四、证明题 (共 22 分)

1. **解**: (1) 因 $A(A+3I)=4I$, 因此 A, $A+3I$ 均可逆, 且 $A^{-1}=\frac{1}{4}(A+3I)$, $(A+3I)^{-1}=\frac{1}{4}A$.

(2) 设 v 是 A 的对应于特征值 λ 的特征向量, 则 $0=0v=(A^2+3A-4I)v=(\lambda^2+3\lambda-4)v$, 因此 $\lambda^2+3\lambda-4=0$, 故 $\lambda=1$ 或 -4. 不妨取 $A=\begin{pmatrix}1&0\\0&-4\end{pmatrix}$, 显然 $A^2+3A-4I=0$ 且 $A\neq I$, 但是 $A+4I$ 不可逆. □

2. **解**: 因 A 与 B 相似, 从而存在可逆矩阵 P 使得 $A=PBP^{-1}$, 因此 $PB^2P^{-1}=PBP^{-1}PBP^{-1}=A^2$, 因此 A^2 与 B^2 相似.

反过来, 若 A^2 与 B^2 相似, 得不出 A 与 B 相似. 不妨取 $A=\begin{pmatrix}1&0\\0&-1\end{pmatrix}$, $B=I$, 则 $A^2=I$ 与 $B^2=I$ 相似, 但是 A 与 B 不相似. □

3. **解**: 设 $k_{11},\cdots,k_{1s},k_{21},\cdots,k_{2t}$ 使得

$$k_{11}\alpha_{11}+\cdots+k_{1s}\alpha_{1s}+k_{21}\alpha_{21}+\cdots+k_{2t}\alpha_{2t}=0,$$

记 $v_1=k_{11}\alpha_{11}+\cdots+k_{1s}\alpha_{1s}$, $v_2=k_{21}\alpha_{21}+\cdots+k_{2t}\alpha_{2t}$. 则 $Av_1=\lambda_1v_1$, $Av_2=\lambda_2v_2$, 因此 $v_1=v_2=0$. 因此 $k_{11}=\cdots=k_{1s}=k_{21}=\cdots=k_{2t}=0$. □

6.2.6 自测题六

一、填空题 (每题 3 分, 共 18 分)

1. **解**: $\left|\left(\left(\frac{1}{2}A\right)^*\right)^{-1}-2A^{-1}+I\right|=4$. □

2. **解**: 参见例 2.15.

3. **解**: 参见例 3.17.

4. **解**: 参见例 1.5.

5. **解**: 参见例 4.5.

6. **解**: $x \in \left(\frac{7}{2}, +\infty\right)$.

二、计算题 (每题 10 分, 共 30 分)

1. **解**: 参见习题 3.2 题 2.

2. **解**: 记该线性方程组的增广矩阵为 $\widetilde{\boldsymbol{A}} = \begin{pmatrix} 1 & 3 & 2 & 3 & 0 \\ 2 & 4 & 1 & 3 & 0 \\ 2 & 4 & 0 & 4 & 0 \end{pmatrix}$, 用高斯消元法化为简化阶梯形矩阵, 得

$$\widetilde{\boldsymbol{A}} \to \begin{pmatrix} 1 & 3 & 2 & 3 & 0 \\ 0 & -2 & -3 & -3 & 0 \\ 0 & 0 & -1 & 1 & 0 \end{pmatrix} \to \begin{pmatrix} 1 & 0 & 0 & -4 & 0 \\ 0 & 1 & 0 & 3 & 0 \\ 0 & 0 & 1 & -1 & 0 \end{pmatrix}$$

从而 $x_1 = 4x_4, x_2 = -3x_4, x_3 = x_4$, 其中 x_4 是自由变量. 从而原方程组的一个基础解系为 $\boldsymbol{\xi} = (4, -3, 1, 1)^{\mathrm{T}}$.

□

3. **解**: 参见例 3.78.

三、解答题 (每题 12 分, 共 36 分)

1. **解**: 记 $\boldsymbol{A} = (\boldsymbol{\alpha}_1, \boldsymbol{\alpha}_2, \boldsymbol{\alpha}_3, \boldsymbol{\alpha}_4)$, 则

$$\boldsymbol{A} = \begin{pmatrix} 1 & -3 & -4 & 3 \\ -4 & 6 & -2 & 3 \\ -3 & 7 & 6 & -4 \end{pmatrix} \to \begin{pmatrix} 1 & -3 & -4 & 3 \\ 0 & -6 & -18 & 15 \\ 0 & -2 & -6 & 5 \end{pmatrix} \to \begin{pmatrix} 1 & -3 & -4 & 3 \\ 0 & -6 & -18 & 15 \\ 0 & 0 & 0 & 0 \end{pmatrix}$$

因此 $r(\boldsymbol{\alpha}_1, \boldsymbol{\alpha}_2, \boldsymbol{\alpha}_3, \boldsymbol{\alpha}_4) = 2$, 从而可能的极大线性无关组有

$$\boldsymbol{\alpha}_1, \boldsymbol{\alpha}_2;\ \boldsymbol{\alpha}_1, \boldsymbol{\alpha}_3;\ \boldsymbol{\alpha}_1, \boldsymbol{\alpha}_4;\ \boldsymbol{\alpha}_2, \boldsymbol{\alpha}_3;\ \boldsymbol{\alpha}_2, \boldsymbol{\alpha}_4;\ \boldsymbol{\alpha}_3, \boldsymbol{\alpha}_4.$$

又因

$$r(\boldsymbol{\alpha}_1, \boldsymbol{\alpha}_2) = r(\boldsymbol{\alpha}_1, \boldsymbol{\alpha}_3) = r(\boldsymbol{\alpha}_1, \boldsymbol{\alpha}_4) = r(\boldsymbol{\alpha}_2, \boldsymbol{\alpha}_3) = r(\boldsymbol{\alpha}_2, \boldsymbol{\alpha}_4) = r(\boldsymbol{\alpha}_3, \boldsymbol{\alpha}_4) = 2,$$

从而所有的极大线性无关组为

$$\boldsymbol{\alpha}_1, \boldsymbol{\alpha}_2;\ \boldsymbol{\alpha}_1, \boldsymbol{\alpha}_3;\ \boldsymbol{\alpha}_1, \boldsymbol{\alpha}_4;\ \boldsymbol{\alpha}_2, \boldsymbol{\alpha}_3;\ \boldsymbol{\alpha}_2, \boldsymbol{\alpha}_4;\ \boldsymbol{\alpha}_3, \boldsymbol{\alpha}_4.$$

故 $\boldsymbol{\alpha}_1, \boldsymbol{\alpha}_2$ 是该向量组的一个极大线性无关组, 下面把 $\boldsymbol{\alpha}_3$, $\boldsymbol{\alpha}_4$ 线性表出. 进一步化为简化阶梯形矩阵, 得

$$\boldsymbol{A} \to \begin{pmatrix} 1 & 0 & 5 & -\frac{9}{2} \\ 0 & 1 & 3 & -\frac{5}{2} \\ 0 & 0 & 0 & 0 \end{pmatrix}.$$

从而 $\boldsymbol{\alpha}_3=5\boldsymbol{\alpha}_1+3\boldsymbol{\alpha}_2$, $\boldsymbol{\alpha}_4=-\dfrac{9}{2}\boldsymbol{\alpha}_1-\dfrac{5}{2}\boldsymbol{\alpha}_2$, □

2. **解**: $\boldsymbol{A}$ 的特征方程为

$$|\lambda\boldsymbol{I}-\boldsymbol{A}|=\begin{vmatrix}\lambda+1 & -a-2 & 0\\ -a+2 & \lambda-3 & 0\\ -8 & 8 & \lambda+1\end{vmatrix}=(\lambda+1)(\lambda^2-2\lambda-a^2+1)$$
$$=(\lambda+1)(\lambda-1-a)(\lambda-1+a),$$

从而 $\boldsymbol{A}$ 的特征值为 $\lambda_1=-1$, $\lambda_2=1-a$, $\lambda_3=1+a$. 因 $\boldsymbol{A}$ 的特征方程有一个二重根, 解得 $a=-2$, 0 或 2, 又因为 $a\leqslant 0$, 故舍去 $a=2$.

当 $a=0$ 时, $\boldsymbol{A}=\begin{pmatrix}-1 & 2 & 0\\ -2 & 3 & 0\\ 8 & -8 & -1\end{pmatrix}$, 特征根为 $\lambda_1=-1$, $\lambda_2=1$, $\lambda_3=1$. 此时

$$r(\boldsymbol{I}-\boldsymbol{A})=r\begin{pmatrix}2 & -2 & 0\\ 2 & -2 & 0\\ -8 & 8 & 2\end{pmatrix}=2,$$

因此 $3-r(\boldsymbol{I}-\boldsymbol{A})\neq 2$, 从而 $\boldsymbol{A}$ 不能相似对角化, 从而 $a=0$ 舍去.

当 $a=-2$ 时, $\boldsymbol{A}=\begin{pmatrix}-1 & 0 & 0\\ -4 & 3 & 0\\ 8 & -8 & -1\end{pmatrix}$, 特征根为 $\lambda_1=-1$, $\lambda_2=3$, $\lambda_3=-1$. 此时

$$r(-\boldsymbol{I}-\boldsymbol{A})=r\begin{pmatrix}0 & 0 & 0\\ 4 & -4 & 0\\ -8 & 8 & 0\end{pmatrix}=1,$$

因此 $3-r(-\boldsymbol{I}-\boldsymbol{A})=2$; 类似地

$$r(3\boldsymbol{I}-\boldsymbol{A})=r\begin{pmatrix}4 & 0 & 0\\ 4 & 0 & 0\\ -8 & 8 & 4\end{pmatrix}=2,$$

因此 $3-r(3\boldsymbol{I}-\boldsymbol{A})=1$. 从而 $\boldsymbol{A}$ 可以相似对角化.

综上所述, $a=-2$. □

3. **解**: 该二次型的矩阵 $\boldsymbol{A}=\begin{pmatrix}0 & -1 & 2\\ -1 & 4 & 0\\ 2 & 0 & 4\end{pmatrix}$. 则 $|\lambda\boldsymbol{I}-\boldsymbol{A}|=\begin{vmatrix}\lambda & 1 & -2\\ 1 & \lambda-4 & 0\\ -2 & 0 & \lambda-4\end{vmatrix}=$ $(\lambda-4)(\lambda-5)(\lambda+1)$, 从而 $\boldsymbol{A}$ 的特征值为 $\lambda_1=4$, $\lambda_2=5$, $\lambda_3=-1$.

当 $\lambda = 4$ 时, 把 $(\lambda \boldsymbol{I} - \boldsymbol{A})\boldsymbol{x} = \boldsymbol{0}$ 的系数矩阵化为简化阶梯形矩阵, 得

$$\lambda \boldsymbol{I} - \boldsymbol{A} = \begin{pmatrix} 4 & 1 & -2 \\ 1 & 0 & 0 \\ -2 & 0 & 0 \end{pmatrix} \to \begin{pmatrix} 1 & 0 & 0 \\ 0 & 1 & -2 \\ 0 & 0 & 0 \end{pmatrix}$$

从而基础解系为 $\boldsymbol{\alpha}_1 = (0, 2, 1)^{\mathrm{T}}$.

当 $\lambda = 5$ 时, 把 $(\lambda \boldsymbol{I} - \boldsymbol{A})\boldsymbol{x} = \boldsymbol{0}$ 的系数矩阵化为简化阶梯形矩阵, 得

$$\lambda \boldsymbol{I} - \boldsymbol{A} = \begin{pmatrix} 5 & 1 & -2 \\ 1 & 1 & 0 \\ -2 & 0 & 1 \end{pmatrix} \to \begin{pmatrix} 1 & 0 & -\dfrac{1}{2} \\ 0 & 1 & \dfrac{1}{2} \\ 0 & 0 & 0 \end{pmatrix}$$

从而基础解系为 $\boldsymbol{\alpha}_2 = (1, -1, 2)^{\mathrm{T}}$.

当 $\lambda = -1$ 时, 把 $(\lambda \boldsymbol{I} - \boldsymbol{A})\boldsymbol{x} = \boldsymbol{0}$ 的系数矩阵化为简化阶梯形矩阵, 得

$$\lambda \boldsymbol{I} - \boldsymbol{A} = \begin{pmatrix} -1 & 1 & -2 \\ 1 & -5 & 0 \\ -2 & 0 & -5 \end{pmatrix} \to \begin{pmatrix} 1 & 0 & \dfrac{5}{2} \\ 0 & 1 & \dfrac{1}{2} \\ 0 & 0 & 0 \end{pmatrix}$$

从而基础解系为 $\boldsymbol{\alpha}_3 = (-5, -1, 2)^{\mathrm{T}}$.

因 $\boldsymbol{\alpha}_1, \boldsymbol{\alpha}_2, \boldsymbol{\alpha}_3$ 是对应于不同特征值的特征向量, 因此两两正交, 记

$$\boldsymbol{Q} = \left(\frac{\boldsymbol{\alpha}_1}{\|\boldsymbol{\alpha}_1\|}, \frac{\boldsymbol{\alpha}_2}{\|\boldsymbol{\alpha}_2\|}, \frac{\boldsymbol{\alpha}_3}{\|\boldsymbol{\alpha}_3\|} \right) = \begin{pmatrix} 0 & \dfrac{1}{\sqrt{6}} & -\dfrac{5}{\sqrt{30}} \\ \dfrac{2}{\sqrt{5}} & -\dfrac{1}{\sqrt{6}} & -\dfrac{1}{\sqrt{30}} \\ \dfrac{1}{\sqrt{5}} & \dfrac{2}{\sqrt{6}} & \dfrac{2}{\sqrt{30}} \end{pmatrix},$$

则

$$\boldsymbol{Q}^{\mathrm{T}} \boldsymbol{A} \boldsymbol{Q} = \boldsymbol{Q}^{-1} \boldsymbol{A} \boldsymbol{Q} = \begin{pmatrix} 4 & 0 & 0 \\ 0 & 5 & 0 \\ 0 & 0 & -1 \end{pmatrix},$$

因此正交变换 $\boldsymbol{x} = \boldsymbol{Q}\boldsymbol{y}$ 把该二次型化为标准型 $4y_1^2 + 5y_2^2 - y_3^2$. □

四、证明题 (每题 8 分, 共 16 分)

1. 解: 参见例 5.23.

2. 解: 参见例 3.13.

图书在版编目（CIP）数据

线性代数学习指导／杨亮，谭友军，徐友才主编
. -- 北京 ：中国人民大学出版社，2022. 1
普通高等学校应用型教材. 数学
ISBN 978-7-300-30067-2

Ⅰ. ①线… Ⅱ. ①杨… ②谭… ③徐… Ⅲ. ①线性代数-高等学校-教学参考资料 Ⅳ. ①O151. 2

中国版本图书馆 CIP 数据核字（2021）第 250968 号

普通高等学校应用型教材 · 数学
线性代数学习指导
杨亮　谭友军　徐友才　主编
Xianxing Daishu Xuexi Zhidao

出版发行	中国人民大学出版社		
社　址	北京中关村大街 31 号	邮政编码	100080
电　话	010－62511242（总编室）		010－62511770（质管部）
	010－82501766（邮购部）		010－62514148（门市部）
	010－62515195（发行公司）		010－62515275（盗版举报）
网　址	http://www.crup.com.cn		
经　销	新华书店		
印　刷	北京七色印务有限公司		
规　格	185 mm×260 mm　16 开本	版　次	2022 年 1 月第 1 版
印　张	11.25	印　次	2022 年 1 月第 1 次印刷
字　数	209 000	定　价	32.00 元